当代技术哲学前沿研究丛书 / 吴国林 主编

本书获国家社会科学基金重大项目“当代量子诠释学研究”（19ZDA038）资助

JISHU ZHEXUE YANJIU

技术哲学研究

吴国林 著

華南理工大學出版社
SOUTH CHINA UNIVERSITY OF TECHNOLOGY PRESS
·广州·

图书在版编目（CIP）数据

技术哲学研究/吴国林著. —广州：华南理工大学出版社，2019.12
（当代技术哲学前沿研究丛书/吴国林主编）
ISBN 978－7－5623－6202－9

Ⅰ. ①技…　Ⅱ. ①吴…　Ⅲ. ①技术哲学-研究　Ⅳ. ①N02

中国版本图书馆 CIP 数据核字（2019）第 271535 号

技术哲学研究
吴国林　著

出 版 人：卢家明
出版发行：华南理工大学出版社
（广州五山华南理工大学 17 号楼　邮编：510640）
http://www.scutpress.com.cn　E-mail: scutc13@scut.edu.cn
营销部电话：020－87113487　87111048（传真）
策划编辑：王　磊
责任编辑：付爱萍
印 刷 者：广州市新怡印务有限公司
开　　本：787mm×960mm　1/16　**印张：**17　**字数：**350 千
版　　次：2019 年 12 月第 1 版　2019 年 12 月第 1 次印刷
定　　价：68.00 元

总　序

自近代以来，直接具有重要显示性的东西，莫过于技术。谁掌握和创造出先进技术，谁就拥有先机和竞争优势。无疑，现代技术都离不开现代科学，现代技术流淌着理性因素。中国曾经拥有令人骄傲的四大发明，但是，这种基于经验的技术，直到19世纪并没有取得实质性的推进，“火药”还是那个“火药”，以至于到了中日甲午海战时，清朝海军所使用的自制开花弹中，填充的火药还是原来那个“火药”，本质上没有改变，火药没有变为烈性炸药。20世纪上半叶，日军凭什么侵略中国？除了日本经过明治维新、日军训练更为正规之外，更直接的一个因素，就是它拥有的枪炮与飞机等技术产品比较先进，而当时的清政府自身的制造能力很差，许多技术产品需要进口，于是乎才有许多带“洋”字的称呼，如“洋火”“洋油”“洋钉”等，这些带“洋”字的称呼一直延续到中华人民共和国成立初期，甚至到了20世纪六七十年代，中国的某些农村还这么叫。其根本原因，就在于我们的工业基础太薄弱，技术水平太差。

中华人民共和国成立之后，中国共产党和中国政府高度重视科学技术工作，努力通过科学技术促进和改变中国贫穷落后的面貌。毛泽东总结了世界各国科学技术发展的经验，敏锐地指出：“资本主义各国，苏联，都是靠采用最先进的技术，来赶上最先进的国家，我国也要这样。”[①] 他曾经提出“我国人民应该有一个远大的规划，要在几十年内，努力改变我国在经济上和科学文化上的落后状况，迅速达到世界上的先进水平”。[②]为了捍卫国家的独立和安全，毛泽东果断提出，我们“要下决心，搞尖端技术。赫鲁晓夫不给我们

---

①《毛泽东文集》（第8卷），人民出版社1999年版，第126页。

②《毛泽东文集》（第7卷），人民出版社1999年版，第2页。

尖端技术，极好！如果给了，这个账是很难还的”。[①] 他明确指出：“科学技术这一仗，一定要打，而且必须打好。过去我们打的是上层建筑的仗，是建立人民政权、人民军队。建立这些上层建筑干什么呢？就是要搞生产。搞上层建筑、搞生产关系的目的就是解放生产力。现在生产关系是改变了，就要提高生产力。不搞科学技术，生产力无法提高。”[②] 到20世纪70年代，中国已建立了完整的工业体系。中国不仅能自己生产必要的日常生活用品，而且也能制造汽车、轮船等，还能制造一些高技术产品，比如飞机、“两弹一星”、核潜艇等。正是中华人民共和国成立之后的前30年打下的坚实基础，才能发生改革开放以来的“中国奇迹”。

改革开放以来，中国的科学技术、经济与社会取得了巨大成就，中国人民正在从站起来、富起来走向强起来。按不变价计算，2018年国内生产总值比1952年增长174倍，已成为世界第二大经济体。中国GDP占世界经济的比重，从1978年的1.8%上升到2018年的接近16%。2006年以来，中国对世界经济增长的贡献率稳居世界第一。[③] 就广东一个省的GDP来看，早已超过原来“四小龙”的中国香港、新加坡和中国台湾，到2017年底，广东省地方总产值达到89705.23亿元。根据世界银行关于全球2017年GDP总量的统计数据，按照2017年世界银行关于美元兑人民币汇率的平均值（6.76）折算，广东GDP总量达到13279亿美元，仅次于韩国（15308亿美元），排第13位。

中华民族正处在实现伟大复兴的重大历史时期，中国的技术哲学必须有所作为，也必须阐明一些根本问题：为什么国外发达国家拥有先进的技术，而中国缺乏先进技术和关键核心技术？中国传统文化是否有一定的责任？

为此，我们还需要了解一下技术哲学的发展历程。

受第一次、第二次科学革命的推动，近代以来发生了两次技术革命，技术的巨大进步引起了哲学爱好者的注意。1877年德国人卡普（E. Kapp，1808—1896）出版《技术哲学纲要》（*Grundlinien einer Philosophie der Technik*），标志着技术哲学的诞生。

到了20世纪，技术已经渗透社会的各个层面。以工程师为主体的哲学爱好者力图将技术哲学构建成为真正的部门哲学。比如，俄国工程师恩格梅尔

---

①毛泽东：《要下决心搞尖端技术》，载《党的文献》1996年第1期，第10页。

②《毛泽东文集》（第8卷），人民出版社1999年版，第351页。

③“70年，中国经济总量增长超170倍”。http://www.xinhuanet.com/2019-09/21/c_1125022721.htm。

(P. K. Engelmeier) 出版《技术哲学通论》(1912 年)，德国工程师、哲学家德韶尔 (F. Dessauer) 出版《技术哲学》(1927 年)，德国技术哲学家拉普 (F. Rapp) 出版《分析的技术哲学》(1978 年) 等。

但是，技术哲学的建制化是缓慢的。美国技术史学会 (1958 年成立) 所属的《技术与文化》杂志 1966 年出版“走向技术哲学”(Toward Philosophy of Technology) 专辑。1978 年，美国正式成立“哲学与技术学会”(Society for Philosophy and Technology)。1978 年第 16 届世界哲学大会确认技术哲学为一门新的哲学分支学科。于是，技术哲学的学科建制开始逐渐成形。

当代国外一大批技术哲学家形成了内容与方法各异的技术哲学理论。如，德国海德格尔 (M. Heidegger) 的存在技术论，美国杜威 (J. Dewey) 的实用主义技术论，德国德韶尔的第四王国理论，法国埃吕尔 (J. Ellul) 的技术自主论，加拿大芬伯格 (A. Feenberg) 的技术批判理论等。从研究进路来看，有实用主义、现象学、分析哲学、马克思主义、STS 进路等。

虽然西方技术哲学的研究取得了一定的成果，但是，这些技术哲学家并没有形成技术哲学特有的研究范式。正如拉普所说：“尽管技术哲学已有长足的进步，但是不用说公认的范式，就连严密的技术哲学理论也还不过是一种要求，并未成为现实。”[①]在其他哲学家看来，技术哲学并没有成为哲学传统的一员，游离于主流哲学之外，甚至技术哲学并不被认为是“哲学”的。

20 世纪 50 年代，我国技术哲学处于初创阶段。到 20 世纪 80 年代初，我国才开始较大规模的技术哲学研究，但没有能够把技术哲学作为一门哲学学科来建立，有关技术哲学的研究较为单一，多为低水平重复。大多技术哲学工作者是半路出家，缺乏严格的哲学训练。国内技术哲学研究主要关注的是：对国外技术哲学的一些经典文献进行译介和解读；技术与社会 (STS)、技术伦理学、技术创新等问题，对技术本体论、技术认识论等缺乏深入研究；对技术哲学的核心问题已有意识，但还没有展开深入追问。总体而言，我国的技术哲学研究整体落后于发达国家。

技术哲学的诞生已有 100 多年了，但是，技术哲学并没有像科学哲学那样“哲学”起来，这些所谓的“技术哲学”都比较“散”，更没有在一个技术哲学的研究纲领下进行更细致的推进和深挖研究，形成技术哲学的理论系列。

---

①拉普：《技术哲学导论》，刘武等译，辽宁科学技术出版社 1986 年版，英译本序言，第 2 页。

国内外技术哲学存在上述问题，我们发现有三个根本原因：

第一，技术自身表现的复杂性。正如拉普所说，技术研究出现的空白，“原因之一就是这个问题本身的复杂性。因为人们在对技术进行分析时，不能像分析科学那样轻易地撇开技术的社会根源和它的实际功能问题。”①

第二，从根本上讲，这是哲学方法论上的原因。有的学者强调技术哲学的实践传统，有的强调理论传统，有的从技术经验入手等等，可见，技术哲学缺乏公认的哲学研究方法或进路，因此，过去所得到的技术哲学的研究成果大多是破碎的，没有一致性，有关的研究成果难以成为技术哲学界的共识，也难以得到哲学界的承认。

第三，缺乏真正的技术哲学大师级人物。技术哲学的研究需要相当的知识和实践经验准备：一是自然科学知识，二是技术与工程科学知识和经验，三是良好的哲学素养。然而，拥有这样的知识水平的学者真的不多。比如，量子技术哲学特别要求研究者拥有量子力学与量子信息理论的有关知识。

既然原有的技术哲学存在上述问题，那么，能否按原有的技术哲学的思路给予解决？我们认为，必须改变原有的技术哲学的研究方法。这就如近代科学之所以诞生，一个重要因素就是伽利略所倡导的数学方法和实验方法。科学哲学之所以能在20世纪成为有影响力的学科，逻辑经验主义功不可没。

因此，技术哲学的发展需要我们改变和超越原有的研究方法。而分析技术哲学的兴起就是为了克服原有技术哲学存在的问题，它提供了这样的可能性。

与中国追求核心技术的国家发展战略相适应，中国当下的技术哲学研究，重点不在于对技术进行批判，更重要的是搞清楚技术“是什么”和“为什么”，以及在此过程形成的独特技术设计与技术方法等，这种意义上的技术哲学需要有分析精神，即研究技术的要素、结构与功能，研究它们之间的关系等等。分析技术哲学必然要弘扬分析方法和分析精神。

分析技术哲学研究涉及许多方面：科学与技术的关系，技术陈述，技术知识，技术人工物，技术人工物的结构与功能的关系，技术规则，技术思维，技术设计，技术推理的研究等等。本套“当代技术哲学前沿研究丛书”力图在当代技术哲学的前沿展开研究，希望对技术哲学的重要“问题”有所推进。讨论的问题涉及的主题有：量子技术、信息技术、技术介入、技术设计、

---

①拉普：《技术哲学的思维结构》，刘武等译，吉林人民出版社1988年版，序言，第2页。

技术模型等方面，并且探讨一般的分析的技术哲学的研究框架。对技术哲学的整体与重要分支、宏观与微观展开细致的研究，以有助于构建技术哲学的哲学传统。

“日出江花红胜火，春来江水绿如蓝。”华南理工大学哲学与科技高等研究所、科学技术哲学研究中心致力于对技术本身展开分析，构建新的分析技术哲学研究纲领。这套丛书的确有相当难度，在我看来，有难度的研究并与时代发展相一致，一定会有理论价值和现实价值。

我们将知“难”而进，秉持学术标准，倾力为技术哲学作一点我们自己的贡献，以不愧于这一伟大时代。当然，能否达到或走向这一目标，还请研究者与读者批评指正和见证。

感谢华南理工大学出版社周莉华副总编的大力支持！还要感谢编辑卓有成效的工作！

最后，我想用自己的一首小诗《分析的技术哲学纪行》作为结束语：

空山新雨长河边，技物哲析本原还。
水穷坐爱孤烟直，树杪百泉万重山。

吴国林
2019年9月20日

前 言

研究技术哲学，首先要将“技术本身是什么”搞清楚，必须打开技术“黑箱”。不论技术经验、技术知识达到何种程度，技术的核心都是技术人工物。技术人工物是一个时代的标志，是一个国家硬实力的标志，是一个国家综合实力的标志。在技术哲学研究中，我们可以展开技术的外在研究，如技术的伦理学、社会学、文化学等，以及科学、技术与社会研究等等，而且这种研究还会继续，但是，从根本上讲，技术人工物的内在研究是技术哲学像哲学那样存在和发展的一个基本方式，这正是分析技术哲学的研究方式。

技术不同于科学，我们并不能将分析哲学的研究方法直接用于技术研究，为此，笔者提出了用于技术哲学研究的“综合的分析哲学方法”（method of synthetic-analytic philosophy）[①]：以分析哲学方法为核心，同时要借鉴历史分析、形而上学分析、先验分析、整体分析等。具体方法包括：第一，概念分析。用分析哲学的方法澄清有关技术的概念、前提与陈述，可展开逻辑的、语义的和意义的等研究。技术发展带来了技术的各种争论，这些争论渗透了不同的哲学假设与观念前提。分析哲学方法有助于澄清这些哲学假设与观念前提。第二，论证分析。对技术哲学中的有关论证进行分析。考察论证是不是合理的，有多大的可靠性。第三，历史分析。对一个概念、方法等进行历史分析，看其如何演变。这体现了逻辑与历史相一致的原则。第四，形而上学分析。对技术的存在、如何存在进行分析，这属于本体论。这里的形而上学分析是分析哲学式的。第五，先验分析。哲学分析的重要特点就是源自经验并超出经验。例如，对技术何以可能，以及技术知识何以可能的分析。第六，综合分析。在对技术分析（分解）研究的基础上进行综合研究，即将分析方法与综合方法结合起来。第七，整体分析。在对技术自身的要素、结构与功能的分析基础上的整体研究，例如，整体技术的演化与逻辑、技术进步等研究。于是，分析技术哲学可以界定为：用综合的分析哲学方法对技术本

①吴国林：《论分析技术哲学的可能进路》，载《中国社会科学》2016年第10期，第32－33页。

身的哲学研究。

本著作正是综合分析哲学方法研究技术的一个成果，选取了分析技术哲学的一些重要论题展开探索，还特别对中国的核心技术问题、文化问题、中国哲学问题、中国技术思维加以关照，这可以看作笔者作为首席专家主持教育部哲学社会科学研究重大课题攻关项目“当代技术哲学的发展趋势研究”（2011 年）的一个延续性成果，是专著《当代技术哲学的发展趋势研究》[①]的一个拓展。该重大攻关项目已于 2017 年正式结项，中国工程院院士、华南理工大学校长王迎军教授于 2018 年 5 月 28 日给笔者的著作《当代技术哲学的发展趋势研究》的序言中写道，通过该攻关项目的实施，“培养了一支有一定学术影响力的研究团队，使我校成为国内技术哲学研究的南方重镇”。本著作是中国技术哲学研究的南方重镇——华南理工大学的最新成果，也是我于 2019 年主持的国家社会科学基金重大项目“当代量子诠释学研究”的必要基础。

本著作共分为 17 章。第一章讨论技术人工物的本体论问题，具体分析技术人工物的意向性、自然类、人工类与实在性问题。第二章讨论技术何以可能。从技术客体角度对技术进行先验和经验分析，具体讨论引起技术得以可能的“五个必要因素”：先验因素、目的因素、理性因素、质料因素和实践能力。第三章讨论技术人工物的系统模型，这是对原有技术人工物的结构－功能二重性的新推进，具有更大的解释力。第四章讨论技术的本质，分析技术的各种涵义，并提出技术的本质就是理性的实践能力。技术的这一本质揭示了当代技术的根本特点，既有理性，又是一种实践能力——技术并不仅仅停留在理性层次，它一定要走向实践应用，改造世界。第五章研究技术知识，通过比较已有技术知识的分类，笔者提出了技术知识的双三角形模式，具有更好的解释性。设计是技术哲学必须面对的问题，第六章具体讨论工程技术设计问题，分析视觉思维与溯因推理在工程技术设计中的作用。第七章研究实践推理问题，进而应用到技术解释中。试图通过实践推理来联接技术人工物的结构－功能之间的逻辑鸿沟。第八章通过分析当代生物技术中的实践推理与理论推理，论证它们之间的一体性。第九章讨论技术逻辑的创新功能。技术逻辑不仅提供了技术创新自由的唯一基础和技术批判的基本工具，而且是技术创新思维的指针。第十章讨论技术进步的涵义与实现方式，分析影响技术进步的内在因素和外在因素。第十一章讨论核心技术问题，讨论颠覆性

①吴国林等：《当代技术哲学的发展趋势研究》（经济科学出版社，2019 年 4 月出版），该著作原计划 70 万字，但出版要求 40 万字左右，因而许多论题无法得到充分展开。《技术哲学研究》是对该著作的补充。

技术与关键核心技术。核心技术来源于基础科学研究，和以技术展开的基础研究。核心技术需要有相应的文化，先进的科学技术只能产生于先进的文化之中。中国传统文化有许多不利于技术创新的因素。中国哲学必须在马克思主义指导下，辩证对待外国哲学，推进中国哲学的创造性转化与创新性发展。第十二章细致讨论技术发展的动力机制和技术演化的过程。第十三章讨论认知技术及其引起的哲学问题，讨论了认知技术与认知科学的关系，分析了深度学习人工智能的方法论意义。第十四章讨论量子信息技术及其意义。基于当前因特网的广泛使用、量子科学实验卫星的发射成功，我们有理由认为，可以将2016年作为量子信息文明来临的开端。这就意味着信息文明将从表观的经典信息，深入到量子信息，从宏观深入到微观。第十五章讨论技术与人的关系，具体分析技术是如何现实生成，以及如何影响或决定人的存在；技术如何影响人的思维能力和人的实践能力，并从人类学的角度研究技术的本质。“技术负载价值”是一个常见的问题，第十六章仔细分析技术如何负载价值，体现分析哲学的精神。技术哲学研究当然要面对中国技术问题，第十七章则讨论中国古代技术思维的特点与变化，探讨16世纪以后中国为何没有对已有技术作出重大推进，技术思维范式为何没有发生根本改变，以便为当代中国核心技术仍然受制于人的状况提供一个有意义的视角。

本著作的分工如下：

第一章第一节，吴国林、杨又；第一章第二节，吴国林、叶路扬；

第二章，吴国林、曾丹凤；

第三章，吴国林；

第四章，吴国林；

第五章，吴国林、林润燕；

第六章，周燕；

第七章，吴国林、李君亮；

第八章，沈健；

第九章，朱诗勇；

第十章，吴国林，程文；

第十一章，吴国林；

第十二章，周燕；

第十三章，吴国林；

第十四章，吴国林；

第十五章，曾丹凤；

第十六章，肖峰；

第十七章，曾丹凤。

本著作是各位作者通力协助、集体智慧的结晶。基于各位作者的初稿，吴国林最后进行了统稿和定稿。

本著作受到了2019年国家社科基金重大项目“当代量子诠释学研究”（编号：19ZDA038）的资助。

“千川汇海阔，风好正扬帆。”分析技术哲学的研究正在路上！

“千山鸟飞绝，万径人踪灭。”分析技术哲学的研究难度极大，哲学味道极浓，挑战人类的心智和哲学分析能力！

我们将迎难而上，“山高人为峰”，为技术哲学的发展贡献来自中国的智慧和方案！

吴国林

2019年12月6日

于华南理工大学

目　　录

第一章

技术人工物的本体论问题

技术哲学研究的一个重要进路是分析技术哲学。分析技术哲学的研究对象是技术人工物（technical artifacts）。技术人工物是在人的意向作用下被制造出来的人工物，它不是自然自动演化出来的。要认识技术人工物，首先面临的问题是：它的本体论状态如何？涉及何种本体论问题？技术人工物以何种方式存在？作为人工类的技术人工物属于自然类吗？由于有意向性渗透在技术人工物之中，技术人工物的实在性具有何种特点？本章将简要讨论技术人工物的意向性、自然类、人工类与实在性问题，这些问题是技术人工物最为基本的本体论问题。

第一节　技术人工物的意向性分析

意向性是技术人工物的重要因素。没有意向性，就不可能产生技术人工物。人工物的意向有“被指”和“能指”两种状态。前者涉及人工物的意向源及其变现问题，即人工物是人类意向的凝结物，其意向主要源于设计者和使用者，是设计者和使用者使其由虚在走向实在，由非存在走向存在。人工物的“被指”状态决定人工物的意向具有外生性。而现代人工智能的介入，使人工物的意向具有内生性。但内生意向以外生意向作为基础。后者涉及人工物的意向功能问题，即当人工物被变现以后，它也必然会以上手状态而指向人们日常生活的实践，从而进一步实现人改造自我、他我以及世界的目的。

一、意向性的涵义

对于意向性，塞尔指出，意向性是一种指向、关于、涉及或者表征事物状态和对象的心智状态。[1] 倪梁康进一步指出，意向性“既意味着意识构造客体的能

---

①John R. Searle：*Intentionality*：*An Essay in the Philosophy of Mind*，Cambridge University Press. 1983（1）.

力，也意味着意识指向客体的能力。"① 不管是希望、渴求、爱或者恨，都必然去希望、渴求、爱或者恨某物。因此，意向性的重要特征是心智指向某物，即：

N→T

这里，N 表示"心智"，→表示"指向"，T 表示"某物"。

同时，意向性也是对具体主客关系的一种描述。② 意识与物总是不可分割的相互关联，二者实际是贯通的，即当心智指向某物之时（N→T），该物也同时指向心智（T→N）。这就说明，在意识领域，意向性即涉及意识的指向性，也涉及物的指向性。

由于人工物的物性特征，谈论其意向指向的问题，不仅是意识的问题，也是实践的问题。指向（→）便是一个由意识去物化与创造的过程，即人工物在被意向指向而变现的同时，也指向对现实他在的改造。在笔者看来，人工物的意向主要有"被指"（Being Directed）和"能指"（Directing To）两种状态。"被指"状态指人工物是人类意向的凝结物，主体往往将不同的意向赋予到人工物身上，并使其由虚在走向实在，由非存在走向存在；"能指"状态指当人工物被变现以后，它也必然会以上手的状态指向人们日常的生活实践，从而进一步实现人改造自我、他我以及世界的目的。因此，对人工物进行意向性分析就是在弄清人工物"被指"状态的同时，进一步理清人工物的"能指"状态。

二、技术人工物的被指状态

人工物的被指状态主要探讨人工物的意向源及其变现问题。人工物并不是天然固有的存在之物，有被发明、被设计、被使用等多种存在状态，而每一种存在状态的差异性也决定着不同意向指向它并赋予它功能的可能性。同时，技术人工物作为实在之物意味着它不可能像人一样具有纯粹独立的自主意向，它的意向必为他者所赋予，即：人工物←主体，可符号化为：

A←S

这里，A 表示"人工物"，S 表示"主体"。"A←S"表示主体的意向指向人工物，人工物被主体的意向所指向。可联合表示为：

人工物←主体（A←S）

1. 人工物←设计者［A←D（$D_1+D_2+D_3$）］

人工物不是天然的存在物，而是经由人的设计和制造。设计师必须首先设定目标并绘制蓝图，对人工物进行"意向构造"。换言之，人工物是预先按照人构造出来的模型或蓝图而设计的。"没有人的意向性，无法成功制造出达到给定功

①倪梁康：《意向性：现象学与分析哲学（专题讨论）——现象学背景中的意向性问题》，载《学术月刊》2006 年第 6 期，第 48 页。

②倪梁康：《胡塞尔现象学概念通释》（增补版），商务印书馆 2016 年版，第 270 页。

能的产品。”[①] 这就说明设计师的意象构造是人工物得以成型的基础。人工物是设计师意向的产物。

当然，设计师的意向并非凭空而来，其主要有三个来源：第一，社会意向（D_1）。任何人工物的设计都必须符合一定时代一定地域下的地理状况、文化背景、风俗习惯、法律条文等。技术具有强大的文化差异。[②] 不同文化背景往往导致不同技术的发明，技术人工物总是特定文化的物性反应，正如故宫只能产生在中国，凯旋门只能产生在法国。技术人工物是设计师对集体意向的浓缩，其中很大程度上反映出该地域及时代人们的心理状态、生活风貌、价值诉求等。第二，使用者意向（D_2）。人工物是为满足不同人群的偏好和需求而设计出来的，设计者只是在帮助人们实现某个目标。有时同种功能的人工物往往具有多种款式，人工物能否合于使用者的需求则事关该人工物能否实现其价值。因此，设计者在设计人工物时，往往会把使用者的意向需求纳入自己的设计蓝图中。第三，设计者本身的意向（D_3）。设计者由于其生活经历、知识背景、兴趣偏好、权力结构等的不同，因而在人工物的设计过程中也会赋予人工物以不同的要素、结构和功能，从而使人工物呈现出独特性和多样性。任何技术人工物实际上包含着设计者的诸如审美理念等特有的主观意向。

2．人工物←使用者［A←U（U_1、U_2］

人工物是人类社会活动的产物，并且作为人类社会活动的一部分而被分发和使用。因此只有在特定的被意识到和使用到的语境下才有意义。人工物能进入使用者的上手状态，首先源于使用者对其有一种前意向。这种前意向表现为两个层面。

第一个层面是，使用者直接行使设计者赋予人工物的功能意向，但使用者必须知道该人工物用于做什么以及如何做（U_1），并且只有在二者同时满足的情况下，该人工物才能发挥正常功能而与使用者共在。“制造工具的创造先于使用的机会，而工具则因后来的活动而持续。”[③] 比如，当人要驾车远行时，他只会去车库提车，而不会去餐馆拿筷子。这就说明用车者有一种“车可以代步”的前意向。而这种前意向的获得首先根源于车曾经具有作为代步工具的功能而指向过用车者。他或是听说，或是看到，或是使用过车代步。车成了可以代步的符号而停留其脑海。某一天，当他心血来潮想出远门，车之形象便跃然而出，于是便顺利地把焦点聚集到车库中的车上。同时这位用车者为何又能够驾车远行呢？因为他或是看过，或是听过如何驾驶并反复练习过，已对车掌控自如。总之，用车者必须有一种对车在使用上的前理解才能正常驾驶汽车远行。人工物若不能发挥有效

---

①吴国林：《论分析技术哲学的可能进路》，载《中国社会科学》2016 年第 10 期，第 34 页。

②Tripathi A. K：*Hermeneutics of technological culture*. Ai & Society. 2017，2：140.

③斯蒂格勒：《技术与时间：爱比米修斯的过失》，裴程译，译林出版社 2002 年版，第 196 页。

作用，其中很可能是使用者缺乏使用它的技能。①

在大多数情况，很多人工物的物理和化学特征是不能随意观察到的，并且其使用规范也不尽一致。这样，进行先在的意象赋予就极为重要。说明书、标签、智能按钮就顺利解决了该难题。比如，在对人工物进行初次使用时，人们一般都会审视标签、查阅说明书以了解该人工物用于什么以及相应的使用规范或注意事项。实际上，就人工物的使用而言，人们不过是在间接地按照设计者所设定好的使用计划执行着对人工物的操作。而为了帮助使用者更好地明确使用计划，设计者或制造商往往会撰写用户手册、提供培训等。②

第二个层面是，一些人工物所具有的功能并不是其本身所固有，而是源于使用者的意向赋加，即将某种功能以符号化的形式赋予人工物（U_2）。如基于诸如美学、实用等目的而使相应的人工物具有某种价值。对此，塞尔以一堵石墙加以说明，这堵石墙开始以物质屏障的形式承担起抵御外族入侵的任务。后来，随着年岁的剥蚀损毁，这堵石墙慢慢变成一条石头线，但是人们依然承认它作为边界标志的功能。为什么会这样？因为人们的意向赋加。③ 在现实生活中，有很多物件因为使用者的意向附加而具有了相应的价值功能。比如，纸币、礼品、路标等。纸币并非如黄金一般是有价值的，而是被认为有价值的，它仅仅是一种货币符号，承担了流通和支付的功能。礼品的意向功能同样是由使用者所赋予，同一种小布偶在教师节和同学生日时送出的意义截然不同。此时，人工物的功能便不是其本身所固有，而是观察者或使用者所赋予，并且其功能只有在观察者或使用者的意识关联中才得以存在。

3. 技术人工物的外生意向（exogenic intention）与内生意向（endogenous intention）

人工物的被指状态使人工物具有外生意向和内生意向。如前所述，人工物的意向主要源于设计者和使用者。设计者在把社会意向、使用者意向及其本身意向以物化形式凝结到人工制品的过程中，意向被转化为要素、结构、功能，而使人工物成为一整体的实在之物。同时，当人工物成形后，它必须投入到人们日常生活的使用当中，方才具有相应的功能价值。离开人，它们便是一堆尚未“激活”（beleben）的“死物”，其价值便难以彰显。而这主要表现为使用者对其的前理解，即知道其用于什么以及如何使用，或是对其进行意向赋加。而这正好说明，人工物的意向是离不开设计者和使用者的，它的意向是外生而不是内生的。丹尼特就认为，人造物所拥有的任何意向都是衍生出来的，这些意向是非原生、非固

---

①拉里·西克曼：《杜威的实用主义技术》，韩连庆译，北京大学出版社2010年版，第93页。

②Houkes W：*Knowledge of artefact functions*. Studies in History & Philosophy of Science Part A. 2006，1：107－108.

③约翰·R. 塞尔：《社会实在的建构》，李步楼译，上海人民出版社2008年版，第35－36页。

有的。其重要理由是，人工物首先是根据设计师意图而设计的，是设计师的意图决定人工物所具有的功能意向。[①] 丹尼特实际抓住了人工物意向性的核心特征——外生性或衍生性。任何人工物都是人在发明、人在使用。只有在人的设计、使用过程中，人造物才能彰显其存在价值。人造物的意向存在着外生性。

但是，随着人工智能的兴起，智能人工物丰富了人工物的外延。而二者最大的不同在于前者加入了人造智能，而后者没有。人造智能的加入意味着智能人工物不再像普通人工物那样只有在人主动参与的情况下才具有意向。相反，智能人工物可以主动去与人和世界达成交互，并在这种交互过程中实现其相应的功能价值。约翰逊对人工智能系统的意向性做了两点分析：第一，其系统行为必然依赖于人的行为，即智能系统的功效需要人所设定和布置；第二，当智能系统的内在意向一旦布置完毕，其行为一旦开始，它便不需人的干预而具有独立行事的能力。[②] 比如，就温度计而言，普通温度计只有在主人看它的过程中才能实现其意向存在，而智能温度计则能通过主动告知主人当天的实时温度，并预见未来的温度变化以提醒主人做加减衣准备而实现其意向存在。实际上，现代人工智能已经实现了完全自我学习的能力，比如，DeepMind 团队宣布新版围棋 AI（Alphago Zero）拥有完全自学成才的能力——Alphago Zero 完全从零开始学习，在 36 小时后掌握了所有重要的围棋知识，在 40 天内战胜了 Alphago V18、Master 而成为最强围棋 AI。[③] 目前在中国部分城市已出现了智能公交，这些公交都搭载有智能驾驶公交系统，能够根据路况变化而自主实现自动转弯、变道、刹车、停靠等功能。这说明在未来社会，拥有内生意向并能够作出自主决断能力的智能人工物将会大量存在。由于人造智能的加入，本身作为客体而存在的人造物反而具有了类主体的特征。

那么，技术人工物外生意向和自主意向的关系是什么呢？智能人工物的任何自主意向都必须以其外生意向为基础，外生意向是内生意向的根。首先，智能人工物不管智能化程度如何之高，它终究是人的发明。智能系统和其他人造物一样，都具有意向。这种意向是设计者有意置入的。[④] 智能物是按照工程师的意图而物化出来的产品。因此，让智能人工物拥有自主意向是工程师实现其意图的一个方面。无论未来计算机系统多么独立、自动和交互，它都将直接或间接的是人

---

①Newton N：*Dennett on Intrinsic Intentionality*. Analysis. 1992，1：18 – 23.

②Deborah G：*Johnson. Computer systems：Moral entities but not moral agents.* Ethics and Information Technology. 2006，8：202.

③Silver D. Schrittwieser J. Simonyan K：*Mastering the game of Go without human knowledge.* Nature. 2017，76：354.

④Deborah G. Johnson：*Computer systems：Moral entities but not moral agents.* Ethics and Information Technology. 2006，8：201.

的行为、社会机构和人的决定的产物。[①] 其次，在对智能物进行使用的过程中，智能物都必须服从人的指挥和安排。AI 只是人的工具。智能人工物的自主抉择能力必须以使用者的意向抉择为前提。如果智能人工物不听从使用者的安排，人类就有权改造或者摧毁它。以智能汽车为例，在无人驾驶状态下，智能系统有权根据周围驾驶环境的变化而采取加速、减速、停车等动作；但在有人驾驶的状态下，智能系统就必须听从人的指挥和安排，或作为辅助系统而存在。此时，智能汽车的自主意向必须首先服从于人的意向安排。

三、技术人工物的能指状态

人工物的“被指”（BD）状态又以人工物的“能指”（DT）状态为目的，即 BD→DT。人工物的能指状态主要探讨人工物的意向功能问题。不管是设计者还是使用者把自己的意向赋予人造物并使其具有相应的功能的最终目的都是要实现其对人本身、他人或者世界的改造。换言之，人造物的功能意向并非如胡塞尔所说的纯粹是意识内部的事情，而是指向现实实践。对此，可符号化为：

（人→人造物）→主体/客体 [（P→A）→S/U]

表示人通过人工物指向现实主体或客体的意向实践。

1.（人→人造物）→自身 [（P→A）→O]

与人工物共在是人在世存在的主要形式，它不仅满足了人的生活需求，而且也扩大和丰富了人的经历，改变了人的生存方式。正如有学者指出，技术的使用从根本上改变了我们的行为方式并且最终塑造了人类自身。[②]

首先，人工物把人的各种意向变为现实，并实现了人各种能力的延伸。麦克卢汉把世界上大大小小的人工制品比喻成媒介：“媒介是人体和人脑的延伸，衣服是肌肤的延伸，住房是体温调节机制的延伸，马镫、自行车和汽车全部是腿脚的延伸。”[③] 人工物不仅实现了人衣食住行等生活能力的延伸——棉麻制品实现了衣的延伸，温室水果、蔬菜实现了食的延伸，高楼大厦实现了住的延伸，飞机、高铁实现了行的延伸；而且也实现了人视听触等感官能力的延伸——网络通信设备实现了跨越时空看、听和说的延伸，增强现实技术（AR）能把现实环境融入虚拟环境当中，从而实现由现实世界到虚拟世界的延伸。通过人工物，人极大地增强了自身的活动能力和适应能力，并实现了存在方式的多样发展。比如，在铁器时代，人往往与自然打交道，农耕、纺织、品茶等是其主要的存在方式；而在信息社会，人则与网络、电脑、智能手机等打交道。除工作学习之外，

①Deborah G. Johnson：*Computer systems：Moral entities but not moral agents.* Ethics and Information Technology. 2006，8：197.

②Tripathi A K：*Hermeneutics of technological culture.* Ai & Society. 2017，2：137.

③麦克卢汉：《理解媒介：论人的延伸》（增订评注本），何道宽译，译林出版社 2011 年版，第 4 页。

“宅”——“网游”“网聊”“网购”“追剧”似乎成了人主要的存在模式。

同时，现代人工物尤其是智能人工物的出现为解决人的现实困境，实现人的自由发展提供了契机。比如，孤独是现代人最直面的生活困境，智能人工物的出现则为人的孤独带来帮助。据报道，Avatar Mind 公司就出品了一款社交机器人 iPal 以为那些需要陪伴的尤其是老人提供陪伴。比如与其玩耍、交流、讲故事、播放音乐等。[①] 而 RealDoll 公司则成功研发出一款可以与用户达成情感交互的性爱机器人 Harmony。[②] 这类智能陪伴物在中国市场则有“公子小白”、小忆机器人等。除陪伴之外，智能人工物还能够对我们的行为做出智能反馈甚至有目的的引起我们的想法、意图、行为的变化，并说服人做正确而恰当的事情。如智能墙壁能够对房间内诸如“你能帮助我一下吗”“我的钥匙在哪里”等有声提问做出真实回答。智能儿童厕所能提醒儿童在如厕后洗手。驾驶机器人能够提醒超速的驾驶员及时减速以保持人身、车辆安全。饮食机器人（Food Robot）则能够根据个体身体部位的物理性状、化学成分的变化而制定出符合该个体身体状况的健康食谱以督促其合理膳食。[③] 有学者指出，在智能人工服务领域，社会机器人（The Social Robot）将取代传统机器人而成为整个社会的服务者。其目标是通过遵循人所期望与机器人实现有目的的交互的行为模式而与人类实现自主或半自主交流互动。这些机器人能为使用者做工作、完成家务劳动以及提供娱乐活动。[④]

总之，人工物为人的发展提供了必要的生命空间，为人的生产活动搭建了基本的物质和精神平台，它促进人素养的提高，能力的提升。它在给人提供更多物质财富的同时，也会降低威胁人生命健康和安全的各种隐患，还会主动去关心人、呵护人、照料人，使人活得更健康、快乐和有价值，从而使人体会到自由和幸福。

2.（人→人造物）→他人［（P→A）→O］

在现代社会，人与人无论是物质上还是精神上的交往都离不开人造物。维贝克就指出，我们只能从人与人之间的关系来理解人造物。[⑤] 换言之，人造物承载着人与人关系的建构，而这种建构是通过人造物的功能意向加以实现的。在人造物的两端存在着两类主体，一端是意向传达的主体，一端是意向接收的主体。前者往往把各种意向有意或无意地凝练为信息注入人工制品当中，而后者则在使用、观察人造物的过程中接收到来自前者的意向信息。于是，人造物就像桥梁一般架起不同主体的意向往来和交互。

①http://tech.163.com/17/0119/18/CB5OFDR300098GJ5.html

②https://baike.baidu.com/item/Harmony/20419306?fr=aladdin

③Verbeek P. P：*Ambient Intelligence and Persuasive Technology：The Blurring Boundaries Between Human and Technology*. Nanoethics. 2009，3：231－232.

④Nitsch V. Popp M：*Emotions in robot psychology*. Biological Cybernetics. 2014，5：621－622.

⑤Tripathi A K：*Hermeneutics of technological culture*. Ai & Society. 2017，2：137－138.

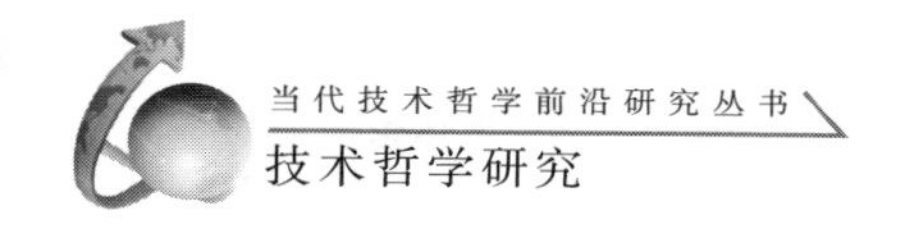

首先，人造物实现了生活世界中不同个体的意向交互。通过人造物，人们便能相互了解到各自的性格特征、情感状态、现实处境等等。比如，书信便是承载着人们情感、思想交互最典型的人工制品。写信的人把自己的遭遇、情感以文字的形式写在信纸上。看信的人则通过信上的文字了解到写信人的现实处境、心理状况。此时的信就不再是纯粹物理性质的纸张而是凝结着价值与意义的意向传达物。对此，古人以诗词的形式描述道，“烽火连三月，家书抵万金”“开拆远书何事喜，数行家信抵千金”，信只是普普通通的一张纸，可为何能抵千金、万金呢？因为它向读信人传达了写信人的平安、健康和相思。再如，在地铁上，当看到有人拄着拐杖走进车厢时，人们都会积极让座。因为通过拐杖，人们能得知用杖者可能腿脚不便。这样，拐杖便实现了用杖者与让座者之间的意向交互，并积极搭建起了二者之间的友好关系。每当情人节，情人之间都会互赠一份小礼物，礼物虽不值钱，却凝结着情侣之间的恩爱。因此，当技术被使用时，它们共同塑造了人与人之间的关系——使得人类的各种实践和精力都变得可能，并在人类在世存在的过程中扮演着极为积极的角色。[①] 当然，现代人工物诸如手机、电话、网络聊天室等的出现则进一步实现了个体由历时性交互向共时性交互，由单向交互向双向乃至多向交互转变。

其次，人造物还实现了不同群体之间的意向交互。我们和古人的关系为何没有中断？我们为何认为自己是炎黄子孙？其中一个重要原因是有包括文字、书籍、文物、建筑等在内的大量人工制品的存在。这些人工制品是古人意向的凝结，是他们无声的言语。通过这些人工物，我们便能读出古人的内在世界并实现与他们共同在场。古埃及人对金字塔为何如此着迷？因为金字塔沉淀着他们对过去的回忆。“在埃及，坟墓就是历史和直线时间的所在。对埃及人来说，坟墓是能够让他把自己的一生视为一个全过程并对自己的过去进行总结的场所。”[②] 坟墓并不是一堆死寂的土，而是活着的人生和历史。通过坟墓，死去的人可以再次被唤醒，并达成与活着的人的意向交互。实际上，现实生活中每件古物都承载着过去人的故事——祖堂上的戒尺让人想起祖父的谆谆教诲，四合院的门庭依稀残留着祖母眺望的身影，长城象征着祖先披荆斩棘、守卫河山的不屈和艰辛……许多古老的人工物就像照片一样，让我们能回到以前并与那个时代的人共处。正如维尔策所言，通过文字材料、礼仪形式、文物等文化造型，人们保持着对过去的回忆。[③] 斯蒂格勒也说：“工具首先是回忆……从原则上，指向一个已经在此，

---

①Tripathi A K：*Hermeneutics of technological culture*. Ai & Society. 2017，2：142.

②韦尔策：《社会记忆：历史、回忆、传承》，季斌、王立君、白锡堃译，北京大学出版社2007年版，第43页。

③韦尔策：《社会记忆：历史、回忆、传承》，季斌、王立君、白锡堃译，北京大学出版社2007年版，第158页。

也就是指向一个‘谁’并不一定亲身经历过的‘预先所得’。”[①] 换言之，人工物是意义的逗留，其中持存着人的意向，所以它能促成不同时代、不同地域下群体的意向交互。

3.（人→人造物）→世界［（P→A）→W］

技术人工物是人改造世界的一种手段，因为人与世界的关系本身需通过人造物来实现[②]。在运用人工物进行改造世界的过程中，主体往往会将其不同意图通过人工物施加于外在的客体世界从而使其拥有某种属人的存在状态。

首先，人工物在于使自然之物或自然世界服从于主体的意向安排，从而使自然物、自然世界成为人工之物或人工世界。人工物为人驾驭自然并使其服从于人的意向提供了物质手段。比如，一把斧头在不断砍伐树木之时，大量作为自然的树木便会瞬间演变为作为人工的木材，而被运进工厂成为家具、器材、装饰品等。拦河大坝在拦截河流的同时，作为自然的水流瞬间便转化为人工水流，不仅会服从于大坝的意向安排避免洪水的泛滥，而且亦将水能转化为电能。海德格尔曾说，现代技术乃是一种解蔽，它以“促逼向自然提出蛮横要求，要求自然提供本身能够被开采和储藏的能量”。[③] 现代技术之直接体现形式的人工器具是以“促逼”的方式使自然之物和自然世界服从于技术之目的，使二者转化为人的为我之物。“技术物体作为环境的创造者对自然形成构架……它通过和这个环境的紧密结合而实现自身的具体化，因此也根本地改造了自然环境。”[④] 在现代社会，大量人工物的存在也使得纯粹的自然世界越来越少，取而代之的是人工世界或人工自然。而在未来社会，由于大量智能人工物的异军突起，人工世界或人工自然亦会转化为智能的人工世界或智能的人工自然，从而服从于智能物的内生意向安排。

其次，人造物也服从于人改造社会的目的和意向，而使社会走向规则和秩序。一方面，人类通过运用大量的人工物使落后社会不断向现代性转变，使不同地域发生时空上的连接而走得更近。正如，技术设备塑造了我们的农村社会、城市文化还有环境。它们改变着人类的活动模式。[⑤] 同时，技术人工物也加强着世界的联系，使得整个世界向地球村转变，全球的生活日渐同步化。麦克卢汉指出：“我们今天生活在一个不断加速超级内部连接的世界，一个‘全球性的世界都市’，充斥着激发深刻复杂的文化转换和重新结盟的传播互动和交流系统。”[⑥] 而这一切的发生都归于现代性技术人工物诸如网络、飞机、快车等的大量出现。

---

①斯蒂格勒：《技术与时间：爱比米修斯的过失》，裴程译，译林出版社 2002 年版，第 304 页。

②Tripathi A. K：*Hermeneutics of technological culture*. Ai & Society. 2017，2：142.

③《海德格尔选集》，孙周兴选编，三联书店 1996 年版，第 933 页。

④斯蒂格勒：《技术与时间：爱比米修斯的过失》，裴程译，译林出版社 2002 年版，第 95－96 页。

⑤Tripathi A K：*Hermeneutics of technological culture*. Ai & Society. 2017，2：137.

⑥罗尔：《媒介、传播、文化. 一个全球性的途径》，董洪川译，商务印书馆 2012 年版，第 15 页。

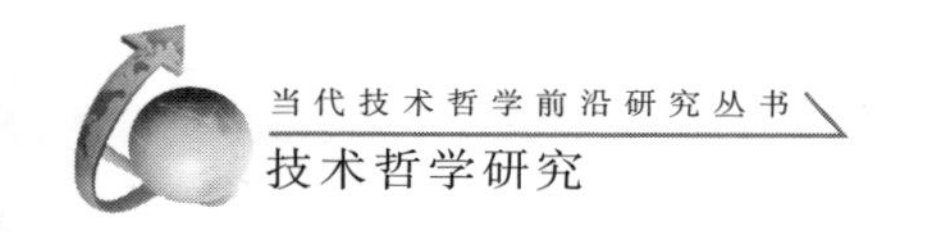

另一方面，人工物也参与着现实人类社会的规则塑造。温纳就指出，很多人造物带有强烈的政治意向。具体表现在：其一，某些发明、设计或特殊装置和系统的配置是专为某些特定社群服务的。比如，美国长岛公园两百多座高度极低的天桥是专为上层白人和中产阶级而修建的，其目的是限制“弱势种族和低收入群体进入琼斯海峡”。[①] 其二，一些人工物本身就具有政治本性。如，太阳能电厂比煤、石油、核电厂更接近于民主。因为前者可广泛而分散地建立并由个人或地方所管理，而后者必须集中建立和控制。[②] 在福柯看来，以人工物作为重要载体的城市空间实际上具有无穷的社会意义，整个空间与权力联系在一起。“尤其像监狱、工厂、学校，甚至整个城市的空间都渗透着权力关系，这些空间都是权力赖以存在的场所……都构成某个特权群体或阶级利益压迫控制另一些群体和阶级的一部分。”[③] 这样，人造物在被使用的现实过程中，便会有意、无意地指向专制、压迫、民主、自由、平等、团结等价值形式，而这直接或间接地参与着现实的规则和秩序塑造。

在未来社会，由智能人工物所构建的智能环境（smart evironment）则能更好地规范不同群体的行为从而更进一步地使社会有序化发展。在这样的环境中，每一件智能物都能凭借麦克风、摄像头、传感器等将在生活世界中所实时接收到的信息传输给中枢系统，而中枢系统则会根据其所搜集到的各种数据进行系统分析，从而制定出具体而实时的可行方案以规范现实秩序。[④] 比如，由智能交通机器人所构造的智能环境当中，伫立在各个路段的分智能机器人会将所搜集到的实时交通数据上传给主控机器人。主控机器人则会将收集到的信息进行综合分析，从而制定出具体的交通疏导方案。进而在调整各个路段红绿灯的亮灯秒数的同时，将其所搜集整理出来的数据传递给驾驶室内的司机或智能车载系统以进一步规范整个交通流。

第二节　技术人工物的自然类、人工类与实在性分析

技术人工物的自然类是当前分析技术哲学的热点论题。技术人工物是否属于自然类，技术人工物是否构成实在类是学界正在争论的问题。本部分将对技术人工物的自然类、人工物与实在性展开讨论。

---

①吴国盛：《技术哲学经典读本》，上海交通大学出版社 2008 年版，第 187 页。

②吴国盛：《技术哲学经典读本》，上海交通大学出版社 2008 年版，第 198 页。

③唐旭昌：《大卫·哈维城市空间思想研究》，人民出版社 2014 年版，第 53 页。

④Verbeek P. P：*Ambient Intelligence and Persuasive Technology*：*The Blurring Boundaries Between Human and Technology*. Nanoethics. 2009，3：233.

一、自然类及其分类标准

自然类（natural kinds）是指自然的分组，而不是人工的。一种自然类是一系列的相同的事物（物体、事件、存在），独立于人的意识，自然形成的群集（natural grouping），此自然类区别于彼自然类。[①] 比如海洋生物类与陆生类动物是两种不同的自然类分组，继续细分有鱼类与猴类。自然类是按照类成员所具有的共同或相同特征进行划分，那么如何判断是相同的成员。颜色、形状或体积的外部结构特征，或是基因、元素组合的内部结构，还是类成员的相同的功能性质。

笔者认为，自然类是不依赖于人的意识而存在的自然实体类。并且类与类之间具有清晰的划分标准，这种清晰的标准是对一类事物所具有的主要性质和特征的认识。确定一类之所以为一类的主要性质特征，首先是对分类的标准进行分析。波德（Alexander Bird）给出自然类划分的一般标准：①自然类的所有成员都具有一些共同的特征；②自然类划分应承认归纳推论；③自然类划分应该遵循自然律；④自然类群体应该形成一个类；⑤自然类应该是层级式的划分；⑥自然类之间的界线是绝对清晰明显的，也就是自然类之间有着清晰的范畴区分。[②]为方便讨论，笔者将6个标准简称为B1，B2，…，B6标准。下面对这六个标准进行分析。

B1指出，类成员之间具有共同特征。比如树类，树干、树枝、树叶等是所有树类的共同特征。但是这是一般意义上的特征，如果将类成员进行细分，我们发现“共同特征”标准并不能实现不同类成员之间的区分。比如，人造树，它们不仅在外形上像树；在设计上，有的假树也能像真的树一样从空气中吸收二氧化碳，只是真树以光合作用吸收二氧化碳，而人造树被设计成具有吸收二氧化碳的功能。

自然树与人造树一个根本的区别在于吸收二氧化碳这项功能背后的组织结构的不同。自然树是通过光合作用，也就是绿色植物和某些细菌利用叶绿素，在可见光的照射下，将二氧化碳和水转化为有机物（主要是淀粉），并释放出氧气的过程。人造树吸收二氧化碳的功能所对应的内部结构是利用一个电视机大小的过滤器来吸收空气中的二氧化碳。因此划分自然类共同特征标准包含类成员的结构特征（外部结构和内部结构）、功能以及结构、功能特征。其中，不同类成员结构特征的不同体现为，组成结构的要素的不同。所以类划分的共同特征标准是结构、功能、要素的一致或统一。

---

①张建琴、张华夏：《世界是由自然律支配的自然类的层级系统——简评新本质主义的世界观》，载《系统科学学报》2013年第4期。

②http://plato.stanford.edu/entries/natural-kinds/

B2 归纳推论标准，来自胡威立（W. Whewell）和穆勒（J. S. Mill）归纳理论。与 B1 面临的问题一样，并且按照 B2 标准，类与集合的概念混为一谈。奎因认为“类”的划分应该承认归纳推论。将相似的物体归为一类，一个类是具有共同性质或至少是具有相似性质的物体的集合，一个类在广义上是一个集合。[①] 假设，一个集合包含 a，b，c 三个成员，成员 a 与 b 的相似性大于与 c 的相似性，所以 a 与 b 共享的性质是多于 a 与 c。[②] a 有性质 a_1，b_1，c_1，……；b 有 b_1，c_1，d_1，……；c 是 c_1，d_1，e_1，……。那么 a 与 b 共享的性质集合 $\{b_1, c_1\}$ 的规模超过 a 与 c 共享的性质集合 $\{c_1\}$ 的规模。在这个集合中所包含的所有性质是所有个体成员性质的总合，成员之间所共享的相似性质一定是少于这个总合性质，也就是不管 a，b，c 这三个成员各自是什么，只要它们共享了相似的性质，它们就是一类。a 是红色的……，b 是红色的……，c 是红色的……，它们共享了“红色的”性质，a，b，c 是一个关于“红色的……”的集合。但实际上，如果 a 是红色的玫瑰花，b 是红色的月季花，c 是红色的牡丹花，显然 a，b，c 并不是同一自然类。因此根据一些共同性质或相似性质对物质进行归类形成的集合并不是一个类。

类成员之间的共同特征或相似性质应该是更为复杂的结构性质的相同或相似，并不是简单的颜色、形状、体积、大小、味道等外部性质。[③] 奎因指出，还原到本质的层次，相似性的类成员之间的结构是不可通约的。比如，鲸鱼与海豚是相似的哺乳类动物，追溯到基因层次，鲸鱼与海豚是 DNA 本质上不同的两类动物。[④] 奎因提出了类划分的重要因素，即结构，包括一般的物理结构（颜色、形状、大小等等）和复杂的内部结构。

自然类划分应该遵循自然律（B3），但是自然律并不充分地决定类的划分。正如埃利斯所说，在我们所知道的自然律中，还有很多自然律是既不适用于动力学也不适用于静力学。按照本质主义者的观点，自然律描述了自然类的本质，自然类成员是本质实在的基础，所有的自然律是由自然类成员的内在本质决定的。自然类以分组的形式存在，并且是层级式的（B5），因此自然律成为一个具有层级结构的自然律系统。[⑤] 自然类及其个体成员受到自然律支配，这是普遍意义上

---

①W. V. Quine：*Ontological Relativity and Other Essays*，Columbia University Press New York，1969：117－118.

②W. V. Quine：*Ontological Relativity and Other Essays*，Columbia University Press New York，1969：119.

③W. V. Quine：*Ontological Relativity and Other Essays*，Columbia University Press New York，1969：118－122.

④W. V. Quine：*Ontological Relativity and Other Essays*，Columbia University Press New York，1969：128－129.

⑤Brian Ellis：*The Philosophy of Nature A Guide to the New Essentialism*，Acumen Publishing Limited，2002：82.

的自然律。自然类个体内在的深层次的根本性质及其各个性质之间的相互作用、关系以及类成员之间的相互关系共同形成了不同类之间的不同规律。

自然类群体应该形成一种类（B4）。一方面，能称之为类的一定是由大量的个体形成的一群或一组。比如，鱼类，现有的鱼类有24618种。另一方面，类群体是在长时期的繁殖、进化过程中形成，鱼类是最古老的脊椎动物，最早的鱼类化石显示距今已经约5亿年之久。而个体寿命最短的有翅类昆虫——蜉蝣（朝生暮死）也达到两千多种。因此，一种类还体现为拥有庞大的数量和长久时间的生存，而一个群体应体现为这两个方面，才可称之为一个类。

自然类之间具有绝对明显的界线，类与类之间有范畴上的区分，一个自然类不能连续地滑向为另一个自然类（B6）。物种之间有着明显的范畴区分。植物类与动物类是不同的两个范畴，树类与哺乳动物类。微观范畴，比如，原子类与基本粒子类。原子由原子核和电子组成，构造了自然界的原子和分子，但是不能解释核力。基本粒子比原子、分子还要小，可观察的粒子有夸克、轻子等，每一类型的粒子都由相应的量子场描述。

按照波德的B1，B2，……，B6标准，从自然类的共同特征、自然律、层级、范畴以及归纳推论几个方面，可以对类划分进行一般意义上的描述。但是还不够具体和深入。共同特征具体指哪些性质特征还不明确。所有的自然类都遵循同一的自然律吗？同一的自然律，是针对同一层次的自然类，还是不同层次的自然类，这里并没有做出清晰的阐释。而归纳推论本身具有无法克服的归纳悖论难题。如果继续追问，自然类的层级式划分和具有范畴上的区分的标准是什么，波德也没有给出详细的论述。

埃利斯（B. Ellis）与波德的标准不同，他提出的标准更为严格。为了阐述方便，这里将埃利斯的五个标准简称为E1，E2，……，E5标准：①自然类是真实的，绝对的。自然类是真实的是因为自然类之间的不同差异以不同的方式显示；自然类是绝对的是因为自然类之间的区分无关于任何人的认知角度。自然类不依赖于人们的兴趣，心理，感知器官，语言，实践或选择。②自然类是自然的分组，不是人为的。③自然类的区分是由类成员的内部结构决定的，不是外在的因素（外貌，位置）决定的。④自然类具有层级上的区分，最低的层级是基本粒子类，然后是原子类，再从简单的单原子分子类到包含成千上万个原子的高级复杂结构，每一个不同的分子决定了不同的自然类。⑤每一个自然类都具有本质属性，即结构属性，结构是原子-分子结构。①

E1与E2是对自然类概念的重复，E4标准是对B5标准的补充和完善。同时E标准的最大优势在于，埃利斯明确提出了类划分的结构（基本要素的排列组合

---

①Brian Ellis：*The Philosophy of Nature A Guide to the New Essentialism*，Acumen Publishing Limited，2002：26-27.

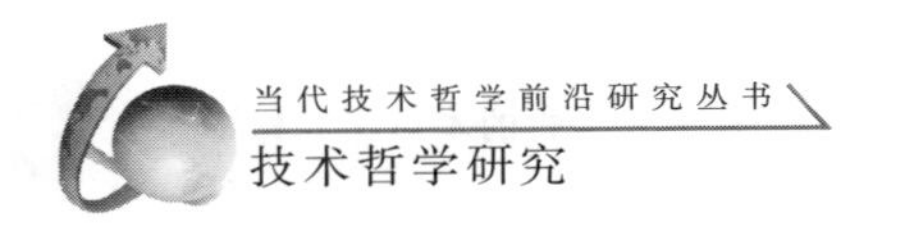

的结构）和要素（基本粒子、原子、分子）标准。

其中 E3 明确指出，一类之所是的标准是由其内部结构决定的。对自然类个体成员而言，决定其成为一个特殊的客体依赖于该成员的内部结构。就“柠檬”这一实体而言，决定它之所以是柠檬的根本性质是染色体结构。决定“酸”这一特性的是同位素结构。[①]

E5 则给出组成结构的原子、分子等要素。普特南曾引用阿基米德谈黄金（化学元素符号 Au）的例子。当谈到某些东西是黄金时，并不是说它具有黄金的表面属性就是黄金，而是任何一块黄金都具有共同的一般的隐蔽结构，即金的原子序数为 79，也就是金的原子核含有 79 个质子。[②]

隐蔽的结构决定了自然种类。一种液体或固体的根本性质是结构上的性质，是构成这些液体或固体的基本粒子的排列组合。如氢、氧，或者泥土、空气、水、火以及其他形成表面特征的基本元素的排列和组合。[③] 物种的区分根源在于基因的不同。与普特南同时期的生物学家们已经普遍相信物种是由确定的隐蔽分子结构决定的，这种结构就是 DNA。[④] 对个体而言，氨基酸的排列顺序的细微差别就会产生个体之间的很大差异。

结构（物理结构、化学结构等）是自然类划分的重要标准，决定自然类成员之所是的根本性质。结构的形成在于基本要素的排列和组合。大脑由上亿的神经细胞（包含双极细胞、单极细胞、多极细胞等等）组成。细胞的种类千差万别，但是它们都具有相同的基本结构，由细胞体、树突和轴突三个要素组成。并且这些要素各自都具有相应的功能。细胞体提供所有细胞活动所需的物质，如细胞核、DNA、线粒体、核糖体等。树突接收来自其他细胞的信息，并将信息传递给细胞体。轴突则是将电冲动（electrical impulses）从细胞体传送到其他神经细胞、腺体或肌肉。

对结构、要素的描述往往伴随着功能描述。大脑是一直处于进化过程中的系统组织。最一般的大脑，我们称之为原脑（old brain），包括脑干（brain stem），脊髓由此进入头颅，脊髓上面是延髓（medulla）。原脑的功能是自主运作，不需要任何意识参与：心跳、肺部呼吸等等。在延髓上面的是脑桥（pons），帮助协调动作。脑桥的上面是丘脑（thalamus），它接收视觉、听觉、触觉、味觉等感觉

---

①Ian Hacking：*Putnam's Theory of Natural Kinds and Their Names is Not the Same as Kripke's*，Principia，2007，11（1）：11－12.

②Ian Hacking：*Putnam's Theory of Natural Kinds and Their Names is Not the Same as Kripke's*，Principia，2007，11（1）：5－12.

③朱建平，《论克里普克与普特南自然类词项语义学观之异同》，载《电子科技大学学报（社科版）》2011 年第 1 期。

④朱建平，《论克里普克与普特南自然类词项语义学观之异同》，载《电子科技大学学报（社科版）》2011 年第 1 期。

信息。网状结构（reticular formation），负责睡眠、走路、知觉疼痛等重要功能。小脑负责非言语学习，记忆，对时间的知觉以及情绪调控。所以旧脑系统是维持机体基本功能的顺利进行。任何动物都需要这样的脑系统和功能，比如爬行动物。而完成更高级的功能，需要更复杂的脑部结构。比如，杏仁核（amygdala）负责记忆的整合；小丘脑（hypothalamic）保持身体的稳定、调节体温和饥饿，也帮助控制内分泌系统，以及感觉快乐；海马（hippocampus）是学习、记忆的中枢，如果受损将会丧失学习新事物的能力，记不住东西。在所有的脑结构中最高级的东西是灰质（grain matter），占据左右两个脑半球的85%，监督思考、说话等能力。连接两个脑半球的结构是胼胝体（corpus callosum）。语言的产生由左侧大脑半球控制，右侧大脑半球控制一些创造性的功能。

在生物自然界，不同的“自然类”其功能是不同的。[①] 比如，蚯蚓的功能是把土壤变疏松，提升土壤的肥力。蜜蜂在传授花粉的过程中起着重要作用，世界上76%的粮食作物和84%的植物依靠它们传授花粉。因此，功能也是划分自然类标准的一个根本性质。

要素之间具有物质、能量或信息的关联。自然类客体的结构不是机械式的几何结构，而是由不同要素相互连接、相互作用交织在一起的物理的、化学的、生物的结构。如果没有要素作为结构的节点，就像化学式没有元素，人体没有相应的组织、器官一样。结构没有要素就不可能形成一个完整的客体，更不可能运行相应的功能。所以，要素也是自然类划分的重要性质和标准。

“类”表现为东西的类别，每类东西分享一些最基本的物理的、化学的性质以及功能性质。比如水是透明的液体（物理性质）；它的化学分子式是H_2O，即一个水分子包含了两个氢原子和一个氧原子（要素）；具有维持生命的功能等。这些性质是决定水可以划分为水类的根本性质。并且只有同时满足水的结构、要素、功能这些根本性质的统一，才能被划为水类。

通过对波德的B标准和埃利斯的E标准的对比分析。笔者认为，自然类的划分标准是要素、结构与功能的统一。同时还需要增加一个时间性原则。

一个自然类是在自然进化与自然选择中形成的，自然类具有层级结构，层级的形成是进化的必然产物。一个自然类层级结构的形态有进化所需的时间。[②] 比如物种的进化，南猿（250万—420万年前）→能人（230万年前）→直立人（180万年前）→智人（尼安德特人，25万年前）→智人（现代人，10万年前）。就生命个体而言，在不同时期，形成不同层级结构。比如，十月怀胎，果树的花期和果期等。因此，时间性也是划分自然类的一个重要标准。

---

①Joseph LaPorte：*Natural Kinds and Conceptual Change*，New York：Cambridge University Press，2004：417.

②西蒙：《人工科学：复杂性面面观》，武夷山译，上海科技教育出版社2004年版，第182页。

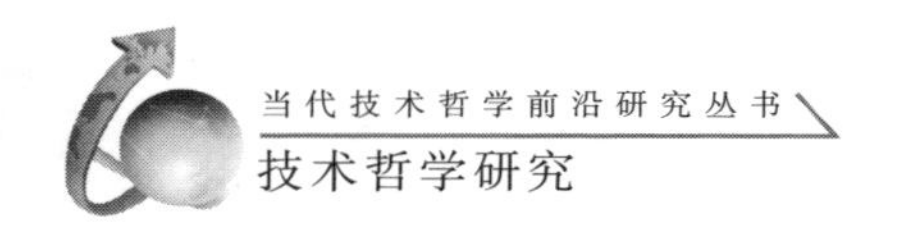

综上所述，笔者认为，自然类的划分标准是结构、功能与要素的统一，而且还要满足时间性标准。

二、人工物的概念与分类标准

人工物是人的行为意图的产物，是基于一定功能目的而被设计、制造的物质客体。人工物并不脱离自然。人工物遵循自然法则，同时它们符合人的目标和目的。[①] 托马森（A. L. Thomasson）认为，人工物是因为特定功能目的而被设计和定义。①人工物具有功能意图；②功能意图决定人工类之所是；③人的功能目的和意图改变，人工物也随之而变。[②]

人工物以功能性质来定义和区分，从功能的执行和表现来定义技术人工物，人工类等于功能类。[③] 比如，闹钟是用来看时间的，咖啡机是用来磨咖啡的。

功能可以通过多种形式来实现。[④] 比如，无线电话，它的基础功能是用来实现远距离通讯。贝尔实验室发明无线电话最初的意图是，在较广或较远的范围内，为信息的传递提供方便和可能性。如今的无线电话的功能已经多样化。同一部手机可以执行多种功能，除了最根本的通话功能，还可以听音乐、拍照、打游戏、阅读等等。未来手机的功能还会继续扩充。所以，手机可以被定义为是用来通话的东西。而反过来，就不唯一指手机了。用计算机、电视或其他电子设备也可以实现远距离通信功能。但是，无线电话、计算机、电视等与手机是不同的人工物。

所以一定程度上功能性质可以确定人工物。但区分一个人工类之所是，只考虑功能标准是不充分的，并且人工物不能被任意地按照功能进行分类，必须要加入功能所对应的适当的结构。

人工物的结构被视为黑箱。一类人工物是由合适的材料组成的，即它们是一些物质材料的集合，什么物质材料并不重要，或者组合成人工物合适的物质材料的基础材料是什么也不用去追究。只要人工物能执行意图功能即可。最终的结果就是我们只能通过功能意向性行为来定义人工物，而缺少对人工物客体本身结构的认识。

人工物客体结构指的是这些客观存在的物体内部的要素及其相互关系的集

---

①西蒙：《人工科学：复杂性面面观》，武夷山译，上海科技教育出版社2004年版，第3页。

②Amie L. Thomasson：*Public Artifacts*，*Intentions*，*and Norms*，in M. Franssen：*Artefact Kinds*：*Ontology and the Human – Made World*，2014：45 – 46.

③Maarten Franssen，Peter Kroes，Thomas A. C. Reydon，Pieter E. Vermaas：*Artefact Kinds*：*Ontology and the Human – Made World*，Springer，2013：70.

④Maarten Franssen，Peter Kroes，Thomas A. C. Reydon，Pieter E. Vermaas：*Artefact Kinds*：*Ontology and the Human – Made World*，Springer，2013：71.

合，即 S = < E，R >。[①] 一部计算机的结构就是硬件系统（包含电源、主板、CPU、内存等零部件）和软件系统（包含操作系统、语言处理系统、数据库管理系统、应用软件等要素）之间的相互联结、相互作用组成的体系。计算机的核心结构是以晶体管为基本元件之间的相互耦合，即微型处理器（CPU）。电视机的核心结构是由内部装有电子枪的管颈、内壁和外壁都涂有导电的石墨层的圆锥体、荧光屏（屏幕）三个部分组成的显像管。CPU 和显像管分别又是计算机和电视机的核心部件（要素）。

通过结构和功能描述是否能够认识技术人工物。克劳斯与梅耶斯提出技术人工物的二重性，即结构是物质基础，人的功能意向性作用于结构，形成具有功能性质的人工客体。这里把功能意向与实际的功能执行合并称为人工物的功能属性。

按照技术人工物的系统模型，仅用结构和功能无法对人工物进行完备的描述。因为结构与功能之间存在两类“非充分决定性”：一类是一种功能可以由多种结构实现；一类是一种结构可以实现多种功能。[②] 造成这种结构、功能之间鸿沟问题的是对“质料”（要素）的忽视，要素部分的描述被纳入结构属性。但实际上，要素是一个独立的物质客体，技术人工物与要素之间有很大的关系。[③] 西蒙栋（Simondon）认为，在一个复杂系统中，要素是一个独立的客体，通过与其他要素的组合，形成完整的系统结构、并实现其功能。对于计算机来说，显卡是关键零部件，如果缺失，计算机就无法实现显示功能。

一个技术人工物是由结构、功能与要素三者的统一决定的。西蒙栋提出“聚集”（convergence）是构成人工物的根本原因。比如，电子三极管是一种控制元件，主要用来控制电流的大小。三极管内部各个部分具有不同功能：阴极发射电子，阳极捕获电子，栅极控制电子从阴极向阳极流动。三极管的功能被栅极和阳极之间的电容所限制，这就会导致电子管产生电流震荡。在阳极和栅极之间加入另一个栅极，就会产生新的功能，新加入的栅极既作为阳极额外的控制栅极又作为原有栅极的阳极，这样三极管的放大功能就极大地提升了。新增的栅极解决了原有的功能问题，又提升了整体功能。每一个元件有多个功能，每一个功能对应于多种元件，每一层次元件与功能的具体化都伴随着新元件集合的形成与聚集。每一层次元件结构、功能的具体化都是一次新的聚集。每一次的聚集，即不同的要素、结构与功能的统一决定了不同的人工物的形成。

人工物与自然物一样都是结构、功能与要素的统一。波普尔提出技术人工客体是人类自身（器官）进化的延伸或模仿。技术人工物与自然物一样，特定的功

---

①张华夏、张志林：《技术解释研究》，科学出版社 2005 年版，第 64 页。

②潘恩荣：《技术人工物的结构与功能之间的关系》，浙江大学博士论文 2008 年版，第 18 页。

③吴国林：《论分析技术哲学的可能进路》，载《中国社会科学》2016 年第 10 期。

能对应特定的结构。只是组成结构的表现形式（材料、元素）不同。自然物，比如自然人，以碳水化合物的形式（碳、氢、氧）存在。而人工物，像机器人，是各种金属元素的组织合成。自然人具有发达的神经系统、完整的身体结构（骨骼、器官、四肢、皮肤等等）以及核心要素（大脑）。而机器人的神经系统由无数晶体管连接所代替，核心要素由中央处理器和存储器代替，身体的外部结构由金属类的机械器件代替。

人工物也具有时间持续性。当我们分析各类人工物的结构、功能与要素时，其实也是在考察它们的进化史。就像物种的多样性一样，人工物的种类也是丰富多样。正是因为人工物种类数目的庞大，有时甚至无法精确统计，才称之为人工类。有些人工类经历长时间的进化，这种进化包含在自然类的进化中。自然类以遗传、进化的形式实现自身的持续性。人工类的持续性以模仿、复制、大批量生产、传播[①]以及内部结构要素更新—功能改进的形式保存下来。比如计算机，从1946年第一台电子计算机的产生，到现在计算机共经历三次革命性的更新换代。第一代是电子管计算机；第二代是晶体管计算机；第三代是大规模和超大规模集成电路计算机。计算机的进化，表明每一时期的人工物客体都是结构、要素与功能的相互匹配和统一，并且具有时间持续性。

计算机出现至今，其主要的运算功能已经得到了极大的提升。计算机的核心结构与零部件，如中央处理器CPU，一直在随着时间的推移更新换代。尽管计算机的功能逐渐多元化，其结构和零部件（要素）的更新速度加快。但是计算机的专有功能（计算）、核心结构（硬件系统和软件系统）、核心要素（CPU）不改变。所以计算机类是专有功能、核心结构、核心要素与时间性的统一。

人工类与自然类一样，决定成其为同一类的标准是多个根本性质的统一。核心结构、专有功能与核心要素的统一构成技术人工物的内在性质，决定了不同的人工类。[②] 人工类属于自然类，也是实在的自然类客体。所以对人工物进行类的划分标准是专有功能、核心结构与核心要素的统一和满足时间性标准。

三、人工类的实在性分析

人工类是否像自然类一样具有实在性？弗兰森（Maarten Franssen）在其论文《人工类，本体论标准以及心灵依赖的形式》中指出，哲学界存在着一个奇怪问题，就是对人工类是否是实在类的质疑。[③] 人工类是否是实在类所争论的核心问

①张华夏、张志林：《技术解释研究》，科学出版社2005年版，第80页。

②吴国林：《论分析技术哲学的可能进路》，载《中国社会科学》2016年第10期。

③Maarten Franssen，Peter Kroes：*Artefact Kinds*，*Ontological Criteria and Forms of Mind - Dependence*，Springer 2013：64.

题是，人工物是人的意向行为的产物，[①] 而实在的物质是不依赖于任何意向行为的。

贝克（L. R. Baker）提出判断真实存在的五个标准：任意真正的实体（1）只要具有内在的活动原则；（2）只要有适用于它的规律，或者是关于它的科学；（3）判断一个东西是否是实体，不能仅仅由这个东西是否满足一些描述而定；（4）只有该客体具有潜在的内在的本质；（5）只有它的同一性和持续性是独立于任何意向性活动。[②] 贝克认为人工物并不完全满足这五个标准，尤其不能满足第五个标准。因此，人工物并不是严格意义上的物质实体的成员。然而弗兰森认为，意向性很难成为否认实在性的标准。因为在人类持续存在的过程中，无论人类实体本身，还是人类的意向性所扮演的角色都不能被排除在外。就像我们不能因为人具有意向性而否认人的实在性一样。

克劳斯等学者将人工物的功能意向性归于功能性质。但是意向性与功能性质还是不同的两个方面，不能简单地归为功能方面去理解。张华夏教授认为一个复杂的系统中，结构-功能-目的/意向性是三位一体的关系。在生物自然界，生物是有目的的或计划的客体，这种目的性由生物体的结构显示出来，并通过功能行为得以实现。比如人的口腔的目的是为了汲取水和食物，而汲取的功能就是保证人体的水分、营养和能量，最终的目的是维持人体的生存与繁殖。因此，参与实现根本计划、目的的所有结构、行为和活动，都称之为“目的性”。[③] 在笔者看来，人工物的意向性可以用自然的目的性概念来解释。人工物的目的、计划或意向性与自然物一样，已经内化在结构和功能活动中。因此，意向性只能更有力地证明人工物的实在性，而不是否定。

技术人工物的实在性体现为功能的实在。人们发明技术是为了获得功能，制造技术人工物是为了执行功能。一个人工物如果不能发挥其特有的功能，就不具有技术的本质，就不能成其为真实的技术，甚至它不再是技术实在。[④] 相对应的结构实在也只是一种物质实在，即要素实在。比如，随意堆放的机器零部件，或废弃已久的汽车或家电。

结构的实在一方面体现为技术实在。在克劳斯和梅耶斯看来，人工物本体论意义上是关系的实在，即结构与功能之间的关系。如果说功能实在是一种技术实在的话，结构实在也必然是技术实在。一个复杂的结构，可以通过有力的技术来

①Maarten Franssen，Peter Kroes：*Artefact Kinds，Ontological Criteria and Forms of Mind - Dependence*，Springer 2013：3.

②Maarten Franssen，Peter Kroes：*Artefact Kinds，Ontological Criteria and Forms of Mind - Dependence*，Springer 2013：3.

③雅克·莫诺：《偶然性与必然性》，上海人民出版社1977年版，第5-9页。

④肖峰：《哲学视域中的技术》，人民出版社2007年版，第42页。

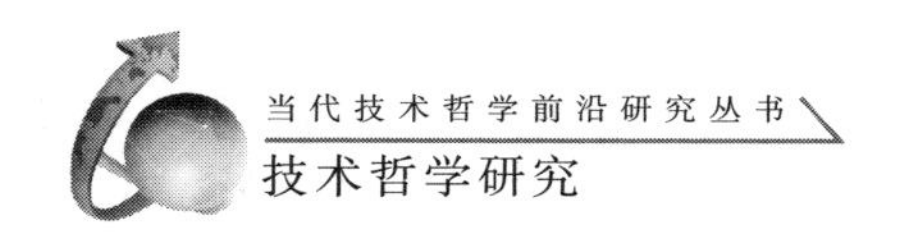

找到一些可行的方式，将复杂的结构系统分解，[①] 这样每一层级的结构都可以相对应地独立于其他层级结构，每一层级结构所对应的功能与其他功能发生关系。这样确保每一层级的结构与功能的关系都是技术的实在。其中核心结构的技术实在对于人工物的功能实在至关重要。比如汽车变速箱与发动机的关系配合，或者变速箱内部结构出现问题，导致汽车行驶功能失灵。

另一方面，结构实在还体现为要素实在。因为关系实在以关系者（要素）为前提，没有要素，结构就无从谈起。如果没有齿轮和轴这些要素，变速箱就不能成为一个完成变速功能的结构。

反过来要素实在同样作用于结构和功能实在。轮胎对于汽车是重要零部件，发动机是汽车的核心要素。机翼、尾翼等对于飞机来说是重要零部件，显示器是电脑的核心要素。如果没有核心要素，人工物的结构和功能是不可能的。而要素实在也要受制于功能实在。假设按照相同的比例制造房屋，真正的房屋与房屋模型虽然结构相同，但是要素不同，真正的房屋的要素是大理石，房屋模型的要素却是泡沫材料，那么它们最终实现的功能就会大相径庭。

因此，在笔者看来，技术人工物的实在是结构实在、功能实在与要素实在三者的统一。其中核心结构、核心要素与专有功能的统一决定了人工类的实在性。

---

①司马贺：《人工科学：复杂性面面观》，武夷山译，上海科技教育出版社2004年版，第119页。

第二章

技术何以可能？

“技术何以可能”是技术哲学的重要问题，但是，它却被技术哲学家所忽视，其根本原因是原有的技术哲学研究方法只注重技术与外部因素的关系，而没有关注技术本身。分析技术哲学以分析哲学方法为基础，自然将“技术何以可能”作为自己的基本问题。本文首先从哲学史视角勾勒“技术何以可能”的有关思考，然后从技术客体角度对技术进行先验和经验分析，具体讨论引起技术得以可能的“五个必要因素”（简称“五因”），为认识技术打下一个必要的形而上学基础。技术是一个复杂的现象，有不同的考察方式，本章仅从“技术何以可能”这一角度展开思考，更详尽的考察请见第四章。

第一节　简要的历史考察

技术是一种历史现象，[①]受客观生产方式和主观哲学观点的影响，不同历史阶段的哲学家在思考“技术何以可能”的问题时对技术的理解以及对技术得以可能所强调的必要因素不同。

techne 是最早用来表示“技术”一词的希腊语，一般被理解为“技艺”“手艺”或“技能”，根据其印欧语系的词干 tekhn－，它也有“木艺”或“木作”的意思。[②]“技术何以可能”的问题可以追溯到苏格拉底关于 techne 现实生成与存在的哲学思考。据柏拉图在“欧绪德谟篇”中的记载，苏格拉底以木匠制作梭子为例，认为不论采用何种材料，木匠必须首先把梭子的“型”表现出来才能进行制作，[③] 这个“型”后来被柏拉图发展为“理念”。在“斐德罗篇”，苏格拉

①F. 拉普：《技术哲学导论》，辽宁科学技术出版社 1986 年版，第 21 页。

②卡尔·米切姆：《通过技术思考——工程与哲学之间的道路》，辽宁人民出版社 2008 年版，第 149 页。

③柏拉图：《柏拉图全集》（第 2 卷），王晓朝译，人民出版社 2003 年版，第 65－66 页。

底坚持认为伟大的技艺不仅需要经验，还要研究事物的本性。[①]在“国家篇”，他认为各种技艺是为它的对象提供和规定利益。[②]苏格拉底对 techne 现实生成与存在的思考为现代技术可能性问题的探讨奠定了深厚的哲学基础。

柏拉图对知识的分类使 techne 具有了近代技术（technology）的内涵，即它包含了制作技术实体时所需的具有准确性或精确度的知识性技艺或技能，如木作。[③]在《理想国》中，柏拉图通过苏格拉底的对话强调了技术现实生成与存在的知识基础、目的性以及“理念”前提。如在第七卷，柏拉图借苏格拉底的话指出，具有理性特点的算术和算学（几何学）是技术的知识基础，同时，一切其他的“技术科学”完全是或是为了人的“意见”和“欲望”，或是为了某一事物的产生和制造。[④]在第十卷，柏拉图以苏格拉底的床为例阐明技术的现实生成以绝对“理念”为前提，他认为“理念”是一类事物的本质，是具体事物的可能形式或结构，它是个别事物存在的根据，先于人类的创造活动而存在，任何工匠都不能制造它，极其灵巧的工匠在制造现实可感的特定的床时，要以床的类本质，即床的“理念”为模型。[⑤]

亚里士多德将 techne 定义为使用 logos 制作技术实体的能力，[⑥]在《物理学》中，他批判柏拉图把作为类本质的绝对“理念”与具体事物绝对地分离开来，[⑦]认为万事万物都是质料与形式的复合体，甚至形式比质料更重要，因而他把“由于技术的东西和工艺制品称为技术”。同时，他认为如果技术是模仿自然，那么技术主体还必须具备认识事物之形式与质料的能力，进而他以雕像为例阐明技术的现实生成与存在以“四因”为前提，即质料因、形式因、动力因和目的因。[⑧]可以说，这时的 techne 包含了 logos，但只限于对形式的把握，尚未用来指导具体的技术行动；16 世纪之后，拉莫斯将法语 technai 和 logos 合成为 technologia，用来描述经系统整理和安排的技艺和科学，尤其是用来描述机械及其技艺，这个词成为近代对技术的指称，它与英语 technology 最初的词意相似，直到 17 世纪下半叶，它获得了现代英语的意义；到 18 世纪，技术被理解为关于技艺的科学和技术实体，或者是使用物理学给技术实体赋予理性。[⑨]

---

①柏拉图：《柏拉图全集》（第 2 卷），王晓朝译，人民出版社 2003 年版，第 190 - 191 页。

②柏拉图：《柏拉图全集》（第 2 卷），王晓朝译，人民出版社 2003 年版，第 236、300 页。

③卡尔·米切姆：《通过技术思考——工程与哲学之间的道路》，辽宁人民出版社 2008 年版，第 150、166 页。

④Plato：*Republic*. Beijing：Foreign Language Teaching and Research Press，2008：234.

⑤Plato：*Republic*. Beijing：Foreign Language Teaching and Research Press，2008：324 - 326.

⑥卡尔·米切姆：《通过技术思考——工程与哲学之间的道路》，辽宁人民出版社 2008 年版，第 152 页。

⑦张志伟：《西方哲学史》，中国人民大学出版社 2002 年版，第 89 页。

⑧亚里士多德：《物理学》，徐开来译，中国人民大学出版社 2003 年版，第 35 页。

⑨卡尔·米切姆：《通过技术思考——工程与哲学之间的道路》，辽宁人民出版社 2008 年版，第 164 - 167 页。

康德在《纯粹理性批判》中阐明主体思维之知性范畴、即因果关系范畴是人类认知事物的先验范畴，他把事物二分为“现象界”和“物自体”，认为前者是先验范畴发挥作用的领域，科学知识成为可能，“物自体”是不可知的“超验实在”。[①]德国技术哲学家德韶尔以飞机这一现代技术客体为例引入柏拉图式的“理念”，运用康德的先验哲学范式阐明先验性质的“第四王国”[②] 中存在着现实技术的可能形式，即技术“理念”，它是技术发明与制造的先验前提；康德式“物自体”在技术发明与制造中以主体的精神为中介与预先存在于“第四王国”中的技术“理念”发生必然联系，技术发明成为可能。[③]但德韶尔认为柏拉图式的技术“理念”与康德式“物自体”源自上帝的理念世界，主体的技术发明与制造活动是上帝创世活动的继续，这一唯心主义和宗教思想不可避免地遭到一些唯物主义者的批判性审视与质疑。

拉普在《技术哲学导论》中把德韶尔视为工程派技术哲学的典型代表，认为德韶尔的技术哲学理论扩充了“技术可能性以潜在形式存在”的思想，进而拉普对“物质技术”进行了社会—历史的、经验的和哲学的全面性考察，阐明技术的现实生成受制于物质世界和活动主体。[④]米切姆把技术区分为四种基本类型，即作为知识的技术、作为活动的技术、作为客体的技术以及作为意志的技术，[⑤]我们认为这四种技术类型所对应的四个要素，即知识、活动、客体和意志，在一定程度上也是技术现实生成与存在得以可能所需的四个必要因素。同时，米切姆还指出科学哲学家波普尔关于三个世界的划分可以用来解释他对这四个技术类型所作的区分，[⑥] 但他并没有推进这方面的解释。

波普尔在他的三个世界理论中认为世界 1 是物理或物理状态的世界；世界 2 是意识、精神和心灵状态的世界，或关于活动的“行为意向”的世界；世界 3 是“智性之物”的世界，包括抽象的逻辑内容或思想客体[⑦]和具体的物质客体，它们分别是主体通过理论活动和对象性的实践活动创造的人工物。[⑧]根据波普尔关于

---

①张志伟：《西方哲学史》，中国人民大学出版社 2002 年版，第 542 页。乔瑞金：《技术哲学教程》，科学出版社 2006 年版，第 49 页。

②它由全部已经存在的柏拉图式的技术理念，即关于技术问题的解决方案的总和构成。

③卡尔·米切姆：《通过技术思考——工程与哲学之间的道路》，辽宁人民出版社 2008 年版，第 43 页。

④F. 拉普：《技术哲学导论》，辽宁科学技术出版社 1986 年版，第 5 页、36 页。

⑤卡尔·米切姆：《通过技术思考——工程与哲学之间的道路》，辽宁人民出版社 2008 年版，第 212 – 213 页。

⑥卡尔·米切姆：《通过技术思考——工程与哲学之间的道路》，辽宁人民出版社 2008 年版，第 212 页。

⑦不仅包括抽象的客观知识和理论、批判性论证、问题情境以及尚未解决的问题、猜想和反驳等，还包括柏拉图的理念世界、博尔扎诺的自在命题和真理世界、弗莱格的客观思想内容世界、德韶尔的技术王国。

⑧卡尔·波普尔：《客观的知识》，舒伟光等译，中国美术学院出版社 2003 年版，第 162 – 165 页。

三个世界相互关系的阐述，现实技术客体是世界2运用世界3作用于世界1时产生的人工物质客体，它的结构是物理性质的，受自然规律的支配，可以认为它既属于世界1，又属于世界3。可以说，以主体的技术活动为中介，在认识论中“泾渭分明”的三个世界实现了沟通与融合，它们与技术的现实生成与存在发生着必然的联系，据此，波普尔的三个世界理论不仅可以用来解释技术类型的划分，也可以用来划分和解释技术现实生成与存在得以可能应该具备的必要因素。

以上不同历史阶段的哲学家强调技术现实生成与存在得以可能所需的必要因素有所不同，但这些因素要么可以在波普尔划分的三个世界中找到各自所隶属的“世界”，要么可以在三个世界的相互关系中发挥一定的作用，同时，他们所强调的必要因素又具有不同程度的历史局限性，技术的可能性问题仍有进一步探讨的必要。

第二节　对“技术何以可能”的分析

一般来说，技术具有经验形态、实体形态和知识形态①，但在现代社会中具有直接改变现实世界力量的，一定是实体形态的技术，即技术客体。为此，本文将技术限制为现代技术，而且是技术客体，即现代技术客体。现代技术客体具有实体的性质，又包括了经验因素和知识因素。根据前述分析，我们认为，使现代技术得以可能必须具备五个必要因素：先验因素、目的因素、理性因素、质料因素和实践能力因素（简称“五因”），正是这“五因”才使现代技术成为可能。

一、先验因素

“先验”是康德从形而上学角度引入的一个哲学术语，意为“关于先天的”，它独立于经验，又是经验成为可能的先决条件，他把专门研究主体思维之先天认识形式的理论称为“先验哲学”。②康德的先验哲学一是试图“整和”认识论问题上的经验论和唯理论，主张具有普遍必然性的科学知识必须同时具有先天的和经验的两个因素，即经验为科学知识提供内容，先验范畴则为科学知识提供形式，先验范畴是使科学知识成为必然知识的必要因素；二是运用“先验论证”证明知性范畴（q）不仅是主体形成经验对象（p_1）的先决条件，也是科学知识（p_2）成为可能的先决条件，即证明命题q是命题p得以可能的必要条件。③简言之，康

---

①吴国林：《论技术本身的要素、复杂性与本质》，载《河北师范大学学报（社科版）》2005年第4期，第91－96页。

②张志伟：《西方哲学史》，中国人民大学出版社2002年版，第542页。

③R. Stern: *Transcendental Arguments: Problems and Prospects*, New York: Oxford University Press, 1999: 3.

德的先验哲学皆在阐明科学知识的构成需要两个必要因素，并证明先验范畴这一形而上学的先在依赖性。从哲学层面思考现代技术客体，它的生成也是如此，也就是说，现代技术的现实生成与存在也需要先天的和经验的两类必要因素。

虽然单个的现代技术客体不具有必然性，但是，现代技术的进化或整体具有自主性和必然性，①因此，现代技术之自主与必然必须得到先验哲学的支持，这就是现代技术的先天或先验因素。它是主体在技术构思和设计中能够形成技术方案或模型的先决条件，是现代技术得以可能的先验前提。

根据康德的先验哲学，空间和时间是感性直观的两种先天认识形式，“纯概念”即范畴是知性的先天认识形式，“想象力”是“联结感性直观的杂多的东西”，它依赖感性把握杂多的表象，依赖知性范畴即先验范畴将杂多表象综合加工为“图型”，康德认为这是“人类灵魂深处的一种隐秘的技艺”，是种种经验呈现的图像或形象成为可能的先天条件；②先验范畴的想象力还能将感性获取的“杂多表象”综合统一为“经验对象”，进而发挥自身具有的先验逻辑和认识功能将它综合统一为“判断”，先验范畴的综合判断先天地具有知识能力，它构成真正意义上的知识。③同时，康德认为“理念”是理性的先天认识形式，它先天地具有推理能力，是理性调整知识的工具。④可见，思维的先验范畴具有先天想象力和先天知识能力，理性的“理念”具有先天推理能力。

德韶尔认为，柏拉图式的技术“理念”会伴随“内心图像”的出现“呈现在人们的想象中”，并在随后的“思考”中经“自然知识”的检验后被主体活动着的思维所获取。⑤如此，隶属于波普尔第三世界的技术“理念”具有客观自主性，主体的思维获取它时要具有且要发挥相应的想象力、知识能力和推理能力，但如前所述，在先验哲学层面，这三种能力又必须以主体思维之先天认识形式为先决条件。换句话说，从先验哲学层面思考现代技术的可能性，我们认为，主体思维之先天认识形式具有的先天能力也在追求有效性的技术活动中发挥作用，是“内心图像”之所以能够呈现在“想象”中并能经知识的检验后“调整”为较为“完满”的技术“理念”，最后被主体思维获取的先决条件。也就是说，主体思维具有的三种先天能力是主体在技术构思或设计时能够形成解决技术问题的方案或模型的先决条件，技术“理念”也不是如德韶尔所言根源于上帝的理念世界，而是根源于主体的大脑的思维，技术史学家辛格从比较解剖学角度为此提供了可靠的依据。

---

①参见埃吕尔、温纳等学者有关技术自主性的观点。

②康德：《纯粹理性批判》，李秋玲主编，中国人民出版社2003年版，第128－131页；张志伟：《西方哲学史》，中国人民大学出版社2002年版，第549页。

③张志伟：《西方哲学史》，中国人民大学出版社2002年版，第537－549页。

④张志伟：《西方哲学史》，中国人民大学出版社2002年版，第550－551页。

⑤Friedrich Dessauer：*Streit um die Technik*. Frankfurt：Verlag Josef Knecht，1956：142.

辛格在《技术史》第一卷的开篇就以比较解剖学为基础对类人猿和人的大脑作了比较，认为完全进化的人体大脑在功能上已经具备在技术发明与制造过程中预先构思和设计技术方案的能力，它根源于主体的抽象思维，最终归功于完全进化的人脑皮层组织、结构和功能。①大脑具有“分离和重组事物”的逻辑思维能力，它在主体选择、分离和重组记忆、经验、知识和信息时提供想法，是发明或计划的必要条件。②

因此，完全进化的大脑皮层组织和结构使主体思维具有某些先天能力，它们在主体构思或设计技术方案或模型时发挥作用，使主体能够充分利用以往或当下的经验记录提供创造性的想法，以至于技术活动结束时要得到的结果，在活动开始时就已经在主体的想象中存在着，③即技术实体的可能结构或形式“观念地”存在于主体头脑中。

二、目的因素

主体思维的先天能力只是意味着主体潜在地存在着某些技术潜能，并不意味着现实技术客体的必然生成，它的生成还受目的因素的支配。不同历史阶段的哲学家从不同角度阐明了技术的目的性，即现实技术客体因主体的“目的”而存在。这里强调目的因素对现代技术的必要性，在于“目的”能通过影响主体的意志或信念从而影响主体采取的技术行动及其效果，波普尔把这一相互关系称为“抽象意义的世界”对“行为”的影响。

按照波普尔的三个世界理论，世界 2 既能“看见”和“把握”世界 1 和世界 3 的客体，也能够运用世界 3 作用于世界 1，如技术专家运用数学和科学理论成果作用于世界 1 从而引起它的变化；同时，不仅世界 2 蕴涵着某些技术潜能，而且世界 1 和世界 3 也蕴涵着某些技术潜能，但它们又是一个具有自主性的领域。世界 1 和世界 3 蕴藏的技术潜能也只能被主体认识和理解后才能被发现，但它们中只有部分能或仅能被“某些人”所发现、认识和把握，有些部分可能永远不能被主体认识和理解，它们不同程度地给科学和技术活动划定了范围和界限。基于此，波普尔将主体的目的、意图、价值等“非理性因素”称为“抽象意义的世界”，认为它能通过影响主体的心灵状态从而影响主体与世界 3 和世界 1 的客体发生相互作用时产生的效果，简称“意义”对“行为”的影响。④这可以理解为，当“目的”不存在时，主体产生意志和采取技术行动的可能性较小，即使有行动，无意识无计划的行动对客体产生影响的可能性也不大；当它存在时，主

①查尔斯·辛格等：《技术史》（第 1 卷），王前等译，上海科技教育出版社 2004 年版，第 10 页。
②张志伟：《西方哲学史》，中国人民大学出版社 2002 年版，第 11－12 页。
③《马克思恩格斯选集》（第 2 卷），人民出版社 1995 年版，第 178 页。
④卡尔·波普尔：《客观的知识》，舒伟光等译，中国美术学院出版社 2003 年版，第 231－237 页。

体的先天能力和强烈的自我意识会受到刺激，作为反馈，主体的潜能会受到激发，心灵会相应地产生有目的的意志，从而有计划地作用于客体，直至达到预定目的。

具体而言，技术活动“始”于主体的头脑感觉到当前状况不能满足实际的需求或愿望，需要通过技术行动和技术手段来加以实现而将其转化为需要解决的实际技术问题和要达成的技术目的，“止”于内心需求或愿望的满足，即技术问题的解决和技术目的的达成，可以说“绝大部分的人造物是充满幻想、渴望和欲望的心灵（机灵人）的产物”。[①]解决技术问题、达成技术目的的需要反映在人脑中，被心灵所知觉，成为主体的思想、动机和有目的的意志和信念，进而转化为理想的意图、信念和力量，主导技术活动的整个过程。为解决问题，主体在思维的作用下持续地进行适应预定“目的”的运思活动和理性行动，这包括：①分析并确定技术问题；②创造性地构想和设计关于解决问题的技术方案；③经科学理论和实验论证后选定方案；④有目的有计划地整合技术要素；⑤制造实体并进行实践检验。这是主体思维的先验范畴、先天意向、批判性语言、自我意识、精神意志、智力和体力等对主体内心的需要或愿望作出刺激—反馈，进而开展技术活动的整个过程。

主体的意志和行动都服从和服务于某种预定目的的达成，它作为“规律”主导着技术活动的方式和方法，主导着主体解决技术问题的决心、意志和信念，需求或愿望越强烈，目的越清晰越明确，意志和行动越坚定。同时，多元性和层次性的生产生活需求或愿望又对现实技术客体的功能提出了多样化的要求，因而，只有设计和生产出多种多样的现实技术客体才能满足不同的需求，也正是为满足人的不同需求，使得现实技术客体千姿百态，具有无限的可能性。正如马克思在1867 年所发现的——为了工业生产的特殊过程和同一过程的不同操作能顺利进行，单在伯明翰就设计和制造了约500 种不同的锤子。而苹果与 Thinkpad 是采用不同操作系统和常用软件的两种计算机，苹果具有工业设计和软件作图的功能，Thinkpad 则具有高可靠性和扩展性的性能，这些功能和性能都是为满足不同消费者或同一消费者的不同需求或愿望而设计和制造的。

三、理性因素

“目的”是主体的内部状态，这时的技术是马克思所称的源自期望的“观念地存在”。[②]将内心的不同需求或愿望确立为技术目的后，人们在有目的的意志主导下采取技术行动，但必须拥有必要的手段来保证行动的有效性才能现实地达成

①巴萨拉：《技术发展简史》，周光发译，复旦大学出版社 2002 年版，第 16 页。
②《马克思恩格斯全集》（第 42 卷），人民出版社 1979 年版，第 154 页。

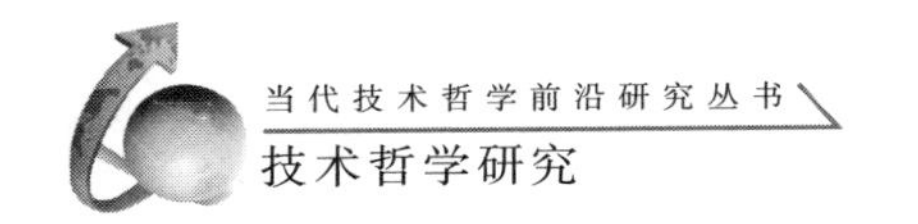

目的，而这一手段的选择又取决于“公共理念储库中蓄水的高度”，[①] 如芒福德所称的“偶然的技术”时期个人一般通过“不断试错而偶然”获得的尝试性与偶然性技艺来达成目的，“工匠的技术”时期工匠通过师徒授艺和日常生活积累所获的经验性技术规则来达成目的。尽管这些技艺和规则“至今证明仍然是有效的”，[②] 但以它们为手段所进行的现代技术行动并不能产生人们所期望的现代技术功效和效率，即通过它们已经不能现实地达成现代技术目的，现代技术行动的有效性通常是以数学与受控实验相结合的精密科学分析方法及其所获取的科学而精确知识为基础的理性技术规则来保证。也就是说，19 世纪中叶以来，追求真理性的科学对技术产生了实质性影响，技术活动主体按照自己的意志运用世界 3 干预和操控世界 1 时必须自觉地以理性技术规则为必要手段才有可能达到现代技术的功效和效率。这一适应于现代技术目的的行动符合科学理性，是邦格所称的“理性行动”，[③]它是现代技术得以可能所需的必要理性因素。

具体而言，现代技术的功效只有自觉地以自然科学原理和工程科学知识的应用才有可能实现，[④] 它的效率也只有精确地利用自然和人工物理过程或现象的规律性因果关系才有可能实现，[⑤]即只有按照自然和工程科学知识创造出来的技术系统且只有在物理定律允许的范围内才有可能现实地达成现代技术目的。但这些自然和人工物理过程或现象以及关于它们的科学原理只有被主体认识和理解并经实验证实且用尽可能精确的数学术语将它们的因果关系描述为可供应用的知识才可能运用到现实的技术活动中。如麦克斯韦用数学术语将法拉第发现的电和磁现象表述为电磁理论，赫兹和洛奇通过实验证实了电磁波的存在，洛奇运用科学原理进一步设计和制造出发送机证实无线电通信技术的可能性，马可尼通过无数次的运程电磁信号输送试验提出了商用无线电操作系统的具体技术解决方案后，才有了现代无线电通信技术。

换句话说，世界 1 和世界 3 具有客观自主性，现代技术活动主体运用世界 3 干预和操控世界 1 并使世界 1 朝着主体所期望的方向变化，需要具备两个前提：一是要通过设计合理的实验积极主动地探索和“询问”甚至干预控制自然和人工物理过程或现象，科学地发现和认识世界 1 中物理客体的规律性因果关系，同时运用思维的理性推理能力译解和把握世界 3 中的客观逻辑内容并运用数学术语将它们尽可能精确地描述为可应用的知识；二是要通过设计合理的实验来研究如何运用已知的或确证的世界 3 有效地干预和操控世界 1，并根据产生有用现代技术

---

①芒福德：《技术与文明》，陈允明等译，中国建筑工业出版社 2009 年版，第 220 页。
②F. 拉普：《技术哲学导论》，辽宁科学技术出版社 1986 年版，第 72 页。
③张华夏、张志林：《技术解释研究》，科学出版社 2005 年版，第 101 – 102 页。
④F. 拉普：《技术哲学导论》，辽宁科学技术出版社 1986 年版，第 46 页。
⑤F. 拉普：《技术哲学导论》，辽宁科学技术出版社 1986 年版，第 88 页。

成果的规律性因果关系提出有效的行动指令或行为规范，即要提出在已知的和确证的客观因果关系下达成现代技术目的应当如何去做的“技术规则”①。

由于这一“技术规则”不仅具有科学上的普遍有效性，而且具有逻辑上的一致性，以及经验和实验上的适用性，②因而，它是理性的，是保证现代技术行动有效性的必要手段，也是现代技术得以可能所需的必要理性因素。但这并不意味着理性的技术行动就一定能现实地生成现代技术客体，它还需要客观实在的物质性基础。

四、质料因素

在技术存在论角度，现实的技术客体是“客观实在”的“技术实体”，它是技术“本质”与“客观实在性”的统一，③存在于科学知识体系中的技术是抽象的，还需以自然物提供的质料为物质前提将它进一步物化为客观实在的具体技术实体，才能成为完整意义上的技术实体。

第一，亚里士多德在《物理学》中以青铜、石料、木料、白银等为例，阐明因这些自然而存在的事物（也称“自然物”）分别是雕像、石雕、床和酒杯等技术客体现实生成和存在的“载体”或“基础”，它们又都是客观实在的自然实体，是技术客体由之生成并寓于其中的最初载体。在自然物与技术客体之现实生成与存在的关系层面，他又把作为载体或基础的自然物称为“质料”，并认为自然产物的质料是它本身所具有的，技术客体的质料是主体通过技术活动制作的，④因此技术活动可以认为是主体以自然物提供的质料为前提制作满足或服务主体目的的技术客体。

同时，亚里士多德认为自然物有它自身生成和存在的本原和原因，⑤ 即它在人心之外，独立自主地存在于自然界，是具有绝对独立性的“客观实在”，也称“自然实在”。恩格斯从唯物辩证法的角度批判康德关于“物自体”不可知的观点，认为存在于自然界的康德式“物自体”（也称“自在之物”）在实验和工业生产的实践中能转化为满足或服务主体目的的“为我之物”。⑥由此，技术活动的过程可以理解为主体将“自在之物”转变为“为我之物”的“物物交换”过程，同时这也是一个由“自然实在”走向“技术实在”的过程。从源头上看，“自在之物”中的“物”是“为我之物”由之生成又寓于或留存其中的质料。也就是说，以自然物提供的质料为载体和基础，主体才能通过技术活动制作客观实在的

①张华夏、张志林：《技术解释研究》，科学出版社 2005 年版，第 99 – 102 页。

②F. 拉普：《技术哲学导论》，辽宁科学技术出版社 1986 年版，第 86 页。

③肖峰：《哲学视域中的技术》，人民出版社 2007 年版，第 12 – 13 页。

④亚里士多德：《物理学》，徐开来译，中国人民大学出版社 2003 年版，第 27 – 35 页。

⑤亚里士多德：《物理学》，徐开来译，中国人民大学出版社 2003 年版，第 28 页。

⑥《马克思恩格斯选集》（第 4 卷），人民出版社 1995 年版，第 225 – 226 页。

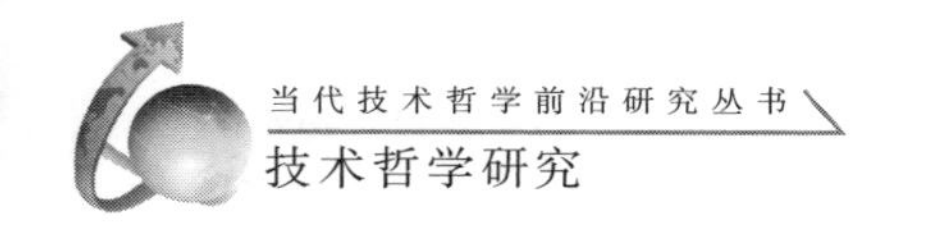

技术实体，这样自然物为技术客体的现实生成与存在提供了必要的质料前提。尽管现代技术客体采用的材料是自然界不具备的、具有特定性能的人工复合材料，如半导体材料、超导材料和人造化合物等，但这些人工复合材料的质料归根结底都源自自然物，它们是以自然物本身具有的原始质料为前提，采用现代工艺手段加工制作而成的，如半导体材料（电子管和晶体管）中使用的钨、锶、钡、铝、铂、硅等新金属质料，是从“难以还原的金属氧化物”中提炼或分解的；绝缘电缆中使用的硫化橡胶是将天然橡胶“硫化处理”后性能发生了根本变化的人造化合物。

第二，亚里士多德不仅认为事物是质料与形式的复合体，甚至认为形式比质料更重要，因为每一事物在其现实存在而不是潜在存在时，这个事物才成为“所是”。[①]例如，仅仅潜在地是一张床而没有床的形式，还不能说它是作为技术或技术客体的床，只有作为载体或基础的质料，而没有形式，只是潜在存在，还不是现实存在。同时，亚里士多德指出事物的形式具有双重含义：一种是内在形式，它是事物的“是其所是”，意指事物的“实体”或“本质”；一种是外在形式，它是事物的形状，是事物表现于外的样子，是内在形式的外在表现，没有形式，内在本质无从表现，因此事物又是内在本质和外在形状的复合体。[②]

根据克罗斯等人的技术客体二重性理论，现实技术客体是结构与功能的统一体，带有特定物理结构或性质的物理客体是功能的载体，[③] 技术客体的整体功能由各个部件或组件的不同功能组合而成，其中的部件或组件是由客观实在的材料制作而成，它们是技术整体结构的有机组成部分，是技术整体功能有效发挥的载体。为适应现代电力和信息控制技术的发展，现代技术客体功能的有效发挥需要具有新型结构的材料制作相应的部件或组件，它们一般是由具有高分子、原子和晶体等结构的人工复合材料制作而成。如晶体管是具有晶体结构的半导体材料，同作为“无源元件”的电阻与电容一起组合在一块硅片上，制成现代计算机系统中运算器的“集成电路”，而人工复合材料归根结底也是以自然物提供的质料为前提制作的。

简言之，以客观实在的自然物提供的质料为前提，主体才能制作现代技术客体所需的人工复合材料，进而制作出现代技术整体功能有效发挥所需的相关部件或组件，从而为现代技术得以可能奠定物质性基础。

---

①亚里士多德：《物理学》，徐开来译，中国人民大学出版社 2003 年版，第 30 页。

②亚里士多德：《物理学》，徐开来译，中国人民大学出版社 2003 年版，第 30 页；张志伟：《西方哲学史》，中国人民大学出版社 2002 年版，第 117 页。

③张华夏、张志林：《技术解释研究》，科学出版社 2005 年版，第 41 页。

五、实践能力因素

先验因素、目的因素、理性因素以及质料因素的存在，意味着主体和客体世界已经存在着某种现代技术潜能，即它们具有能够实现某种现代技术本质和目的的潜在力量，只是还处于一种潜在存在的状态，没有成为现实存在，而靠它自身又无力实现。由于“所是的那个东西和所为的那个东西是同一个东西”,①因而现代技术本质与目的的实现是同一的，而且“‘何所为’和目的与达到目的的手段”也是“同一的”。因而，客观实在的现代技术客体作为手段现实地服务于主体有目的的对象性实践活动，现代技术目的实现时，其本质也实现了。可见，现代技术潜能意味着现代技术成为现实存在的力量不在其自身，而在主体以现代技术客体为手段进行的有目的的对象性实践活动中，即如亚里士多德所言，技术的动变根源不在其自身，而在他物中。同时，“潜能作为潜能的现实”以及“潜在的事物，作为潜在存在的现实”都是运动,② 因此，现代技术由“潜在”转变为“现实”就需要自身具有动变根源的主体的实现运动的实践活动来引起它的运动或动变。这一引起动变的过程是主体使用现代技术客体有目的有计划地将自身实现运动的活动传导给对象性客体来实现的，主体使用现代技术客体有效地传导自身活动的能力，即实践能力，就成了现代技术动变的根源，它是现代技术现实生成和存在的必要因素。

具体而言，主体在实现运动的活动过程中发挥了“自身的自然中蕴藏着的潜力”，并以客观实在的现代技术客体为载体不断地将自身的活动传导给对象性客体，由于“这种力的活动受主体自身的自然力的控制”,③ 受到力的作用的对象性客体朝着主体预定的方向发生改变，直到生成满足主体需要的现代技术人工物，现实地达成主体的预定目的，主体的活动才会停止。因此，现代技术成为现实存在需要三个客观实在的“物”：①对象性客体；②自身具有实现运动能力的主体；③作为传导主体活动手段或载体的现代技术客体。由此可以认为，新的现代技术客体（T_2）的现实生成需要作为物质手段或载体的现代技术客体（T_1），T_1 先于 T_2 的存在而存在：一方面主体要以 T_1 的使用为前提才能将活动时发挥的力量或能量传导给对象性客体；另一方面 T_1 又必须与主体活动着的器官或肢体相结合才能发挥它的功能。也就是说，T_1 是主体活动得以传导而使 T_2 现实生成或成为现实存在的物质性技术前提，而且它与主体的器官或肢体有机地结合为一个“共同体”,④马克思称它为“主体的活动的器官”，是主体自然之器官或肢体

①亚里士多德：《物理学》，徐开来译，中国人民大学出版社2003年版，第46页。
②亚里士多德：《物理学》，徐开来译，中国人民大学出版社2003年版，第54、57页。
③《马克思恩格斯选集》（第2卷），人民出版社1995年版，第177－179页。
④肖峰：《哲学视域中的技术》，人民出版社2007年版，第56页。

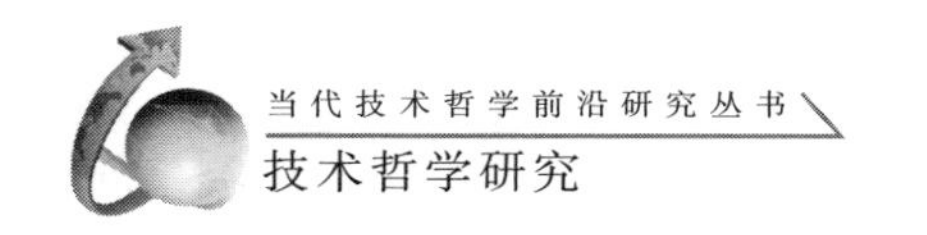

的延长，[1] 且认为它是现代技术客体生成的“技术基础”。[2]

但正如米切姆在“作为活动的技术”中所认为的，并不是对 T_1（工具或机器）的“所有的使用”都能生成 T_2，能生成 T_2 的工具或机器的“使用”不是主体与它之间被动的相互作用，而是主体对它的“主动操作”。[3] 如前所述，在现代技术活动中，对 T_1 的操作需要以理性的技术规则为必要手段才是有效的，因此，对 T_1 的有效使用必须是理性的“主动操作”。相对于思想或思维的理性认识能力，主体理性地使用 T_1 有效传导自身活动的能力是凝结在主体肌肉中的理性实践能力，它依附于主体与 T_1 这一“共同体”，通过主体在活动过程中的操作技能或技巧表现出来，并物化或凝结在 T_2 中。[4]从 T_1 与主体在实现活动中的相互关系看，T_1 具有了主体所具有的理性实践能力的本质，T_2 则是这一本质的具体物化。同时，T_1 是 T_2 成为现实存在的物质性技术前提，因而我们强调的实践能力不仅是理性的，而且包含了主体理性地发明和制造 T_1 的“前技术能力”。

由于自身具有实现运动能力的主体所发起的对象性技术活动是一种尚未完成的实现活动，[5]因而，现代技术的潜能也还在实现中，仍未完成。这意味着主体在活动过程中发挥的理性实践能力是现代技术得以可能的必要因素，即理性实践能力的具备和运用并不意味着现代技术的必然生成，现代技术由潜在转变为现实只具有可能性，而不具有必然性。

综上，一方面现代技术的现实生成与存在需要同时满足以上五个因素，另一方面尽管同时满足了这“五因”，它的现实生成与存在也不是必然的，即以上“五因”的同时满足是现代技术现实生成与存在得以可能的必要条件而非充分条件。同时，在与主体的关系层面，现实存在的现代技术在一定程度上已经具有了人的某种本质，它在现实地服务主体达成目的的过程中阐释自身的本质——理性的实践能力。

---

①《马克思恩格斯选集》（第 2 卷），人民出版社 1995 年版，第 179 页。

②《马克思恩格斯全集》（第 23 卷），人民出版社 1972 年版，第 421－422 页。

③卡尔·米切姆：《通过技术思考——工程与哲学之间的道路》，辽宁人民出版社 2008 年版，第 317－319 页。

④肖峰：《哲学视域中的技术》，人民出版社 2007 年版，第 56－57 页。

⑤亚里士多德：《物理学》，徐开来译，中国人民大学出版社 2003 年版，第 30 页。

第三章

技术人工物的系统模型

当代社会的一个重要基础是技术人工物。技术人工物不是自然物。一个时代的标志往往是通过关键的技术人工物来表达的。比如，石器时代、青铜时代、铁器时代、蒸汽机时代、电力时代、计算机时代等就是如此。本章将讨论技术人工物的物理与意向的二重性模型并指出其不足，然而在此基础上，我们提出了技术人工物的系统模型，它能够克服原有的二重性模型的不足，进而在技术人工物的结构与功能之间建立形式上的逻辑推理关系。

第一节　技术人工物的二重性模型

技术人工物不是自然而然演化出来的，而是在一定材料或要素的基础上制造出来的，它具有一定的功能。何为人工物？贝克认为："人工物是有意被制造出来达到给定目的的客体。"[①] 托马森认为："人工物是人类意向的产品（product）。"[②]克劳斯将技术人工物界定为：技术人工物是具有功能性质的物理结构。[③]可见，这些定义强调了人工物的一个共性，涉及人的目的或意向，而且是一个实实在在的客体或产品。比如，石斧、水坝等都是人工物，它是人的意向或目的作用后的产物。技术人工物强调人工物中有技术的渗透，特别是现代技术人工物往往是技术知识或科学知识的应用，它不是现有的自然物被人简单使用造成的。比如，电话机、电饭锅、电脑等都属于技术人工物。

为此，我们作出如下定义：技术人工物是在一定的技术水平条件下被制造出

①L. R. Baker：*The ontology of artifacts*. Philosophical Explorations，2004，7（2）：99.

②A. Thomasson：*Artifacts and human concepts*. In E. Margolis & S. Laurence：*Creations of the mind*：*Essays on artifacts and their representation*. Oxford：Oxford University Press，2007：52－73.

③P. Kroes：*Engineering and the dual nature of technical artifacts*. Cambridge Journal of Economics，2010，34：51.

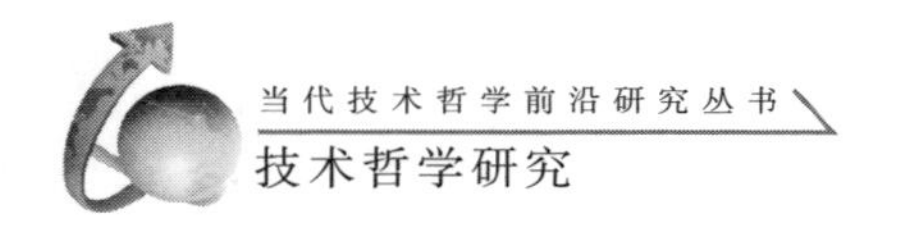

来实现一定目的的物质实体（physical / material object）。技术人工物是人类有目的制造出来的具有一定技术含量的物质实体，它可以是物理的、化学的或生物的物质实体。它强调的是技术实体，它不像石刀那样简单，有一定的技术含量，而且经过较为复杂的制造过程才能被制造出来的。

要研究技术人工物，我们需要构造一个技术人工物的基本模型，这样可以获得技术人工物的共性，否则，无法对千差万别的技术人工物展开理性的分析，而只能是经验的累积。只有通过对技术人工物的理性分析，才能发现技术人工物更一般的规律。

克劳斯（P. Kroes）是荷兰代尔夫特理工大学哲学系教授，1998 年他在美国《哲学与技术》杂志春季刊发表了《技术解释：技术客体的结构与功能之间的关系》一文，最早提出了技术客体的二重性。[①] 2001 年 7 月在苏格兰阿伯丁大学召开的国际技术与哲学学会的年会上，克劳斯与梅杰斯（A. Meijers）共同提出了技术哲学的新研究纲领技术人工客体的二重性，在 2002 年 Techne 杂志的第 6 期正式发表该论文。[②]在这一期上，专门以这个研究纲领为主题发表了一些重要技术哲学家的论文。这一期的客座主编、英国皇家哲学学会汉森（S. O. Hansson）教授指出，技术人工客体二重性的研究纲领的提出及其讨论是对技术哲学有着深远影响的事件。[③]

技术人工客体的二重性纲领是一种“技术认识论”的研究纲领。该纲领的基本要点包括：（1）技术人工客体具有结构与功能二重性质。技术客体是一个物理客体，具有一定的结构；技术客体的功能与设计过程的意向性相关。结构与功能揭示了技术客体最根本的东西。（2）技术客体的结构描述与功能描述之间具有重要的认识论和逻辑问题。技术客体的二重性反映在两种不同的描述模式上，结构描述与功能描述之间不能够相互推出。

克劳斯所在的荷兰代尔夫特理工大学哲学系，联合美国布法罗大学哲学系、美国麻省理工学院、美国弗吉尼亚理工学院等，共同组织了 2002—2004 年关于技术人工客体二重性的国际研究纲领（The international research program of The Dual Nature of Technical Artifacts）这一项目，以构建现代技术的哲学基础。该国际研究纲领宣言认为：“对于技术人工客体，这两种概念化都是不可缺少的：如

---

①P. Kroes：*Technological explanations*：*The relation between structure and function of technological objects*. Society for Philosophy and Technology，1998，3（3）：18 –34.

http://scholar.lib.vt.edu/ejournals/SPT/v3n3/kroes.html

②P. Kroes，A. Meijers：*The Dual Nature of Technical Artifacts- presentation of a new research programme*，Techné，2002，Winter，6（2）：4 –8. http://scholar.lib.vt.edu/ejournals/SPT/v6n2/kroes.html

③S. O. Hansson：*Understanding Technological Function*：*Introduction to the special issue on the Dual Nature programme*，Techné，2002，Winter，6（2）：1 –3. http://scholar.lib.vt.edu/ejournals/SPT/v6n2/hansson.html

果一个技术人工客体只用物理概念来描述，它具有什么样的功能一般地便是不清楚的，而如果一个人工客体只是功能地进行描述，则它具有什么样的物理性质也一般地是不清楚的。因此一个技术人工客体是运用两种概念来进行描述的。在这个意义上技术人工客体具有（物理的和意向的）二重性。”这个研究纲领的研究领域包括：“（1）技术人工客体的结构与功能之间的特别的相互关系。这个领域也包含研究技术人工客体的设计问题：设计者怎样桥接结构与功能的鸿沟。（2）技术功能的意向性以及它们的非标准认识论（on - standard epistemology）这个领域也包括技术人工客体的应用以及功能的社会方面。”[①]

这个国际研究纲领所组成的技术小组的研究范围包括：技术功能、功能与技术人工物的使用、技术功能的知识、人工物的本体论等。技术客体的结构 - 功能的二重性研究纲领取得了许多进展，但是，结构与功能之间的逻辑鸿沟问题并没有得到解决。

技术人工物的二重性体现在技术人工物中，就是结构与功能两个因素。克劳斯是如何看待结构与功能的呢？他将对技术人工物的物理性质、几何性质的描述，称之为结构描述，即把几何的、物理的、化学的性质称之为结构。比如，物质具有的质量、颜色、形状等，属于结构描述。而把技术人工物的功能性质的描述，称之为功能描述。[②]如吹风机的功能是吹干头发。霍克斯（Houkes）与梅耶斯也持同样的观点：技术人工物既是具有几何的、物理的、化学的物理实体（physical bodies），又是与精神状态和意向行动相关联的功能客体（functional objects）。[③]

可见，技术人工物二重性研究纲领将技术人工物这一实体分为结构与功能两个方面，这意味着凡是不能划为功能的东西，都必然划分到结构中，反之亦然。因此，克劳斯将技术人工物的“颜色”纳入结构范围就不足为奇了。然而物体的颜色不属于纯粹客观的范畴，而是属于主体与客体相互作用的范畴，并不属于结构范畴。不仅如此，技术人工物的物理性质、化学性质等都属于结构范畴吗？这也是有问题的。比如，机器的质量、氧气的燃烧性质等都不属于结构这一范畴。可见，荷兰学派对于结构与功能概念的界定是不清楚的，其分析并不彻底。

荷兰代尔夫特理工大学的弗朗森（Franssen）走得更远。他认为，功能就足以描述技术人工物了，不需要结构这一性质。功能是比结构更为基础的性质。结

---

①http://www.dualnature.tudelft.nl/#1

②P. Kroes：*Coherence of structural and functional descriptions of technical artifacts*. Stud. Hist. Phil. Sci. 2006，37：139.

③W. Houkes，A. Meijers：*The Ontology of Artefacts：the Hard Problem*，Studies In History Philosophy of Science. 2006，37（1）：119.

构术语是功能术语的一部分。①如果说结构描述都能够用功能描述来代替，那事实上，这仍然是一种技术哲学的外在研究，而不是内在研究，因为仍然没有搞清楚技术人工物的结构与要素是什么。

著名技术哲学家米切姆提出，为什么技术人工物性质仅是两个，而不是三个或四个，或更多个。人工物展现了物理的、化学的、结构的、动力学的特点，物理特点不是那么一回事，类似地，对非物理性质来说，就有意向性、功能、使用、适应等。② 因此，结构仅是技术人工物多种性质中的一个，不能将技术人工物仅仅归纳为结构与功能两种性质。

技术与技术的质料或物质性有很大的关系，然而荷兰学派没有重视“质料”这一问题，而仅是将要素（质料）纳入结构概念中，于是系统仅剩下结构与功能，也缺乏对技术的实在性和可靠性③的研究，而实在或实体问题始终是哲学最为传统的基本问题。如维卡雷（A. Vaccari）说，技术人工物的二重性纲领对设计和使用某些特点的认识论是有价值贡献的，但是它未能推进有说服力的形而上学研究。人工物的物质性仅仅作为实现功能归因的外部条件涌现出来。④荷兰学派没有将要素或质料从结构中直接显示出来，从方法论上讲，这种研究进路较为简单，同时产生了严重的后果：技术人工物的本体论研究和认识论研究出现了无法克服的结构与功能之间的逻辑鸿沟问题。

第二节　技术人工物的系统模型

在笔者看来，要克服结构与功能之间出现逻辑鸿沟的问题，需要运用系统论方法来展开研究。

在技术的系统论思考方面，德国技术哲学家罗波尔提出了社会技术系统。他认为，系统模式可以描述社会和技术现象，个人与机器，社会的技术化和技术的社会化。他的社会技术系统关注了两个问题：其一，什么力驱动了技术发展；其二，技术为什么改变社会。⑤但是，他没有对技术系统本身进行深入分析。1998年，伦克考虑了技术结构，认为它是一个跨学科的关于技术对象、操作、程序和

①M. Franssen：*Design, use, and the physical and international aspects of technical artifacts*, in Vermaas, P. E. et al：*Philosophy and Design*. Springer，2008：25.

②C. Mitcham：*Do Artifacts Have Dual Natures?* Techné. 2002，6（2）：12.

③技术的质料问题，涉及可靠性。可靠性应当是技术哲学关注的重要概念，但一直被忽视。仅有技术的效率，而没有可靠性，就无法保证产品在规定的条件与时间内完成规定的功能。

④Andres Vaccari：*Artifact Dualism, Materiality, and the Hard Problem of Ontology*. Philosophy & Technology. 2013，26：7－29.

⑤G. Ropohl：*Philosophy of sociotechnical system. Society for Philosophy and Technology*, Spring 1999，Vol. 4，No. 3. http://scholar. lib. vt. edu/ejournals/SPT/v4_ n3html/ROPOHL. htm.

系统的理论描述，包括社会技术结构、技术行动系统以及环境、文化、经济和政治的条件和影响。伦克赞同的是社会技术系统，这是一种实用主义的技术哲学态度。[①]昆坦尼拉（Quintanilla）认为，一个技术系统就是人工物，它是由使用者和材料构成的。他还考察了由组成要素 C，其结构的过程和相互作用的集合 A，达到的目标 O，和有效达到的结果 R 构成的技术系统 ST，ST = < C，A，O，R >。每一个技术系统都是个体的特定的实体。[②]

罗波尔、伦克与昆坦尼拉等人的技术系统，还是一种与技术或环境发生相互作用的社会—技术系统，他们并没有对技术本身这一系统展开研究，也没有考察结构与功能这一重要的逻辑关系。

基于笔者给出的技术人工物的定义，技术人工物既有物理的部分，又有意向的作用。对于物理部分来说，技术人工物是由一定的要素（部件）按照一定的结构组织起来的。对于意向作用来说，先有人的意向，然后才有技术人工物的设计与制造。技术人工物所包含的人的意向，体现为人的某种目的，主要通过技术人工物的专属功能来实现。当然人的意向也不是任意的，而是受到科学规律和技术规律等的限制。

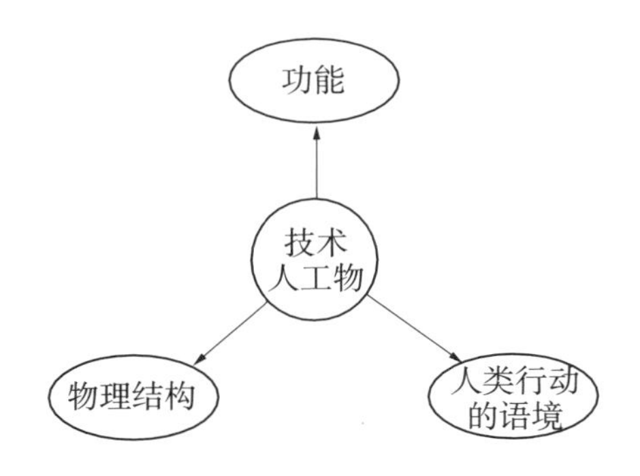

图 3－1　技术人工物的概念分析框架

按照荷兰学派技术人工物的结构与功能描述，考虑到技术人工物是人的意向与物质基础共同形成的物质产品。2009 年，克劳斯提出了技术人工物的概念分析框架（图 3－1），技术人工物具有物理结构、功能和行动性质。[③] 2015 年 6 月在广州举行的国际分析技术哲学小型研讨会上，克劳斯在其主题报告中直接将技

①H. Lenk：*Advances in the philosophy of technology*：*new structural characteristics of technologies*. *Techné*，Fall 1998，Vol. 4，No. 1. http://scholar. lib. vt. edu/ejournals/SPT/v4n1/LENK. html.

②Miguel A. Quintanilla：*Technical Systems and Technical Progress*：*a conceptual framework*. *Techné*，Fall 1998，Vol. 4，No. 1. http://scholar. lib. vt. edu/ejournals/SPT/v4n1/QUINT. html.

③P. Kroes：*Engineering and the dual nature of technical artifacts*. Cambridge Journal of Economics，2010，34：57.

术人工物的结构、功能和意向连接起来，形成了三角形关系（图3－2）。①

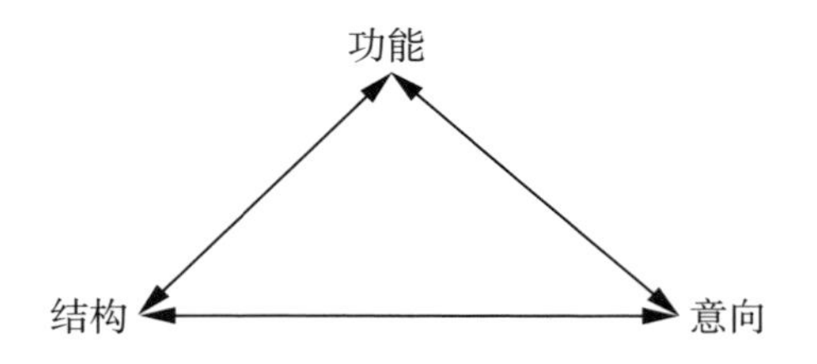

图3－2　技术人工物的三因素关系

上述模型没有考虑要素的作用，这是一个严重的缺陷。在笔者看来，技术人工物的基本模型包括要素、结构、功能和意向四个因素。由于要素、结构、功能和意向这四个因素之间是相互作用的，因此一个最基本的模型就是四面体模型，如图3－3所示，要素、结构、功能、意向处于四面体的四个顶点上。任何一个因素都与其他三个因素发生作用。任何两个因素的作用，除了直接作用之外，还有两条间接作用的路径。比如，以“意向”作用“功能”为例，“意向”除了可以直接作用“功能”，“意向”还通过“结构”“要素”两条路径间接作用于“功能”。其他因素的相互作用，与此类似。技术人工物又处于一定的环境之中，它与环境构成为人工系统模型。

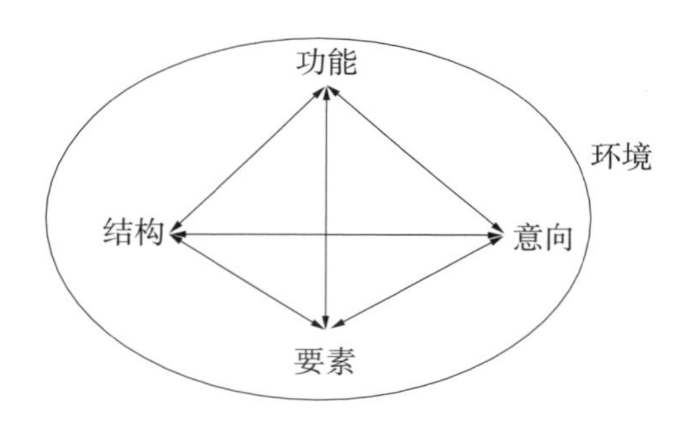

图3－3　技术人工物的系统模型

在技术设计过程中，先有意向与功能要求，然后是寻找要素与结构。如果达不到技术指标的要求，就会调整意向与功能要求，或者，要素、结构、意向与功能都进行适当的调整。如果为了达到某个必须实现的意向与功能，目前的要素与结构无法实现那样的功能，那么，必须进行科学和技术的基础研究和创新，以达到那样的要求。

①P. Kroes：*The Delft approach in the philosophy of technology*，in Part 1：Review of the empirical turn and the dual nature program. International Symposium on Analytic Philosophy of Technology，Guangzhou，June 28－29，2015.

在技术产品的制造和生产过程中，先有要素，然后组装出相应的结构，最后检验是否实现相应的功能，达到人的意向（目的）。如果能在实验室中实现技术的功能，而在大规模的生产和制造环境中，还能够实现，那么，就需要寻找生产工艺、制造装备和技术管理的问题，其中也包括人的生产和制造的认真程度，是否按规范要求执行技术和工种规范。

这里有一个问题，在技术人工物中，如果要素是可靠的，那么，结构在何种意义上才成为技术意义上的结构？技术人工物的结构，不仅仅是一个数学的形状或物理上的形状，而应当从技术功能的要求来审查，只有技术的要素在一定的物质、能量或（和）信息的联接下，形成一个非常稳定、可靠的技术结构，技术的功能才能得以顺利实现。

比如，虽然各要素的物理联接是通畅的，但是它的信息交换或联接不稳定，或信息的波动较大，那么，技术的结构就没有形成，自然也无法实现技术的功能。在通常温度下，技术的要素的物理联接是可靠的，但是当处于某一低温状态时，物理联接有时会出点毛病，那么技术的结构也没有形成。

在技术人工物中，经常遇到的现象是技术失灵。技术失灵是一个较为复杂的现象，有要素的原因，有结构的原因，还有使用者的不正确使用导致的原因等等。例如，正常情况下，零部件之间的焊接没有问题，但是当出现测度过高或过低，有的焊接点会出现某种力学不稳定现象，显然这也会导致功能失灵。

一个完整的技术人工物的描述，除了结构描述与功能描述之外，还需要要素描述。比如，2014 年上市的华为手机 HUAWEI Ascend Mate7（高配版），[①]除了有关的结构与功能描述之外，还适当增加了它的关键部件（要素）的描述。比如，手机所用的 CPU 是海思（Kirin）925，其核数是“八核”，1. 8GHz，操作系统版本是 EUI 3. 0（基于 Android 4. 4. 2）。这就说明，仅有结构描述与功能描述，技术人工物并不能完整显示其物理性质。

为此，我们要从技术人工物的二重性转向要素、结构与功能的系统论研究。技术人工物是由要素、结构、功能和环境共同突现生成的。

技术人工物的人工系统模型，与自然系统的区别在于，前者包含了意向因素，即意向在技术人工物的形成过程中具有重要作用，当然仅有意向因素也无法生成技术人工物，它还必须有适当的要素、结构与功能的共同构成。引入技术人工物的系统模型，有利于克服结构与功能之间的本体论的难问题（hard problem），有利于建立技术逻辑，有利于技术认识论的研究。

面对上述问题的诘难，能否在技术人工物的结构与功能的基础上，做出新的改进呢？在笔者看来，技术人工物就是一个系统，它不是一个自然系统，而是一

---

①http: //product. pconline. com. cn/mobile/huawei/575895_ detail. html

个人工系统。下面我们从人工系统论的角度来回答上述问题。

第一，要素、结构与功能是描述技术人工物系统的三个相对独立的因素。钱学森从技术科学层次给系统下了一个定义：“所谓系统，是由相互制约的各个部分组成的具有一定功能的整体。”①这一定义特别适合于技术科学，明确提出了“部分”即要素概念。从系统论来看，功能仅是描述技术人工物的一个方面。要素是构成技术人工物系统的基本单元。基本单元形成更大的高一级单元。基本单元的划分取决于工程技术实践的需要。

技术人工物的各个要素处于相互联系之中。这些要素之间具有物质、能量或信息的关联。这些关联有两类，一类联系是相对稳定的，另一类联系是较为偶然的。这些要素构成的相对稳定的物理关系，就是技术人工物的结构。这些相对稳定的关系的总和就形成了系统的结构。结构就是系统的各组成要素相互结合的方式。结构反映了技术人工物具有客观实在的几何性质，结构不是纯粹的数学结构，而是物理结构或化学结构等。比如，一台台式电脑由中央处理器 CPU、硬盘、主板、内存条、显卡、光驱、声卡、显示器、鼠标、键盘、电源等部件组成，用电源线、数据线等将各部件连接起来，形成一定的物理结构。如果不形成上述的物理结构，计算机就无法正常工作。可见，计算机的结构不是任意的，具有真正的物理联系，通过插槽、数据线等的连接来实现。计算机有如此的结构，其根源在于计算机理论，包括相关的物理学与数学等科学理论。

然而，荷兰学派没有重视“要素”这一问题，而仅将要素纳入结构概念中，于是技术人工物仅剩下结构与功能两类概念。在工程技术中，其抽象的几何结构是一样的，但是如果所采用的要素（材料、部件）是劣质材料，那么相应的工程技术就必然出问题，也无法说明技术的功能失灵现象。比如，一个机械录音机的按键，看起来没有问题，但按下录音键却无法录音。因此，要素形成的技术人工物的结构必须是稳定的、可靠的物理结构，这就要求其要素需有良好的质量。

第二，作为一个系统的技术人工物具有多种性质。技术人工物是由不同层次的许多部件（要素或元素）构成的实实在在的物理实体，它的性质不能仅仅归结为物理性质与意向（即功能）性质，还应当有其他性质。比如，动力学、质量、大小等等性质。从系统论的完备描述来看，除了技术人工物的结构与功能描述之外，还必须有要素与环境描述。即技术人工物总是处于一定的环境之中，各个要素的相互作用形成技术人工物的结构和功能。

恢复要素的独立地位之后，技术人工物的“质量”可以纳入要素描述。有的概念纳入系统与环境的相互作用。比如，“颜色”概念可以纳入技术人工物与环境（包括主体）相互作用的范围。技术人工物的动力学性质，可以从技术人工物

①钱学森：《工程控制论》（修订版），科学出版社 1983 年版，序。

系统的演化来审视。对于复杂的技术人工物，我们可以用复杂系统理论来展开研究。

第三，技术人工物渗透了意向性。不同于自然物，任何技术人工物总是受到人的意向的影响。在技术人工物的设计过程中，即使当功能确定之后，仍然有多种结构和要素可以实现，也需要人进行选择。在一定环境条件下，意向将影响结构、功能与要素的选择。因为在同样的功能或结构要求下，有多种技术手段可以满足，在多种选择中，人的意向要做出一个抉择。

在技术人工物的研究中，要素要作为一个独立的分析因素，结构是要素形成的稳定的物质、能量或信息联系。在形式上，结构表现为一定的物理几何形状或架构。技术人工物的要素是系统结构赖以形成的基础和物质承担者。组成要素的性质、种类、质量、可靠性与数量等规定了它们之间相互作用的性质，从而决定和制约着人工系统的结构。技术人工物是为实现某一目的由各个部件（要素）按照一定的结构构成的客体。不应当把结构看作是独立于要素而单独存在的东西，但是结构对元素又具有相对的独立性。制造技术人工物的目的是它的功能，而不是它的要素和结构，要素与结构是服务于功能这一目的的。技术人工物的功能是它在与环境的相互联系中表现出来的系统对环境产生某种作用的能力，或对环境变化和作用做出响应或反应的能力，是人工客体对外界显示出来的作用和影响能力。

结构是要素形成的结构。没有要素，就不可能形成结构。在多个要素中，如果其中一个要素出了毛病，那么系统的结构就发生了变化。如果这个要素是核心要素，那么系统的核心结构就会发生变化，系统的专有功能就会失常。比如，计算机的 CPU 出了毛病，计算机就无法工作了。如果只是外围的元件出了问题，如光驱出了毛病，就不会影响计算机的主要功能的发挥。要素是构成技术人工物系统稳定性的基石。没有高质量的元器件，就不可能有高质量、高可靠性的技术人工物。

《中国制造 2025》明确指出，核心基础零部件（元器件）、先进基础工艺、关键基础材料和产业技术基础等工业基础能力薄弱，是制约我国制造业创新发展和质量提升的症结所在。《中国制造 2025》明确提出，强化前瞻性基础研究，着力解决影响核心基础零部件（元器件）产品性能和稳定性的关键共性技术。其中的“核心基础零部件（元器件）”就是技术人工物最为基础的要素，没有这些核心基础零部件，就无法获得高质量的、高可靠性的、先进的技术人工物。核心基础零部件又是与先进基础工艺、关键基础材料以及相应的先进的制造技术相关联的。要获得高质量的核心基础元器件，必须在基础科学研究、基础技术研究、基础制造技术等方面下功夫，进行系统集成创新。

第三节　结构与功能之间的关系

技术人工物的本体论早就受到了荷兰学派有关学者的重视。基于技术人工物的二重性，2000 年梅耶斯（A. Meijers）提出了关系实体论，技术人工物是关系实体。关系实体不仅附随在它们的物理结构上，而且附随在更宽的工程和社会语境上。[①] 在此基础上，2006 年，霍克斯（W. Houkes）和梅耶斯从高阶对象和它们的物质基础（material basis）的关系的视角，讨论了技术人工物的本体论问题。其研究的起点是人工物的二重性，他们提出了一个技术人工物的本体论的两个标准，即技术人工物必须满足的本体论标准。

（1）非充分决定（Underdetermination，UD）标准（下称 UD 标准）。"它是指技术人工物本体论应当**容纳**（accomodate）功能与其物质基础之间双向的非充分决定性。一个功能类型可以被物质结构或系统多重实现；而一个给定的物质基础可以实现多种功能。"[②]

（2）实现限制（Realization Constraints，RC）标准（下称 RC 标准）。"它是指技术人工物本体论应当**容纳**（accomodate）和**限制**（constrain）功能与其物质基础之间双向的非充分决定性。从功能陈述到结构陈述，或相反，存在多种实践推理（practical inference）。"[③]

在霍克斯和梅耶斯看来，一个技术人工物的适当本体论要满足 UD、RC 两个标准，否则就不是一个技术人工物的适当本体论。显然，这两个标准只是将技术人工物的本体状态进行显示，并没有将技术人工物的结构与功能之间的关系进行一个逻辑连接。现在我们审查一下结构与功能的本体论标准是否适当。

一般来说，技术人工物的本体论要回答技术人工物的实在性问题，即技术人工物作为一个物理实体，究竟什么是实在的？以便为研究技术人工物的结构与功能的逻辑关系打下一个本体论基础，否则，就无法对认识论意义上的结构陈述与功能陈述建立一个推理关系。

UD 标准强调本体论要容纳结构与功能之间的双向非充分决定性，即结构与功能之间不是完全不决定的，也不是完全决定的，而是有一定程度的多值关系，是一个多对多的关系；而 RC 标准强调本体论要限制结构陈述与功能陈述之间的关系，使结构与功能之间有更大程度的确定性，能够在实践意义上从结构推出功

---

①A. Meijers: *The relational ontology of technical artifacts*, in *The Empirical Turn in the Philosophy of Technology*. Amsterdam: JPI Press, Elservier Science Ltd. 2000: 81 – 96.

②W. Houkes, A. Meijers: *The Ontology of Artefacts: the Hard Problem*, Studies In History Philosophy of Science. 2006, 37 (1): 120.（注：黑体字为引者所加，下同）

③W. Houkes, A. Meijers: *The Ontology of Artefacts: the Hard Problem*, Studies In History Philosophy of Science. 2006, 37 (1): 120.

能，或从功能推出结构。在本体论的两个标准中，一个讲的是结构与功能之间的关系，另一个讲的是结构陈述与功能陈述之间的关系，即涉及陈述之间的推理关系。这两个标准实质上是讲，结构与功能之间不是充分决定论的，有一定程度的不确定性。[①]

在这两个标准中，UD 标准强调要“容纳”结构与功能之间的多对多的关系，这是适当的，即任何一个关于技术人工物的理论都要满足这一标准，否则就不是一个技术人工物的理论。而 RC 标准应当仅仅强调“限制”，而不应当包括“容纳”，因为 UD 标准已强调了“容纳”，否则这两个标准就不是独立的。下面我们从“限制”的意义上理解 RC 标准。

那么，是否有相关技术人工物的理论满足这一标准呢？霍克斯和梅耶斯具体考察了金在权（Jaegwon Kim）的随附性理论与贝克（L. Baker）的构成理论（constitution view）是否满足 UD 和 RC 两个标准。比如，在贝克看来，构成是物理世界的结合剂，它就是一种关系。[②]构成是一种本体论上的划分。研究表明，随附性理论与构成理论并不完全能满足 UD 和 RC 两个标准，还有许多限制，于是，在技术人工物的本体论中，结构与功能的关系成为形而上学的“难问题”（hard problem）。[③]

出现这样的情况，无非有两个原因，一个是技术人工物的本体论标准有问题，另一个是有关技术人工物的理论有问题。在笔者看来，既有标准的问题，也有技术人工物理论本身存在问题。

（1）我们考察技术人工物的两个标准。

笔者认为，UD 标准是适当的，而 RC 标准太宽泛，并没有使结构与功能之间有更大的确定性。已有学者发现了上述两个标准的不完备性。潘恩荣与克劳斯讨论了功能失灵问题。他们认为，功能失灵不能作为一种 RC 现象，而应当作为第三种标准。即关于技术人工物的双重属性及其关系理论不能解决功能失灵现象。所谓功能失灵，是指原本设计的结构是用来实现特定功能的，然而，现在该结构却不能实现这一特定功能。笔者认为，功能失灵现象可以归结为技术人工物的要素（部件）问题（见下述的 EC 标准）。比如，手机的按键失灵，属于按键的接触不良，没能够成功连接相关的器件。电脑的耳机插孔失灵，是由于插孔的

---

①注：这里的“确定性”是指结构与功能之间不是完全决定的，也不是完全非决定论的，它有一定程度的不确定性。在理论上，结构与功能并不是同时具有确定的值，总有一个先后问题。比如，在设计情境下，先有功能的选择，然后才是结构的选择。在制造情境下，先有确定的结构，然后才有功能的出现。这就是说，在设计或制造情境下，结构与功能并不是同时具有确定的值，这类似于量子力学的“不确定关系”。

②L. R. Baker：*The ontology of artifacts*. Philosophical Explorations，2004，7（2）. pp. 99－111.

③W. Houkes，A. Meijers：*The Ontology of Artefacts*：*the Hard Problem*，Studies In History Philosophy of Science. 2006，37（1）：118－131.

质量不佳。

上述两个标准的根源是技术人工物的二重性理论，进而在此基础上提出的关系实在论。

在梅耶斯看来，技术人工物不仅在于它是物质结构，而且还在于它的设计和使用的实践。他还将技术人工物的关系归结到本体论中。技术人工物的关系性质不能还原到非关系性质。或者说，技术人工物具有一个不可还原的关系性质。

梅耶斯将技术人工物看作是关系实体，并将关系实体附随在物理结构上，显然，这样一种看法是有问题的。就以仪器为例，仪器要与对象发生相互作用，才显示出仪器的功能。仪器之所以存在，根本原因是其自身具有内在的物理结构或性质，能够与被测对象发生相互作用，通过相互作用测量仪器测得被测对象的某一方面的物理性质。因此，我们不能将测量仪器的本体仅仅归结为关系性质，而应当归结为测量仪器本身所具有的物质结构、性质以及测量仪器与被测对象的关系。

事实上，技术人工物所表达的关系必须依赖于技术人工物这一实体，没有实体就没有关系。因此，技术人工物的实在只能是其要素与关系相统一的实在。如果将技术人工物的本体仅仅归结到关系，而不考虑构成关系的要素（或部分），那么，关系何以成为实在？而荷兰学派将要素包括在结构之中，结构与功能之间的推理关系不可避免地要产生问题。

为此，我们要将要素独立出来，成为一个独立的限制因素并增加环境标准，从而增大结构与功能之间的确定性，使得 RC 标准更加确定，限制其宽泛性。

①要素限制（constitution constraints，CC）标准（下称 CC 标准）。结构与功能之间是非充分决定的关系，其根源在于不适当的建模抽象，用结构代替了要素，即结构包括了要素。因此，在结构与功能之关系的研究中，要恢复要素的作用，通过要素（部件）来联系结构与功能，减少结构与功能之间的逻辑鸿沟。CC 标准表明结构与功能的关系要增加要素来形成更确定的实践推理关系。CC 标准是技术哲学研究的内在进路。任何具体的技术人工物都包含了要素（部件），由此形成物理结构，因此，在技术人工物的生成过程中，要素与结构一起共同决定了功能。

②环境限制（environment constraints，EC）标准（下称 EC 标准）。上述分析表明，UD、RC 和 CC 标准不足以为技术人工物的实在论提供限制，还应当增加新的环境限制。这里的“环境”不仅包括自然环境，也包括经济、政治、人文环境等因素。在 UD、RC 和 CC 标准作用下，结构与功能之间仍然没有一一对应的逻辑关系，还具有相当程度的不确定性，因此，引入环境标准，在于说明现实的技术人工物，既受到自然环境的某种影响，还受到人文历史等因素，甚至设计者个人的人文素质等因素的影响。这里的环境实际上扩展到语境范围。

RC 标准讲到了实践推理对于结构与功能关系的作用，但是实践并不能唯一地选择结构与功能之间的关系。我们只能说，在一定的科学技术和文化语境条件下，结构与功能之间有一个现实的确定关系，其关系具有现实性。比如，在技术人工物的设计与制造过程中，文化与习惯传统对结构与功能的关系有很大影响。比如，美国、德国与日本所设计和生产的汽车就与自身的文化有很大的关联。美国汽车车身坚硬，注重安全，但汽车油耗大；日本汽车可达到安全标准测试，但是结实性不足，其长处是油耗低；德国汽车车身坚硬注重安全，其油耗在美日之间。EC 标准是技术哲学研究的外在进路，这可能为打通系统的内与外有重要作用，这也说明了技术具有实践性，以及技术具有社会建构性。

CC、EC 标准实质上是对 RC 标准更加严格的限制，使得结构与功能之间有更大的确定性。尽管增加了 CC、EC 标准，但是结构与功能仍然不是唯一的确定关系。

（2）我们考察技术人工物的理论。

随附性理论并不是专门针对技术人工物提出来的，贝克的构成理论则是技术人工物理论，但是这两个理论都不完全适合技术人工物，因此我们必须重新考察技术人工物。

基于上述讨论，在笔者看来，对于现代技术人工物来说，一个合理的人工系统模型是：物质基础与意向共同作用，突现生成了技术人工物。技术人工物是由许多要素组成的，这些要素构成了多个层次，低层次组成高层次。要素所构成的稳定关系就成为技术人工物的结构。任何技术人工物都处于一定环境中。在一定的环境条件下，要素、结构、意向与功能的共同作用，突现生成了技术人工物。技术人工物的系统模型，如图 3 -3 所示。所谓突现，就是指由系统的各个要素相互作用所生成的原有单个要素所不具有的性质、行为、功能或结构。该模型表明，在一定环境下，要素、结构、意向的相互作用，突现出了功能。在人工物的制造情境下，当结构确定之后，不同的要素（零部件等）、环境仍然影响技术人工物的功能。在一定设计语境下，要素、功能、意向的相互作用，突现产生了结构。

按照技术人工物的系统模型，结构与功能之间具有多重关系，即不管是从结构到功能，还是从功能到结构都是多重关系，满足 UD 标准。因为在不同的要素、环境和意向作用下，同一结构可以产生不同的功能；同样，同一功能可以要求有不同的结构。

具体说来，图 3 -3 的结构，说明了技术人工物的结构与功能的关系满足 UD 标准。以从结构到功能为例，结构与功能的关系是下述三条路径依赖关系的共同作用：一是直接从结构到功能；二是结构经过要素再到功能；三是结构经过意向再到功能。也就是说，从结构到功能有三条路径，而不是仅有一条路径。因此，

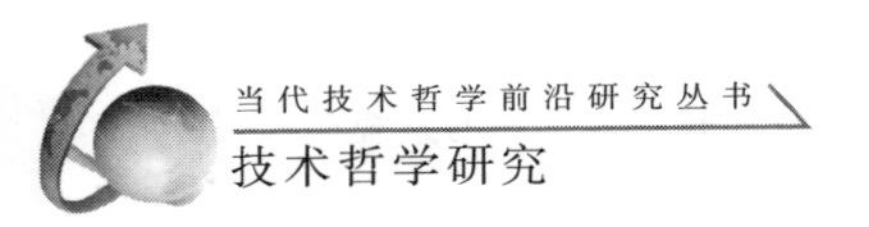

结构并不能单因素地决定功能。

同样，功能也不能单因素地决定结构。除此之外，环境也会影响功能的发挥。系统的环境是系统功能存在和得以实现的条件，不是决定系统功能的内在根据。不同的人工物质系统之所以具有千差万别的功能，只能从系统内部的组成元素、结构和意向去分析，它们才是决定系统整体功能的内在根据。

结构到功能的关系，之所以不具有演绎的逻辑关系，一个根本原因就是意向性的影响，即技术人工物的功能、结构或要素的决定都受到了人的意向的影响，而人的意向与物质基础之间并不具有一个必然的演绎关系，而是一种随附性关系。

对于实现限制标准（RC 标准），技术人工物的系统模型中的结构与功能的关系也同样满足。以从结构到功能为例，当结构决定之后，当要素、意向和环境三个因素决定之后，功能就唯一地决定了，即从结构到功能的关系受到了限制；反之，当功能决定之后，当要素、意向和环境三个因素决定之后，结构也唯一地决定了。这里的“意向”不仅指意识所指向，而且还会发挥选择作用，因为当要素、环境确定之后，结构与功能之间的关系还不是唯一的，这就需要有意识的选择作用，即“意向”发挥作用了。

可见，技术人工物的系统模型，满足技术人工物的本体论的 UD、RC 标准，而且满足新增加的要素限制标准（CC 标准）和环境限制标准（EC 标准），这使得结构与功能之间有更大的确定性，这有利于我们在结构描述与功能描述之间建立推理关系（具体见第七章）。

第四章

技术的本质

技术是一种复杂的现象，有许多学者对技术展开了不同角度的研究，本章将讨论技术的涵义与分类，从共时和历时两个角度研究技术的构成。在此基础上，研究技术的本质，笔者提出技术的本质是理性的实践能力。

第一节　技术的涵义与分类

在希腊文中，技术一词最早用“téchnē”表示，它来自于古希腊文τέχνη，最初是指技能、技巧。古希腊哲学家亚里士多德最早把科学与技术区分开来。他认为，科学是知识。技术是人类在生产活动中的技能（skill）。他还区分了自然物与制作物。自然物是由自己的种子、靠着自己的力量而生长出来的；而制作物不是靠着自己的力量生长出自己来。自然物体现的是“内在性原则”。而作为制作物体现的是“外在性原则”。树是可以自身生长起来的，其根据在树的内部。使刀成为刀的那个东西，在刀的外部。

在第一次科学革命、技术革命和产业革命推动下，17—18世纪以来，机器的工业应用占据统治地位，正是机器的工业应用，改变了人们对技能、技艺的看法。人们认为，技术就是工具、机器和设备。这些机器设备不能仅仅靠经验就能够生产出来，还需要一定的科学理论知识或技术知识。

可见，从技术的涵义来看，亚里士多德关于“技术是技能”的技术涵义展现为两个层次：一是人的生产活动方式本身的技能，二是代替人类活动的工具、机器和设备等，这些工具、机器和设备仍然是人的技能的极大扩展。在这里，我们也可以把工具、机器等看作是人的器官的延长。操作机器就是技能的一部分。于是我们就能够理解卡普所提出的关于技术的器官投影说了。

正处于机器大工业蓬勃发展时代的马克思则把技术作为劳动过程的要素，认为技术是人和自然的中介，因而，把它们归结为工具、机器和容器这些机械性的劳动资料。马克思还提到技术中有理性因素。

无疑，操作机器，除了实践性操作知识之外，还要求有机器的相关知识。1777年，德国哥廷根大学的经济学家贝克曼最早将技术定义为“指导物质生产过程的科学或工艺知识”。他的这一理论概括对19世纪及现在都产生了巨大影响。

20世纪40年代以来，随着计算机的出现，有了硬件与软件。软件是计算机运行的重要组成部分。通常软件被看作是一种程序和文档。软件这一人工物，是由计算机科学理论与软件工程理论形成的。形成软件的技术组成要素更多的是科学理论知识、相关的程序规则、技术和方法，如计算机的遗传算法就是对生物的遗传进化机制的模拟。软件将技术概念扩展到非物质的生产领域，其中知识性技术要素具有重要作用。

从古希腊到近代和现代，技术概念从原来的生产实践过程中的技能涵义，扩展到工具、机器、设备和技术知识。可见，技术越来越复杂，那么，能否对技术进行一个概括性或本质性的认识呢？不同的学者对技术展开了多角度、多层次的分析，我们先做一个简要考察。

著名技术哲学家米切姆（C. Mitcham）从功能角度提出了技术的四种方式，即有四类技术：[①]（1）作为客体（object）的技术，它是人类制造出来的物质人工物。比如，衣物、器具、装置、工具、设备、公共设施、结构物（如房屋）机器、自动机等；（2）作为知识（knowledge）的技术，它是技术的显现。自然知识与自然物体有关，技术知识与人工物有关。技术知识由建筑学（和结构打交道）、机械学（和机器打交道）、民用工程学、化学工程学、电子工程学以及其他种类的工程学。技术物体的信息或数据也属于技术知识。（3）作为活动（activity）的技术，包括精巧的制作、设计、劳动、维修、发明、制造和操作等。（4）作为意志（Volition）的技术，包括意愿、动力、动机、渴望、意图和抉择。

邦格将技术分为四个方面：[②] ①物质性技术。如物理的、化学工程的、生物化学的、生物学的技术。②社会性技术。如心理学的、社会心理学的、社会学的、经济学的、战争的技术。③概念性技术。如计算机技术。④普遍性技术。如自动化理论、信息论、线性系统论、控制论、最优化理论等技术。

罗波尔（Ropohl）从系统论的原则出发，将技术区分为三个方面：一是自然方面，科学、工程学、生态学。二是人与人类方面，人类学、生理学、心理学和美学。三是社会方面，经济学、社会学、政治学和历史学。

显见，米切姆、邦格与罗波尔对技术的分类，是从大类别展开的，分类涉及

---

①C. Mitcham: *Thinking Through Technology*. Chicago: The university of Chicago Press, 1994: 161 – 266.

②M. Bunge: *Philosophical inputs and outputs of Technology*. The History and Philosophy of Technology. Edited by George Bugliarello and Dean B. Doner, University of Illinois Press. 1979: 262 – 281.

的范围超出了技术本身，并不仅仅就技术本身进行讨论，对于打开技术黑箱没有积极意义。

国内外学者研究了技术的组成要素。陈昌曙认为，技术由实体要素、智能要素与工艺要素组成。实体要素包括工具、机器、设备等；智能要素包括知识、经验、技能等；工艺要素表征实体要素与智能要素的结合方式和运作状态。①后来，他又适当做了调整，技术是实体性要素（工具、机器、设备等）、智能性要素（知识、经验、技能等）和协调性要素（工艺、流程等）组成的体系。这是技术的结构性特征，或技术的内部特征。②陈凡将技术要素分为：经验形态的技术要素，主要是经验、技能这些主观性的技术要素；实体形态的技术要素，主要以生产工具为主要标志的客观性技术要素；知识形态的技术要素，主要是以技术知识为象征的主体化技术要素。③

有的学者认为，技术应包含目的性要素。我们认为，如果技术包含了目的性要素，实质上是把技术泛化了，而不是技术本身。研究技术本身在于研究技术的基本结构。诚然，人工物的产生先有人的目的即有意识的要求，为实现这一目的，就要求设计、制造或发明相应的结构。但是，并不必须把目的性纳入技术的要素之中，技术的目的性可以通过技术系统的各要素形成的结构或各要素相互作用的内在机制得到解释。另外，目的性涉及演化过程，而技术系统的基本结构主要是从横向上（或相对静止）来考虑的。因此，将目的性要素纳入技术系统中混淆了技术本身的要素与技术系统演化的关系。

有的学者认为，技术应包括过程性要素。我们认为，设计、制作、发明、制造等过程性要素反映的是实体性要素对技术对象的作用，这是一个过程。从过程这一角度反映技术人工物是如何生成和制造的。

陈昌曙认为，技术应包括协调性因素。我们认为，这里涉及如何界定协调性因素。如果协调因素是指工艺、程序等因素，那么，程序因素可以包括在知识性因素之中。如果把工艺看作是一个过程，那么，工艺就可以看作技术系统的演化。工艺因素包括在经验性要素、知识性要素与实体性要素的相互作用之中，从一定意义上讲，工艺反映的是整体性东西。

“工艺”的涵义也是有差异的。我国的《辞海》把“工艺”定义为利用一定物质手段将某种原料或半成品加工成成品的方法。技术哲学家拉普认为狭义的技术就是工艺。也有人提出工艺是技术的组成部分。对于工艺，陈昌曙正确地认识到：“工艺要利用物质手段去进行加工处理，不能把工艺等同于知识、经验（尽

①陈昌曙：《技术哲学引论》，科学出版社1999年版，第96－101页。

②陈红兵、陈昌曙：《关于“技术是什么”的对话》，载《自然辩证法研究》2001年第4期，第19页。

③黄顺基、黄天授、刘大椿：《科学技术哲学引论》，中国人民大学出版社1991年版，第261－263页。

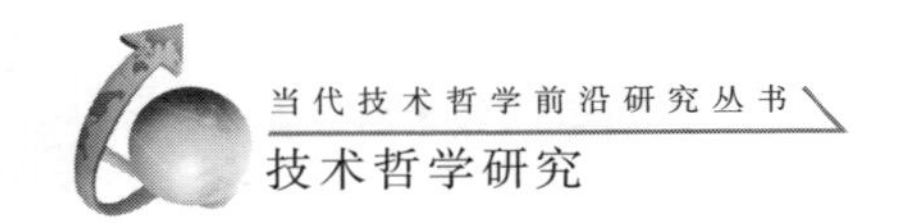

管工艺中有知识、经验和技能）；同时又不能把工艺等同于实体，工艺没有重量也没有大小。可以说，工艺乃是把工具、机器、设备等客体，与知识、经验、技能等主体要素相组合而形成的过程和方法，工艺乃是实体要素和智能要素在加工中的结合。”①但我们不同意，把工艺性要素作为技术的结构性要素。

我国技术制造过程中，之所以工艺水平较差，就在于我国的基础技术和产业技术的整体还较差，具体表现为技术经验、理论知识和技术装备较差，工艺是一个整体性的东西，而不是仅靠改变某一个因素就可以提高我国的工艺水平。正如《中国制造 2025》中明确提出，建立基础工艺创新体系，利用现有资源建立关键共性基础工艺研究机构，开展先进成型、加工等关键制造工艺联合攻关；支持企业开展工艺创新，培养工艺专业人才。目前，中国在国际制造业层次上，处于第三层次，与英国、韩国等处于同一层次；而德国和日本属于制造业的第二层次；美国的制造水平属于第一层次。因此，在一定意义上讲，我们可以把工艺定义为技术的一种特定表现或特定的实践行为。

协调性要素不能作为技术的要素。通常我们说原子是由原子核与核外电子组成的，而光子作为玻色子，它在两者之间传递电磁相互作用，而不把光子作为物质的基本组成成分。对于物质的基本层次，一般把夸克看成是物质的基本组成粒子，而胶子在它们之间传递相互作用。按照这一逻辑，协调性要素（工艺、流程等）、组织因素、支撑网络等都可以看作类似于玻色子的作用，在基本的技术要素之间传递相互作用，因此，它们都不能作为技术的要素。至于前面讨论的目的性因素，就相当于基本粒子中的希格斯（Higgs）粒子。希格斯粒子是产生质量的根源，但它也没有作为物质世界的基本组成。

技术从技能、技艺，到机器、设备，再到技术知识，技术越来越复杂，在笔者看来，技术应当从两个维度来审视，从共时与历时两个维度来展开，就能够将技术看得更为清楚。一是从共时、从静态角度来考虑技术的构成要素，即是从系统论角度分析技术系统的构成要素。二是从历时性，即从过程角度来考察技术。然后将这两个角度结合起来，才是完整的技术形象。

研究技术本身的要素，就是把技术看作一个系统，就是相对静止地阐明技术本身的基本结构。我们这里强调的是“技术本身”，而不是处于社会大系统中的技术。基于上述研究，笔者认为，从系统论来看，技术本身的要素主要是由经验性要素、实体性要素与知识性要素组成。

经验性要素主要是经验、技能等这些主观性的技术要素，主要强调技术具有实践性。实体性要素主要以生产工具、设备为主要标志，主要强调技术具有直接变革物质世界的现实能力，它能够变革天然自然、人工自然或技术人工物。知识

①陈昌曙：《技术哲学引论》，科学出版社 1999 年版，第 101 页。

性要素主要是以技术知识为标志，主要强调现代技术受技术理论和科学的技术应用的直接影响。能否用“实践性要素”来代替“经验性要素”呢？在笔者看来，这是不行的，因为实践是一个范围很大的范畴，而经验仅属于实践的一部分，而且实践是在技术知识的指引下，利用技术实体所进行的物质性、生产性或信息性活动。

在当代科技条件下，实践不仅仅是物质性、生产性的活动，还是信息驱动的物质性活动。实践在延展中，成为“延展实践”。这里有一个人与延展系统的连接即“人—机接口”问题，一种是基于计算机的“指控”，即人通过自己的手指敲击键盘等，还包括通过语音的“声控”来操作计算机，向电脑输出自己的实践意向。另一种是基于脑机接口的“心控”或“脑控”，人的实践意念或想法通过脑机接口系统来实现对计算机与机器系统的控制，人只需“动脑”，相当于“从脑海中延展”出来的实践。

技术的经验性要素、实体性要素与知识性要素，我们也可称之为经验性技术、实体性技术与知识性技术。这就是说，技术不仅表现为技能、技术人工物，还表现为知识。技术装置属于技术人工物范畴。汤德尔认为有三种理想的技术装置：（1）工具。人借助于工具作用于劳动对象，并按自己的目标改变它。（2）机器。在经典意义上，机器就是由畜力、水力、风力等人以外的动力驱动的装置。经典意义的机器是由动力源、转动机构和特殊的工作机组成，仍然要由人来控制，人是信息源。（3）自动装置。应用了控制调节的控制论原理，基本上不需要由人控制。自动机的控制和决策仍然受到程序的制约，最终还是离不开人，因为程序是人设计的，生产任务的下达，质量的控制等也需要人。①

技术又总是以过程方式来存在。技术是一种实践行为，要产生出对象或对对象产生作用。技术不仅作为一个系统，而且也是一个过程。从过程来看，如何从人的意向性开始，到制造出技术人工物，其中贯穿着技术的使用，技术的使用既是检验和实现技术的功能，同时还是检验技术的可靠性的重要环节。

意向性或目的性是技术不同于自然科学的显著特点。米切姆专门将“作为意志（volition）的技术”看作为技术的一个类，其中包括意愿、动力、动机、渴望、意图和抉择。笔者认为，在技术设计之前与过程中，人们都有各种各样的动机、想法、意愿、渴求、意向和目的等，但是，一旦选择某种设计思路，受“基本设计知识”的影响，受“理论工具”（如科学理论、技术理论和技术规律等）、“行动知识”的影响，意志就不再是任意的。在技术知识中，基本设计知识、理论工具和行动知识是相互制约、相互影响和相互协调的。比如，人们可以大胆想象，但必须受到现实技术条件和理论工具的制约。否则，就会有“人有多大胆，

---

①汤德尔：《论“技术”和“技术科学”的概念》，载拉普：《技术科学的思维结构》，吉林人民出版社1988年版，第17－20页。

地有多大产”的疯狂景象。技术中的意志主要体现在：一是在作为基本设计知识的“意志知识”；二是体现在“工具—目的知识”中，即在技术人工物的制造或生产过程中，选择用何种手段来实现目的。

实质上讲，技术的经验性要素就是经验性技术，实体性要素就是实体性技术，知识性要素就是知识性技术。比如，在打羽毛球的高远球时，就需要知道和熟练掌握打高远球的技巧，可见，打羽毛球的高远球的经验等同于经验性技术。

从技术人工物的设计、制造到产品的过程中，技术过程表现为三种技术形象或技术因素：技术知识、技术实践和技术实体。技术实践，就是人们利用经验性技术、知识性技术和实体性技术进行的物质性、生产性或信息性活动。技术实践，从另一角度来看，它表现为实践技术。于是，技术实践，就是实践技术所进行的物质性、生产性或信息性活动。

于是，我们从横向（技术系统）和纵向（技术过程）两个维度来认识技术，可以形成为表4－1，这就表明技术的分类更为丰富，共有九种技术样态或技术的表现形式，可称为技术相位图。

表4－1　技术相位图

知识性技术	技术知识	知识性技术实践	知识性技术实体
实体性技术	实体性技术知识	实体性技术实践	技术实体
经验性技术	经验性技术知识	经验性技术实践	经验性技术实体
技术过程 / 技术系统	技术知识	技术实践	技术实体

实践技术由技能、技巧、制作、制造、维修和操作等组成；原有的“经验性技术”纳入到实践技术之中。实体技术由工具、机器、设备、自动装置等技术人工物组成。知识技术由技术规则、技术规律、基本设计知识、技术意志等技术知识组成，这里的技术知识又分为基本设计知识、理论工具和行为知识。

实践技术与经验性技术、实体性技术和知识性技术相交叉，将形成经验性实践技术、实体性实践技术和知识性实践技术。知识性实践技术意味着在实践过程中，必须有技术知识的指引，特别是技术理论与技术规律等。实体性实践技术意味着在技术实践过程中，有什么具体的技术实体可用于实践过程中。

第二节　论技术的本质

对技术本质的认识，有不同的角度，它们从不同角度都在一定程度提示了技术某一个方面的本质或本质的表现。

（1）将技术的本质看作是人类为完成某种目标而形成的方法、手段和规则的总和。这一看法是一种主要的观点，它与人的实践过程、人工物或经验相联系。

早在18世纪，狄德罗在其主编的《百科全书》中，对技术下了一个理性的定义：所谓技术，就是为了完成某种特定目标而协调动作的方法、手段和规则的完整体系。

卡普（Kapp）认为，技术是人类同自然的一种联系，技术发明是创造力的物质具体化，技术活动是器官的投影。

获得熊彼特奖的经济学家、技术思想家阿瑟（B. Arthur）从技术进化的角度探讨技术的本质，他说："从本质上看，技术是被捕获并加以利用的现象的集合，或者说，技术是对现象有目的的编程。"[①]在他看来，"技术就是被捕获并使用的现象。……它之所以是核心所在，是因为一个技术的基本概念，即使技术成为技术的东西，总是利用了某个或某些从现象中挖掘出来的核心效应。"[②]

乔治·巴萨拉也认为，"技术和技术发展的中心不是科学知识，也不是技术开发群体和社会经济因素，而是人造物本身"。[③]在他看来，人造物不仅是理解技术的关键，而且也是技术的进化理论的关键。

（2）将技术的本质与理性、知识相联系。拉普（Rapp）认为，技术一词都是指物质技术，它是以遵照工程科学的活动和科学知识为基础的，这个定义最接近人们的通常理解。[④]

埃吕尔将技术定义为："在一切人类活动的领域中通过理性得到的（就特定发展状况来说）、具有绝对有效性的各种方法的总和。"[⑤]

邦格将技术与知识联系在一起。他认为，技术作为应用自然科学；技术作为知识体系。邦格也认为："技术可以看作是关于人工事物的科学研究……技术可以被看作是关于设计人工事物，以及在科学知识指导下计划对人工事物进行实施、操作、调整、维持和监控的知识领域。"[⑥]在他看来，"关于人工客体的研究，不仅涉及工具与机器，而且包括诸如设计、计划以及从象棋与电脑到人工饲养的牲畜以及人工社会组织这样的知识导向的生产的各种概念工具"。[⑦]

英国著名技术史家辛格等在其主编的《技术史》第Ⅰ卷的前言中指出："在词源学上，'技术'指的是系统地处理事物或对象。在英语中，它指的是近代

---

①阿瑟：《技术的本质》，浙江人民出版社2014年版，第53页。

②阿瑟：《技术的本质》，浙江人民出版社2014年版，第53－54页。

③乔治·巴萨拉：《技术发展简史》，周光发译，复旦大学出版社2001年版，第32页。

④F. 拉普：《技术哲学导论》，辽宁科学技术出版社1986年版，第30－31页。

⑤J. Ellul：*The Technological Society*. New York：1964，p. 183.

⑥M. Bunge：*Treatise on Basis Philosophy*. Vol. 7. Philosophy of Science and Technology. Part Ⅱ. D. Reidel Publishing Company. 1985：231.

⑦M. Bunge：*Treatise on Basis Philosophy*. Vol. 7. Philosophy of Science and Technology. Part Ⅱ. D. Reidel Publishing Company. 1985：219.

（17 世纪）人工构成物，被发明出来用以表示对（有用的）技艺的系统讲述。直到 19 世纪，这一术语才获得了科学的内容，最终被确定为几乎与‘应用科学’同义。”①

（3）技术的本质体现在技术创造之中，与先验世界有某种联系。德韶尔认为，技术的本质既不是在工业生产（它只意味着发明的大规模生产）中表现出来，也不是在产品（它仅仅供消费者使用）中表现出来，只有在技术创造行为中表现出来。技术发明包含了“源自思想的真实存在”，此即“源自本质的存在”的产生，是超验实在的物自体的体现。德韶尔在《关于技术的争论》把技术定义为：“技术是通过有目的性导向以及自然的加工而出现的理念现实存在。”②

（4）将技术的本质与形而上学联系起来。海德格尔认为流行的技术观点有两种，其一认为技术是达到某一目的的手段，其二认为技术是人的活动。可以分别称之为工具性的或人类学的技术定义。但是，海德格尔认为，这样的技术定义并没有揭示技术的本质。于是，他要追问技术的本质：工具本身是什么？在有工具的地方总有原因。他转到了对原因或者更确切地说是传统的“四因说”的讨论，由此来揭示技术的本质。海德格尔认为，必须把技术建立在形而上学的历史中。他认为现代技术的本质根本不是什么技术的东西，而是一种展现方式，一种解蔽方式，海德格尔把它称作“座架”“集置”。现代技术对自然进行“强求”和“索取”。“座架意味着那种解蔽方式，这种解蔽方式在现代技术的本质中起支配作用，而其本身不是什么技术因素。”③

（5）将技术的本质与意志或智慧相联系。贝克认为，技术是“通过智慧对自然的改造……人按照自己的目的，根据对自然规律的理解，改造和变革无机界、有机界和人本身的心理和智慧的特性（或相应的自然过程）”。④

艾斯（Eyth）提出，技术是赋予人的意志以物质形成的一切东西。⑤

美国佐治亚大学的哲学教授费雷（F. Ferré）关于技术的界定是有启发意义的，他认为技术是智能的实践展现⑥。

柴尔德（V. G. Childe）认为：“技术这一名称指的应该是那些为了满足人类要求而对物质世界产生改变的活动。……这一术语的含义扩展到包括这些活动

①辛格等：《技术史》（第Ⅰ卷），上海科技教育出版社 2004 年版，第 20 页。

②F. Dessauer：*Streit um die Technik*. Verlag Josef Knecht Frankfurt，1956：234.

③Heidegger：*The Question Concerning Technology*，New York：Harper And Row，1977：16.

④拉普：《技术哲学导论》，辽宁科学技术出版社 1986 年版，第 29 页。H. Beck：*Philosophie der Technik-Perspektiven zu Technik-Menschheit-Zukunft*，Trier 1969.

⑤拉普：《技术哲学导论》，辽宁科学技术出版社 1986 年版，第 29 页。M. Eyth：*Lebendige Kräfte-Sieben Vorträge aus dem Gebiet der Technik*，Berlin 1905.

⑥Ferré：*Philosophy of technology*. Athens and London：The university of Georgia Press，1995：26.

的结果的范畴。”①

（6）我国学者对技术本质的探索。陈昌曙、远德玉认为：“技术就是设计、制造、调整、运作和监控人工过程或活动的本身，简单地说，技术问题不是认识问题，而是实践问题，实践当然离不开认识，但不能归结为认识。”②

张华夏、张志林认为：“技术也是一种特殊的知识体系”，不过技术这种知识体系指的是设计、制造、调整、运作和监控各种人工事物与人工过程的知识、方法与技能的体系。③

陈凡认为：“技术的本质就是人类在利用自然，改造自然的劳动过程中所掌握的各种活动的方式、手段和方法的总和。”“技术的本质在于它是各种活动方式的总和。”④技术的这一定义，是一种“总和”定义法。

费雷关于技术的本质的定义中，智能并没有将技术的技能这一含义展示出来，因为技能与个人的体验、经验有关。考虑到技术本身这一复杂系统的涌现性，于是，吴国林作出了以下界定，技术是知识和技能的实践涌现（practical emergence of knowledge and skill）。⑤这里所指的“技术”就是指狭义的技术，即技术本身，或者说，是创造人工自然或技术人工物的技术，这样我们更能认清技术的本质。

王伯鲁考查了广义技术的概念。他认为，“技术可以理解为：围绕‘如何有效地实现目的’的现实课题，主体后天不断创造和应用的目的性活动序列或方式。”这里的“序列”是指目的性活动的诸如动作、工具、环节等要素，按空间顺序组织在一起的行动或样式，以及按时间次序协调动作依次展开的程度。“序列是技术的核心或灵魂，可理解为技术进化论视野中的‘縻母（memes）’。”⑥这里的技术縻母就是生物基因的技术对应物，具有相对稳定性和强大的生命力。正像基因的遗传与复制一样，技术縻母也可以“遗传”“变异”和重组，进而参与新技术形态的创建。

无疑，上述对于技术的本质的认识是有启发意义的，但还没有真正揭示出技术的本质。我们认为，探讨技术的本质，特别关注的是现代技术的本质。探讨现代技术的本质需要遵从几个原则或基点：

---

①V. 戈登·柴尔德：《社会的早期形态》，载辛格等主编：《技术史》（第Ⅰ卷），上海科技教育出版社出版2004年版，第26页。

②陈昌曙、远德玉：《也谈技术哲学的研究纲领——兼与张华夏、张志林教授商谈》，载《自然辩证法研究》2001年第7期，第40页。

③张华夏、张志林：《从科学与技术的划界来看技术哲学的研究纲领》，载《自然辩证法研究》2001年第2期，第31页。

④黄顺基、黄天授、刘大椿：《科学技术哲学引论》，中国人民大学出版社1991年版，第252页。

⑤吴国林：《论技术的要素、本质与复杂性》，载《河北师范大学学报》2005年第4期，第91-96页。

⑥王伯鲁：《技术究竟是什么——广义技术世界的理论阐释》，科学出版社2006年版，第29页。

（1）技术不同于技术的本质。因为如果技术等同于技术的本质，那么，就没有必要探讨“技术的本质”这一概念了，现象也就与本质同一了。

（2）技术的本质不同于技术的要素或技术因素。从系统论来看，技术的要素相当于系统的组成或要素，技术的要素构成了技术这一系统，当然技术的要素不同于技术的本质。

（3）技术的存在不同于技术的本质。从海德格尔的现象学来看，存在（是）与存在者（是者）有一个存在论的差异。我们这里探讨技术的本质，主要是从分析哲学的进路来展开，因此不同于从存在论角度来讨论技术的存在问题。分析哲学视野中技术的本质是从认识论角度来展开的，而技术的存在是从本体论展开的，尽管认识论与存在论有一定的联系。

（4）现代技术的本质不同于前现代技术的本质。这在于现代技术必须依赖当代科学知识和技术知识，即必须建立在理性的基础之上，而且现代技术形成系统的技术理论。前现代（含古代）技术主要依赖经验或技能，所形成的技术的系统性不强，没有形成技术理论。

（5）现代技术的本质必须回答或说明技术的两个重要特点：一是现代技术具有理性；二是现代技术仍然具有强烈的实践性。如果技术不用来进行实践，那就不是技术。

众所周知，技术有悠久的实践传统，技术具有实践形式。技术构造了技术人工物，技术人工物的总体构成人工自然或技术世界。或者说，技术世界的基本单元是技术人工物。

从技术的构成要素来看，技术可以表现为经验性、实体性和知识性等三种要素。经验性的技术与实体性的技术，都可以分为知识和实践两个方面。经验性的技术可以分为两个方面，一是可以表达为知识。比如，一个人学习驾驶汽车的技术，许多要求可以通过知识明确地表达出来；二是实践形式的技能，具体的操作。当然，实践形式的技能，可以表达为一系列的操作，但有的技术操作是不可言说的，它可以“显示”。例如，有的汽车驾驶技术需要教练演示给学员看，难以用知识直接表达出来。实体性的技术也可以分为知识和实践两种形式。比如，一台电扇，它既包括有关的电动机等电力知识，有关机械制造、塑料加工等知识，还包括机械制造、塑料加工等实践过程中不可明言的操作等。知识性的技术，主要表达为科学理论的应用、技术规律、技术规则等；但知识性的技术受到了技术实践的检验，因而知识性的技术是有效的。

虽然技术是由三种要素涌现出来的，但从根本上来讲，技术表现为两种形象：一是知识形象，一是实践形象，这两种形象正是对技术的知识体系和实践传统的一个回答。

技术表达为知识形象和实践形象。技术的两种形式，笔者称之为技术二象性。这就如微观粒子具有波粒二象性。按照量子力学的通常说法，微观粒子不可能同时具有波动性和粒子性，而只能要么具有波动性，要么具有粒子性。波动性或粒子性都是微观粒子在一定宏观条件下的显示，但波动性与粒子性是相互排斥的。

技术的知识形式与实践形式都是技术在不同条件下的显示。技术在人类的逻辑思维空间中，表现为一种特殊的知识。技术总是表现为一定的状态，技术状态的存在就是技术事实，技术事实表达为技术命题。在技术与现实世界的关系上，技术表现为实践形式，表现为具体的操作或行动等，实践形式的技术是探索和改变世界的直接现实力量。

技术不但具有实践形式，技术还表达为知识形式。技术的知识形象可以表达为命题，即技术命题，分析哲学的方法可以对技术命题展开剖析，可以进行语言和逻辑分析。

技术的知识形式与实践形式，并不是两个互相排斥的东西，而是在不同条件下，谁是显示的主要方面。在技术的实践过程中，技术表现为实践形式，但在这一实践过程中也体现了知识渗透其中。比如，要制造高性能的汽车发动机，必须要有相应的汽车发动机的结构与功能知识，还必须有制作这些发动机的零部件的材料和制造能力。事实上，即使你获得制造发动机的技术图纸，但是没有相应的技术的实践制造能力，也无法制造出高性能的发动机。

特别是在现代技术条件下，技术的知识形式与实践形式都非常重要。当代技术的制高点是高技术，它建立在前沿科学研究的基础之上。由于高技术与当代科学研究前沿的紧密结合，因此，高技术又称为高科技。高科技概念较之于高技术概念更形象更直观，这一概念也得到公认。虽然，高科技是一个动态概念，即每一个时期都有相应的高科技，但是当代的高科技的知识化程度是历史上任何时期的科学技术均无法比拟的。

现代技术，特别是高技术，更加显示了科学知识和技术知识的重要性，而理性是科学知识的重要基础之一，现代技术事实上显示了理性的强大力量。反过来讲，如果没有理性的力量，人们无法认识微观世界（如原子、纳米世界等），也无法认识宇观世界（如探索太阳系、宇宙等），当然也无法利用电磁波为人类服务——没有麦克斯韦电磁理论的发现，就不可能发现电磁波——就是先有理论预见，然后再根据相关理论做实验来确认电磁波的存在。现代技术不同于古代的经验技术，现代技术具有理论预见性。

分子生物学技术，是以现代生物学为基础，以基因工程为核心的新兴技术。生物技术原理包括：基因工程操作原理、细胞工程操作原理、酶工程、发酵工程、蛋白质工程、分子杂交与遗传标记等。基因工程，也称为基因操作、重组DNA技术。基因工程的主要原理是：用人工的方法、把生物的遗传物质，通常

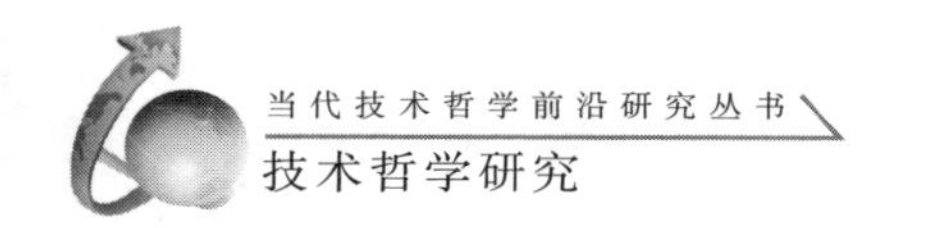

是DNA分离出来，体外进行基因切割、连接、重组、转移和表达的技术。20世纪50年代分子生物学的建立，确定了DNA的双螺旋结构。基因是DNA分子的一个特定的片断，基因是一个单位（遗传的功能单位）或遗传单位，也是一个体系（基因内包含着突变和重组单位）。基因不全是静止的，也能够运动。基因之间有着复杂的相互关系。基因是DNA上有意义的碱基序列。DNA双螺旋结构是生物学知识，而不是技术，但是对DNA结构进行重组则属于技术。一般来说，分子生物学技术基于我们对生物大分子，特别是对DNA和RNA的认识。20世纪70年代的限制性内切酶技术，能够在酶的特定位点切割DNA，并将其断裂成可重复的不同大小的片段，进而发展出DNA克隆技术和DNA序列分析技术。分子生物学技术就是通过蛋白质、核酸在分子水平上的研究，利用有关的分子生物学知识，在分子结构水平上实现对生物的改造，获得人们所需要的产物。显见，没有分子生物学，谈何有分子生物学技术。在具体的科学研究过程中，分子生物学与分子生物学技术两者又是相互联系的。2007年研制成功了分子马达，它由一组固定在极小芯片上的DNA、一个带有磁性的珠子、一个提供动力的生物发动机（通过活的生物细胞ATP所组织的能量提供动力）组成。

2000年，美国国家科学基金等完成的《聚合四大科技，提高人类能力》的研究报告中，提出了引领21世纪提高人类能力的四大聚合技术，即纳米技术、生物技术、信息技术和认知科学。经过近20年的发展，在笔者看来，量子技术（QT）和人工智能技术（AI）更加凸显，它们与四大聚合技术，将扩展为六大技术NBICQA，简称为“NBICQA技术”，它们形成一个整体，展示技术的会聚性。

技术二象性是技术本质的两种表现，都没有揭示技术的本质。为此，笔者将技术的本质定义为：**技术是理性的实践能力**。

这样，技术既可以显示为知识，也可以显示为实践能力。这就可以说明技术是一种特殊的知识体系，因为定义中的“理性”包括科学理性或理论理性、工具理性和价值理性，科学理性总是可以用知识表达的，知识是受到辩护的真信念。而“实践能力”则阐述了技术的实践传统，说明了技术具有实践性、操作性和控制性，技术在于“改变”。齐曼认为：“某种程度上，技术不仅被看成是实践的，而且是认识的。”①有学者认为：“在将技术变化解释为相关的一系列创新时，将注意力从作为人工制品的技术转移到作为知识的技术是有益的。特别是，技术可以被视为能够用来产生大量‘追求可想象目标’的设计的知识，而不管设计原理是否在科学发现之前或在技术实践之前有其他的起源。”②

当没有对象时，技术的功能是潜在的，它有这样的能力或潜在能力。当然，技术自身显示为实物，还可以是方法、手段、工具等。在日常生活中，我们往往

①齐曼：《技术创新进化论》，孙喜杰、曾国屏译．上海科技教育出版社2002年版，第81页。

②转引自齐曼：《技术创新进化论》，孙喜杰、曾国屏译．上海科技教育出版社2002年版，第278页。

将技术与技术的显示混为一谈。技术人工物、技术方法、技术手段、技术工具等都是技术的显示。技术是使技术的显示成为可能的能力，技术存在于技术的显示之中。技术的本质是理性的实践能力。当没有与对象发生相互作用，技术只能以能力这一本质形式存在；只有当其与对象发生相互作用，技术才发挥其实践的改造作用。

技术是一种实践的能力，它的能力来自于经验（如技能），也来自于理论知识，还来自于实践过程中形成的不可言传（tacit）的知识。技术包括技能、知识和实体等三种形式的具体技术，但具体技术的升华才是技术。

将技术的本质界定为理性的实践能力，就能够阐明现代技术的知识特点和实践特点，也能够克服技术作为一种知识和作为实践传统的争论。将技术作为一种特殊的知识，也能为分析哲学用于技术哲学的研究提供合法性基础。

第五章

技术知识

技术知识是技术认识论的重要内容。我们对过去主要技术知识的分类进行了比较，在笔者看来，技术知识界定为：得到辩护的有效信念。技术知识可以分为基本设计知识、理论工具和行动知识三类，进而构成技术知识的双三角形模型。

第一节　技术知识与科学知识

长期以来，在实证主义知识论的影响下，国内外大多数学者认为技术知识是科学知识的应用，技术就是把应用科学所得的原理和方法等用到更加广泛的实际问题中去。据此，把技术知识纳入看作需要符合可证实性原则的知识类型，显然是把技术知识附属于科学知识，忽略了技术知识独立的范畴和规律。进入 20 世纪 80 年代末，人们逐渐抛弃以往的固有思维，主张和承认技术知识具有自己独立的知识体系，有自己特殊的本体论地位。

科学知识是一种关于描述和解释客观世界的事实及其规律的概括性和系统性的知识体系，此知识体系是有关自然界和社会的规律性和系统性，需要通过整个科学共同体进行经验和理性的方法来获得。而技术知识是一种与设计、制造、调整、运作和监控等各种技术人工物和制作技术人工物过程有关的知识、方法和技能的知识体系。在制作技术人工物的过程中，技术实践主体将技术知识（包括语言的和非语言的）进行物化表达。而技术实践活动指的是技术实践主体进行的设计、计划、试制、检验和检测的各种人工系统的活动。

技术知识与科学知识之间存在着诸多方面的区别，但是两者之间也存在着一定的联系。

一、技术知识与科学知识的区别

（1）技术知识与科学知识的目的不同

科学知识的目的与价值在于真理性，在于描述和解释自然界或显示世界的事实与规律，使得人类知识不断进步。科学知识的直接和基本目标是理解世界和解释自然，而不是改造世界和控制自然。技术知识的目的与价值和科学知识不同，技术知识是要通过设计与制造各种技术人工物，以达到控制自然、改造世界、增加社会效用的目的。而在技术实践活动中，技术实践主体要不断掌握和增长自身的技术知识，对于科学原理也要不断地熟悉，甚至要熟练地转换运用。且在技术知识物化的技术实践过程中，技术知识不是作为追求的目的，而是为了实现设计、制作技术人工物这个目的而被运用。

科学知识作为描述性知识，其目的在于求知，其目标与意图在于解释世界、描述世界的存在方式，是研究自然实体和类的普遍性质和原因的知识，是为了自身知识的增长而探求知识，其涉及的科学活动的目的在于摆脱无知，不为任何功利目的。例如当衣、食、住、行都在物质上得到满足之后，人们便开始带着求知进步、探索世界规律和解释世界的目的来追求科学知识。而技术知识作为行动的程序性和规范性知识，其目的在于自身之外，在古希腊哲学家亚里士多德看来，它更多的是“关于生产的知识”，其目的在于求用，在于追求对事物目标完成的有用性，在于解决技术实践活动过程中“做什么”和“怎样做”的问题。

（2）技术知识与科学知识涉及的对象不同

科学知识涉及的对象是自然界，是整个世界，是客观的独立于人类之外的自然系统，包括物理系统、化学系统、生物系统和社会系统等等。科学知识包括自然系统的结构、性能与规律，是理解和解释各种自然现象的知识体系。而技术知识涉及的对象是人工自然系统，即被人类加工过的、为人类的目的而制造出来的人工物理系统、人工化学系统和人工生物系统以及社会组织系统等。科学知识与技术知识两者涉及的自然系统与人工自然系统对象在存在的模式、产生与发展的原因以及与人的关系上，都有着很大的区别。自然系统是自己运动的、自发发展的和自然选择的，并没有带着任何外在目的进行干预的设计与实施；人工自然系统则是需要带着外在的理性目的进行创造产生的，依靠人工选择而进化发展，是技术实践主体带着目的、计划，有步骤地设计、制造出来的。而技术知识所物化而成的人工事物的范围也十分广泛，其中涉及包括人们用以进行生产的工具与机器，以及由此而生产出来的各种物质产品，而且还包括受人类活动影响的各种事物，非野生的动物与植物，人类创造的经济、政治和社会的组织，以及各种人工的符号系统。这些系统虽然原初部分来自天然的世界，但在人们的目的与需要的介入下，在技术知识的支撑下，按照既定的目的被制造和组织起来，便有了自身突出的性质与规律。

（3）技术知识与科学知识的社会规范要求不同

技术知识与科学知识所面对的社会规范要求不一样。技术知识需要被放置于社会、经济、人文、地域等情境下，来对其进行社会规范的要求。对技术知识的要求更多的是其是否能够符合技术实践的目的，设计、制作出技术人工物。且技术知识具有占有性，在被申请专利的有效期限内属于私人所有，属于专利者的个人或企业所有。

1942年，默顿在《论科学与民主》一文中系统地阐述了科学活动的社会规范，以普通性、公有性、无偏见、独创性与有条理的怀疑主义为标准规范是依据科学知识的真理性、合理性、进步性和共享性来适用的。科学知识是无国界的、无阶级性的、公有的、共享的。科学知识可以为全人类所发现、继承和利用。科学知识的真理性在于其本身的知识具有逼近真理或是真理的性质，而且即使科学知识可能被证伪，但也是在追求真理的过程中出现的重要一环。也就是说科学知识的根本表现特征是客观世界或自然的性质和规律，具有可被检验性，可被证实或被证伪或被进一步推进。逻辑体系严密的科学知识是以一定的经验事实作为基础来建立理论或规律的，在被检验的过程中具有可重复性和可预测性。科学知识体系虽然可被证实或被证伪或被推进，但总是能够进化出更具普遍性、更高解释效用、更能准确预测未来的理论体系。

（4）技术知识与科学知识判断评价标准不同

科学知识和技术知识所关注的问题对象不同，产生的逻辑和判断标准也有所区别。科学知识追求的是事物是什么和为什么，其表征出来的科学理论是描述性的，是对世界中“事物是什么和为什么”的描述。科学知识以事实经验为基础，会出现事实判断，而一般不是出现价值判断或规范判断，会有因果解释、概率解释、规律解释，而不会出现目的论解释或其他相关的功能解释，只能使用陈述逻辑。因此，科学知识的判断评价标准是真理性。而技术知识回答的是“如何做”“应当怎样做”的问题，技术知识所表征出来的技术规则、技术诀窍等是规范性的或程序性的，不仅需要因果解释、概率解释和规律解释，还需要目的论解释或其他相关的功能解释。因此，技术知识的判断评价标准是有效性。

技术知识的评价标准不同于科学知识的评价标准。科学知识评价标准是由实验评价和逻辑评价构成的真理性评价标准。科学知识的评价无关价值与规范，只由真理来判断。而技术知识的评价无关真或假，但依然需要考虑价值评价与事实评价。价值评价主要体现在技术知识是否应用于实际的技术实践中，并是否制造出有效的技术人工物（是否达到预期的目的）。[①] 事实评价要判断技术知识的应用是否满足技术使用者的需求，在技术实践过程中技术知识是否具有可操作性，是否易于物化为技术人工物，技术知识物化的成本有多大，是否最优。

（5）技术知识与科学知识的体系构成不同

①林润燕：《技术知识的“葛梯尔问题”刍议》，载《自然辩证法研究》2016年第8期，第40－44页。

技术知识与科学知识两者的知识体系构成有很大的区别。随着科学与技术出现的数学化现象，我们可以首先借着数学知识这一重要的科学学科来分析技术知识与科学知识结构的第一个不同点。数学知识这一科学学科包含着强调注重逻辑严格和体系完备的演绎体系，以及强调程序性和有效性的算法体系。[①] 在科学与技术数学化的过程中，科学知识的数学知识演绎方法经常被成功应用于自然科学，特别是物理学学科。而注重程序性和有效性的算法体系更是直接影响了技术知识的系统化。

第二点不同，以科学知识类型之一的科学定律与技术知识类型之一的技术规则作对比来进行区分。哲学家邦格指出了科学定律与技术规则的区别。技术规则是技术行动的规范，科学定律所适用的范围是整个现实世界，而技术规则是只对技术实践主体的人类有效——只有人才能够遵守或违反技术规则；科学定律是描述性的而技术规则是有效性和规范性的，故而科学定律有正确程度的判断，而技术规则只有有效程度的区分；技术规则无关真假，只与有效与否相关，而且科学定律正确与技术规则是否有效并没有直接关系。

第三点不同，可以从技术知识与科学知识的存在形态上进行区分。技术知识的内在建构和外在对社会产生的功能都还需要考虑其社会性和地域性。[②] 技术知识是人类为了某种目的，在可能世界中创造出来的“关于应当怎样做”才能达到该目的的技术规律、技术诀窍、技术规则、技术设计等技术知识类型。这些技术知识要包含几个方面的内容，首先是确定要实现的目的，其次是在技术实践过程中或以试错的方式搜寻与选择实现该目的的手段（如技术设计方案的确定），最后是技术知识对实现目的以及手段的有效性进行评价。同时，技术知识物化的目的还需要考虑社会的需求、成本与收益及相关的其他限制条件等。换句话讲，技术知识的知识构成存在于社会情境之中，比科学知识受到更为复杂的价值关系的影响。科学知识可以完全地去情境、去价值，成为一种完全普遍性的知识。

既然技术知识是为了实现技术主体的某种技术实践目的，而去导向技术实践的关于“应当怎样做”的程序性、规范性知识，是有别于科学知识的独立体系，其认知建构的知识存在形态也与科学知识明显不同。技术知识既包括理论形态的技术知识，也包括经验形态的技术知识。而理论形态的技术知识和一部分经验形态的技术知识可以通过编码成为可表达的明言性知识，可以通过文字、数字、图像或者符号进行表达，也可以通过硬性数据、公式、编程程序或普适原理的形式进行传播和共享。另外有相当多的经验形态的技术知识是无法进行编码，无法进行明言表达和传播共享，只能够通过依附于技术主体的大脑或身体操作技能的不

---

①郭飞：《知识本体论视角下的科学与技术》，载《前沿》2008 年第 5 期，第 3 – 5 页。

②邓波、贺凯：《试论科学知识、技术知识与工程知识》，载《自然辩证法研究》2007 年第 10 期，第 41 – 47 页。

断重复，只能在操作行动中涌现出来，而且这种无法言明的经验形态技术知识往往还需要依赖特定的技术实践情境。这点与建立在经验事实基础上的科学知识所具有的可重复性、可检验性、可描述性的名言知识有很明显的不同。

这样的区别也导致了技术知识无法与科学知识一样在整个知识体系构成中具有统一性和严格的内在逻辑关系。当然，这并不是因为技术知识作为一个独立于科学知识的知识体系程度还不够，而是技术知识的本质决定的。关于技术知识的分类，国内不少学者将其按照层次划分。总体来讲，第一层次涉及的技术知识一般被划分为技术理论原理，这类技术知识与科学知识一样具有较广泛的适用性，能够将因果关系转换为目的－手段关系，可以作为科学知识与技术知识相互转换的一类技术知识中介。第二层次涉及技术规范，这一层次的技术知识仅对受到该规范限制的技术实践活动具有普遍适用性，且还需置于一定的前提条件下。第三个层次所论及的技术知识往往是在比较具体的技术实践活动中，需要应用的一些工作原理，或者是具有具体项目特殊性的一些技术方案、操作规则，或是置于特定技术情境中的技术诀窍。这些较低层次的技术知识普遍性以及明言性也不断减弱，其特殊性、难言性也不断地强化。

二、技术知识与科学知识的联系

技术知识与科学知识虽然在目的、研究对象、社会规范要求、评价标准和知识构成体系都存在区别，但是两者之间也有密切的联系。

首先，技术知识与科学知识虽然所面对的社会规范准则不同，科学知识的真理性与技术知识的有效性有着明显的目的区别，但是两者在社会规范上也有一定的共同性，并非完全地区别开。比如，对于追求和应用知识本身而言，无论是技术知识还是科学知识，人类这一主体都需要具有对知识的怀疑精神和创新精神，需要有竞争性的合作精神，都需要以全人类的幸福和未来作为优先考虑的伦理精神，这些都可以成为与技术知识及科学知识联系紧密的新时代共同的社会规范精神。

其次，在技术实践活动中，技术知识与科学知识可以在某种程度上相互转换达到共同指导实践活动的目的。从技术知识的第一层次——技术理论知识来看，其可作为科学知识与技术知识转换的中介。另外，科学知识是对自然的认识，蕴含着技术可能性，可以转换为技术知识，由于技术是给定目标下的行动规则，对于要实现的给定目标，面临的问题是“转换哪种科学知识”以及“怎样转换哪种科学知识”这两个问题。20 世纪初原子物理学的发展使人类揭开原子核裂变的秘密，美国在此理论基础上制造出原子弹，这是科学知识转化为技术知识的明显例子。[①]

再次，当今的科学知识距离技术知识很近。科学知识在今天所揭示的许多问题，或者所提出、推进的许多描述性技术知识是在“一定的条件下”观察某事物是“怎样的”，而该事物的观察条件并不是置身于大自然中去直接观察或者被动寻找，更多的是科学家用实验创造出来，或者是“一定的条件下”也是在技术实践中的观察。科学命题可以转换为技术规则。科学知识的发展也以特有的方式促进技术知识的进步，而反过来，成功（有效的物化）的技术规则知识也有助于科学命题的提出。例如，如果科学命题以“如果 A 则 B”的形式出现，就可以很容易地转换成包含技术主体的操作、操作材料和操作的意向目的等在内的技术规则。也就是说，该“如果 A 则 B”的科学命题被技术主体运用之后，就容易成为某个具体技术实践中的一条技术规则。而反过来讲，技术规则在某种程度上也可以转换为科学定律知识。科学定律知识可以通过人们的有效技术实践经验总结之后，经过理性逻辑成分的提炼而得出。故而，技术知识的成功物化（有效的）某种程度上能够促使将技术知识提炼为科学定律。

最后，技术知识的有效性还需要得到技术实践和工程实践的具体检验。技术知识有自己的特点，但是它最终不能与科学知识相冲突，那么，技术知识需要得到技术实践和工程实践的检验。

总之，技术知识与科学知识之间既有诸多方面的区别，也有一些紧密的联系，不能简单地将二者置于简单的线性框架中进行比较，而是要将技术知识置于相关的社会情境下进行考虑，也要具体顾及二者在不同时期所处的地位来考量。

第二节　技术知识及其结构

从技术认识论的角度来看，技术知识是关于设计、制作和使用技术人工物的知识体系，目的在于求用。国内外学者从不同角度对技术知识提出各种分类并论述了分类的依据，但随着技术哲学的经验转向，要使技术哲学成为分析哲学的一个独立领域，必须有一个关于以技术人工物为对象的技术知识的组成和结构的讨论。

一、对主要技术知识分类的考察

过去技术并没有在哲学辩论主流中获得足够的重视，导致了理论上技术活动中的技术知识一直被积压着。虽然技术哲学起步较晚，目前对技术知识进行分类的研究者也较少，但是有些学者已经提出了技术知识的分类，这里总体概述一

①郭飞：《知识本体论视角下的科学与技术》，载《前沿》2008 年第 5 期，第 3－5 页。

下：

当代技术哲学家、工程师文森蒂（W. G. Vinceti）将工程设计知识分为六种类型：基本设计概念（知道一辆轿车的基本成分）、设计标准和规格（知道界面需要被使用者理解）、理论工具（建筑中力度的计算方法）、定量数据（材料的强度）、实践考虑（知道如何在成本和安全中取得平衡）、设计工具（知道如何有效率地追踪失败的原因）。① 德国技术哲学家罗波尔（Ropohl）归结了五类技术知识：技术规律、功能规则、结构规则、技术诀窍和社会－技术知识。② 分析哲学学者德维斯（De Vries）将技术知识划分为四类：物理性质知识、功能性质知识、手段－目的知识和行动知识。③

下面就上述的三类主要技术知识分类进行考察分析：

（1）文森蒂基于航空领域五个历史事件的技术知识分类

文森蒂从航空工业历史事实的角度，对机翼设计、飞行质量问题、控制体积、推进器选择和铆接法革新等五个航空历史案例涉及的技术知识进行总结并分类。

文森蒂指出工程是一个解决问题的活动，工程师是技术人员的一个子类。文森蒂关注的是工程师在日常的技术活动所需的知识，进而提出技术知识分为六类：基本设计概念、设计标准和规格、理论工具、定量数据、实践考虑和设计工具。④ 这六类技术知识环环相扣，体现于技术常规设计实践中。基本设计概念也称常规设计概念，包括运作原理和常规型构两个方面，这两个方面同时发生变化或者有一方发生改变，基本设计就会变为非常规设计。常规设计和非常规设计显现出技术设计存在着等级层次，而文森蒂关注的是常规设计这一低层次的设计活动。常规设计概念要由工程师制作为具体人工物，需要设计标准和详细规格说明，而从设计标准规格转化到量化指标，设计者需要应用经过实践扩展限定的科学知识作为理论工具。理论工具一旦上手运用，还需要各种数据资料的辅助，其中包括描述性的数据和规定性的数据。文森蒂指出，完成整个设计还需考虑来源于实践活动的知识，这种知识大多为非编码隐性知识。

文森蒂指出上述六种技术知识类型是从科学中转换、理论工程研究、发明、

---

①Vinceti W：*What engineers know and how they know it*：*analytical studies from aeronautical history*. Baltimore：Johns Hopkins University Press，1990：108.

②Ropohl G：*Knowledge types in technology*. International journal of technology and design education，1997，24（7）：65－72.

③De Vries M：*The nature of technological knowledge*：*extending empirically informed studies into what engineers know*. Techné，2003（6）：15－17.

④Vinceti W：*What engineers know and how they know it*：*analytical studies from aeronautical history*. Baltimore：Johns Hopkins University Press，1990：108.

实验工程研究、生产、设计实践、日常操作这七种活动反复互动促进产生的。[①]虽然文森蒂对工程设计知识作出分类之后还确定了这些知识的来源，然而他提出这六类技术知识分类并没有涉及清晰的引导原理（其中只有一个航空工程作为设计导向原则），大部分是个人对历史案件研究反思的总结。其分类系统没能与行动理论建立连接，涉及的技术知识分类只是解决了航空设计知识这一特殊领域的设计知识分类。

（2）罗波尔扩展了技术知识分类理论框架

罗波尔从“技术者应当知道什么”的角度在哲学上对技术知识进行分类。罗波尔先总结了工程实践中的技术知识特征，再观察提炼出工程师解决具体实践难题所需要的技术知识，在上述基础上，提出了技术规律、功能规则、结构规则、技术诀窍和社会－技术知识五类技术知识。罗波尔确定上述五类技术知识是源于技术系统理论。技术规律是由一些关于技术活动过程的自然规则转化而来，技术规律大多是来自经验总结，并不全部来自于科学理论，而即使来自于科学理论的那一部分也需要技术实践的扩展和磨合。工程师的实践活动对象是人工物客体，结构与功能是人工物客体的二重性质。工程设计中为了达到预定的目标，除了技术规律这类经验总结和结构规则与功能规则之间的相互作用之外，还需要用实践推理去“桥接”功能与结构之间的鸿沟，而这需要技术诀窍。技术诀窍多是非编码的、无法明言的技术知识，通过彻底反复的实践习得。工程实践活动牵引了许多社会背景事件，正如哲学家敖德嘉说的“我就是我加上我的环境”。社会－技术知识是一个关于技术客体、自然环境和社会实践的系统知识，这类技术知识往往也是跨学科的合成节点。[②] 罗波尔在卡彭特—米切姆和文森蒂的技术知识分类基础上进一步拓展了技术知识分类的理论框架。相对于前者，罗波尔的分类更有技术哲学的味道，且提出了前者所缺失的“社会－技术理解”技术知识。

（3）德维斯将技术发展过程中的技术知识分为四类

德维斯将技术知识分为四类，整个分类过程逻辑缜密，内在联系力强。德维斯以晶体管与集成电路硅膜片的局部氧化技术作为案例，不断追问该局部氧化工艺技术的发展过程所涉及的技术知识。故而将技术知识划分为物理性质知识、功能性质知识、手段－目的知识和行动知识四类。[③]

在案例中，德维斯认识到源于对膜的功能观察的部分知识和材料的功能性质有关。他以在高温下杂质并不容易侵入氮化硅为例，说明有部分知识是与材料特

---

①Vinceti W：*What engineers know and how they know it：analytical studies from aeronautical history*. Baltimore：Johns Hopkins University Press，1990：222.

②Ropohl G：*Knowledge types in technology*. International journal of technology and design education，1997，24（7）：65－72.

③Vries M：*The nature of technological knowledge：extending empirically informed studies into what engineers know*. Techné，2003（6）：15－17.

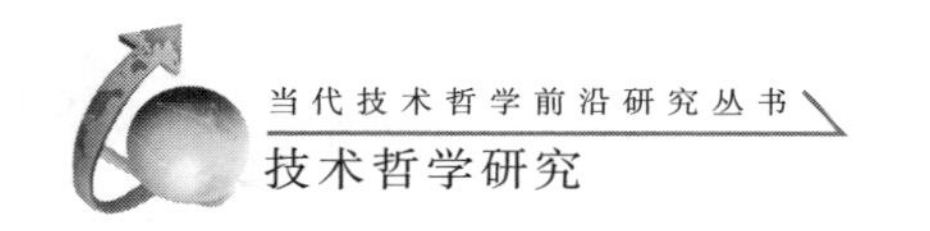

性有关而与科学理论无关的物理性质知识。手段 - 目的知识是指要实现预定的目标需要采取何种行为，如氮化硅能使下层的硅避免被氧化。基于案例中技术进步过程的思考，德维斯提到关于实现某种结果采取相应的行动的知识，可称“行动知识”。

德维斯提到以硅膜片的局部氧化技术作为研究技术知识分类的案例，主要目的是为了丰富文森蒂在技术知识领域的实证性研究。根据德维斯的分析，可将四类技术知识进一步拓展，物理性质知识是关于人工物物理自然属性的知识，功能性质知识是关于人工客体的意向性知识，手段 - 目的知识是关于一些技术规则的知识，而行动知识是指功能化和制作方面的知识。德维斯认识到技术知识是复杂系统的知识，蕴含在设计、制作和使用技术物的过程之中。[①] 而对复杂的技术知识作出内在逻辑紧密联系的分类，是技术知识论应解决的重要问题。

如果将德维斯与罗波尔和文森蒂的技术知识分类对应比较，可以发现德维斯的行动知识恰好跟罗波尔的功能规则、文森蒂的理论工具和设计工具手段相对应，即在一定的背景环境下要获得预定目标应该采取什么行动。德维斯在上述技术知识分类中没有从理论上区别能力和技巧，也缺失罗波尔增加的社会 - 技术知识。

科学知识有真假值，而技术知识的判断标准却是有效与否。文森蒂分析了技术人工物的常规设计及其相关的知识。从其技术知识分类可以看出技术知识必然与实践相关，或者需要通过实践加以扩展或表述出来。从技术哲学的经验转向出发，技术知识的效用性也可称为实践性或行动性，技术知识的运用如果能够达到改造和制作人工物的目的，则说明技术知识是有效的。德维斯提到的手段 - 目的知识也恰好说明了技术知识的效用性。

德维斯将技术知识分为四类，其中行动知识是以人为主体，带有人的目的性和意向性。运用技术知识的目的在于改造或制作人工物，或者说，在改造或制作人工物的过程中整合技术知识。人们的技术行为如设计、制造、使用工具和其他各种人工物等，都是有目的的行为，技术知识是认知与意向的统一。

无论是文森蒂提到的实践考虑还是罗波尔的技术诀窍，都表明了技术知识具有难言性。这些可谓隐性技术知识和以实践经验为主的技术知识，也是不能绝对表达的技术知识，知识存在于个别人的脑海中，只可意会，而核心技术知识多存在于技术知识之中。正如休伯特·德雷弗斯（H. Dreyfus）在著作《计算机不能做什么》中提到“师傅们真正掌握的东西并没有写在师傅们的教科书里”。正如卡彭特一开始提出工匠技能一样，以实践经验为主的难言性技术知识是在技术实践中形成的，需要经过不断练习获得，最后形成技能的执行自动化。

---

①Vinceti W：*What engineers know and how they know it：analytical studies from aeronautical history*. Baltimore：Johns Hopkins University Press，1990：70.

技术实践是与人的“目的”融为一体的，技术知识也是认知与意向的统一，也就使得目的性成为技术知识的必然因素，体现在技术知识的默会性上。技术知识的默会性，一般指不可明言的技术使用规则，如卡彭特最先提出的描述性法则和后来罗波尔提出的技术规律。这种使用规则构成了默会知识，大多为技术专家自己所有，且专家们工作时启用默会技术知识背景，而自己却常常并未意识到正在使用该知识。由于该类知识无法言传，甚至可以说工程师们自己知道的比自己意识到的还要多，这类知识只能通过类比或隐喻的思路和不断练习来获得和掌握。对于默会技术知识的掌握要强调的一点是，技术知识与情境的动态联系，技术行动也往往依赖于特定的情境，基于此罗波尔在前人的研究基础上补充了“社会-技术理解”这一类技术知识。

德维斯指出技术知识包括设计、制作和使用技术人工物的知识，罗波尔也认为探讨技术知识需要考虑功能规则和结构规则这两类技术知识，因此探讨技术知识的基本特征，需要从技术人工物的结构和功能两大性质进行分析。莱德（J. D. Ridder）用功能分解和结构综合的方法分析技术人工物。将技术人工物的整体功能分解为低一阶的子功能的集合，直至出现原子功能，功能分解过程才停止。这时所有的原子功能可以直接转换成原子结构，这些原子结构再综合为技术人工物的部件结构，直至整合成整体结构。[①] 技术人工物能够进行分解和整合，说明了技术知识也具有分解性和整合性。

综上，通过各位哲学家对技术知识分类的论述进行分析总结，可把技术知识的基本特征概括为效用性、意向性、难言性、分解性和整合性五个方面。

二、一种技术知识的新分类模式

技术知识是指关于设计、制造和使用技术人工物的知识体系，国内外学者文森蒂、罗波尔、德维斯等从不同角度对其进行分类，但各个分类的依据、逻辑和优劣不同。

笔者将在此基础上提出技术知识的新分类，技术知识的分类将充分反映技术人工物本体论的非充分决定论、实现限制、要素限制和环境限制四个标准（见第三章），较为完整地阐明一个技术人工物的本体论状况。[②]

技术知识可以分为三大类：基本设计知识（D）、理论工具（T）和行动知识（A），而每一类还可以再细分为技术知识子类（见表5-1）。[③] 基本设计知识反映了设计一个技术系统所需要的基本知识，有的知识直接来自于技术实践和工程

---

①Vinceti W: *What engineers know and how they know it: analytical studies from aeronautical history*. Baltimore: Johns Hopkins University Press, 1990: 222.

②吴国林：《论分析技术哲学的可能进路》，载《中国社会科学》2016年第10期，第29-51页。

③吴国林：《论分析技术哲学的可能进路》，载《中国社会科学》2016年第10期，第29-51页。

实践。比如，材料知识、定量知识描述了要素（如零部件）的基本物理、化学性质等，它们对设计者同样是必要的，没有它们，设计者很难设计出达到目标（包括可靠性、稳定性等）的技术产品。意志（volition）知识反映了主体在设计技术人工物的意愿、目的、决策等形成的知识。在复杂的技术人工物中，其决策更加复杂，科学的决策受到决策科学和决策技术的影响。这里的“意志”是基于技术理性意志，它特别关注做事的有效性。意志知识不同于行动——目的知识。理论工具反映了现代技术不仅是经验的总结，而且建立在现代理性知识的基础之上，技术受到理性的制约。广义的技术理论是由基本设计知识、行动知识与理论工具等构成。而狭义的技术理论就是指理论工具。行动知识是技术实践的知识显示，它是对技术的实践行为的描述。具备了行动知识，制造者才能运用具体的工具、机器等完整地生产出技术人工物。

表 5-1　技术知识的结构

基本设计知识（D）	理论工具（T）	行动知识（A）
功能知识	技术规则	工具-目的知识
结构知识	技术规律	制造知识
定量数据	技术原理	技术诀窍
材料知识		
社会-技术知识		
意志知识		

基本设计知识 D（design）、理论工具 T（theory）和行动知识 A（action）是相互联系的，它们构成三角形。D、T、A 在技术实践 P（practice）作用下生成技术人工物 E（entity），它反映了技术知识、技术实践与技术人工物之间的关系。D、T、A、P 和 E 构成了具体技术的结构图（如图 5-1），笔者称为 DTAPE 模型或双三角形模型。

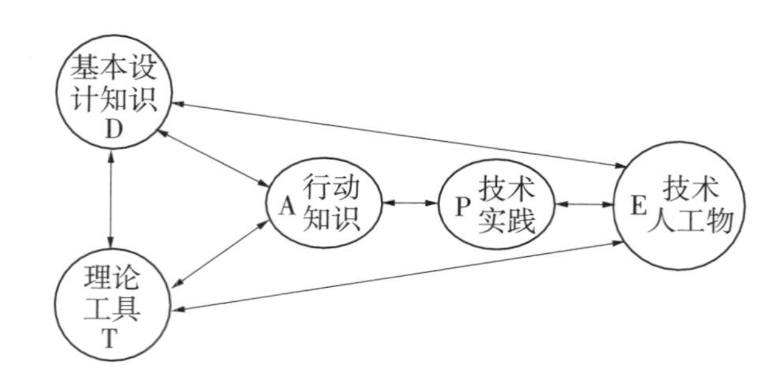

图 5-1　具体技术的结构图

从技术人工物这一实体的制成来看，上述三类技术知识，经过一个技术实践过程，才将技术知识转变为技术人工物实体。这体现了技术的本质：技术是理性的实践能力。技术知识仅表达了技术的一个方面，而技术的实践方面正表现在将技术知识物化为技术实体。

基本设计知识包括功能知识、结构知识、定量数据、材料知识和社会-技术知识，理论工具包括技术概念、技术规则、技术规律和技术原理，行动知识包括工具-目的知识、制造知识和技术诀窍。其中，功能知识和结构知识体现了UD非充分决定性标准，工具-目的知识体现了RC实现限制标准，材料知识体现了CC要素限制，而社会-技术知识体现了EC环境限制标准。技术知识的分类及子分类反映了上述技术人工物本体论的四大标准，但不是完全一一对应。

综上，技术理论有广义与狭义之分，狭义的技术理论就是指理论工具，广义的技术理论就是指基本设计知识、理论工具和行动知识三方面的知识形成的有序结构。技术知识既说明了技术理论的结构，又反映了技术的做事原则。技术知识的再分类反映了上述技术人工物本体论的四个标准，较为完整地阐释了一个技术人工物的本体论状况。

第六章

设计综合与溯因推理

对工程设计创造性过程的精细刻画，有助于澄清设计方法的推理方略，推进工程设计方法论的研究。工程设计过程主要是由设计综合、设计分析、设计评价这三个核心活动构成，其中设计综合主要涉及构思设计概念、寻找和发现问题解决方案，是最能凸显工程设计创造性特质的核心活动。笔者运用认知科学中关于基于模型推理的论题，尝试给出拓展的溯因推理，用以解释设计者如何获得满足设计目的的设计概念，以及如何调适与选择设计概念的思维过程。这一拓展的溯因模型，可以为设计综合的创造性问题解决过程提供可能的常规架构，在工程设计创造性与结构性之间建立起可能的平衡。

第一节　工程设计中的综合

工程设计活动主要体现为设计分析、设计综合和设计评价这三个核心过程。设计分析帮助我们识别问题，形成问题结构化；设计综合帮助我们构思和选择设计概念；设计评价是对所获得的设计概念进行试验评价和方案优化的过程。下面，我们将通过综合与分析的对比凸显出综合作为工程设计所特有的性质。

从设计者的角度来看，分析与综合是工程师进行设计所必须的方法技巧，但二者的侧重有所不同。工程设计的核心目的是设计出能够满足需要的技术系统（含装置、工艺流程或产品）。在设计过程中，工程师需要在实践或任务导向的状况下展开设计活动，这意味着他们必须能够分析、处理相应的过程和人工物。但是，对于一个合格的设计者或工程师来说，仅仅拥有分析的研究能力并不够，他们还必须具备设计的综合能力。在设计一个新的技术人工物的时候，他们必须能以发明、创造性的方式来连结各种要素（构件或过程），以使得其能满足实践上的目的－手段要求或功能要求。皮特·克劳斯（Peter Kroes）认为人工物设计首先是一项综合而非分析的活动[①]。科尔科（Jon Kolko）认为，在设计综合中，设计者总是尝试“组织、处理、删减和筛选所收集到的资料整合成一个具融贯结构的信息架构”[②]。

从方法论的角度来看，设计中的综合是从合理的命题出发尝试寻找和发现可能的解决方案，是一个寻找与发现的过程。而分析指的是根据给定的解决方案推导出真的命题，侧重于分析其中的关系与性质。如，给定一个特定的结构，求解该结构是否能够承受一定的载荷，这属于设计的分析，而如何找到一个能满足一系列要求如承载一定载荷的结构，则属于设计的综合。设计综合的核心任务就是提出可能的设计概念来实现设计意图或所蕴含的设计目标，体现出工程设计中的创造性过程。[③]

工程研究的文献表明，工程设计可以理解为解决问题的认知过程。20 世纪以来，学者对人类认识过程和行动过程展开了许多重要的探索，研究取得的进展表明，科学的探索过程，技术的开发过程，社会的经济管理过程以及其他许多人类活动过程，存在着一个共有的模式。简单来说，可以归结为：问题是什么？有什么可供选择的方案？哪个方案是最好的？[④] 20 世纪 60 年代，贝尔电话公司工程师 A. D. 霍尔在《系统工程方法论》一书中，将“问题解决”的一般认识程序和决策逻辑运用到工程技术领域当中，[⑤] 其中，他认为在获得确定问题的情境之后，随之而来的是需要讨论怎么做的问题。要确定目标和最优系统的选择，首先就需要系统综合，即根据目标和标准提出一组可供选择的方案，这一个过程可以是重构设计的组成部分，也可以是以新的方式做出创新性设计。无疑，综合的思维过程需要高度想象力和创造力，是一个从逻辑推演到心理创造的过程。

需要澄清的是，虽然我们强调综合是设计的独特特征，但这并不意味着要否定分析在设计中的作用。在获得整体设计前，运用分析的方法进行问题定义、功能细化和分解，对获得产品理念是十分重要的。工程师只有在充分了解设计对象各个部件功能的基础上，才能为最终设计提出各种可能的解决方案。当然，在具体的设计实践中，分析与综合在设计中的边界并不总是清晰的。往往在一个设计步骤中，两个方法都会交叉使用。但是，要凸显出工程设计的独特特征，显然必

---

①Anthonie Meijers：*Philosophy of Technology and Engineering Sciences*，Volume 9，Eindhoven，The Netherlands，2009：406.

②Jon Kolko：*Information Architecture and Design Strategy*：*The Importance of Synthesis during the Process of Design*. San Francisco：IDSA，2007：45.

③Stephen C.，Y. Lu，Ang Liu：*Abductive reasoning for design synthesis*. CIRP Annals – Manufacturing Technology. 2012（61）：143 – 147.

④杜威：《我们怎样思维？经验与教育》，人民教育出版社 1991 年版，第 114 – 117 页。

⑤Hall，A. D. A：*Methodology for Systems Engineering*. D. Van Nostand Company，INC. Toronto. 1962：7 – 15.

须要分析综合的方法与过程。无论是从设计者所需的技巧，方法论的角度，还是工程设计的问题解决过程来看，综合无疑是构思设计概念，创造性解决问题的核心过程与方法。设计综合能够在最大程度上凸显工程设计与科学研究不同的特质，揭示出满足设计目的和意图的工程设计的核心特征。

第二节　扩展的溯因推理

一般认为，溯因是一个提供解释、形成假说的过程。皮尔斯对溯因给出的经典理解,[①] 使得“解释”与溯因之间形成了密不可分的关系。在科学探究中，经常需要对令人惊奇或异常的观察现象做出解释，因而，皮尔斯认为科学家应当也会使用溯因进行推理。

溯因的推论形式可以表述如下：

I　　　　　　　　　　（经验事实）
如果 H，那么 I　　　　（隐含前提）
再没有其他假说能够像 H 一样解释 I
所以，H 可能为真　　　（结论）

在这一推论形式中，涉及了待解释的经验事实与可能的解释性假说 H。如何得到最好的解释假说，涉及了在众多假说中找到对经验事实 I 做出最好解释的过程。由此得到的结论，可以帮助我们有效地拓展知识。[②]

存在着各种不同类型的溯因，但大体上可以分为：选择性溯因与创造性溯因。前者可以从多个备选的假说中挑选出最优的解释性假说，后者可以帮助引入新的理论模型和概念。如果说所有的推论在不同程度上都具有辩护（或推论的）和策略性或发现的功能，那么在舒尔茨（G. Schurz）看来在溯因中策略性功能是首要的，它能帮助我们在众多可能的解释性假设中找出可能是最好的解释。从认识论上来看，溯因不仅仅是最佳推理解释的辩护机制，也是一个选择或发现的过程。

溯因在科学发现中的应用已经有较为系统的研究。在信息计算领域，溯因被用来帮助形成知识表达；而在工程设计领域，溯因的应用仍有待进一步的推进。加拿大认知科学家保罗·萨迦德（Paul Thagard）在一篇论文中给出了技术发明的溯因推理过程。他认为技术发明与科学发现具有相同的认知过程，前者强调对令人困惑的现象或事实的解释，后者则要识别并试图制造它，两者都体现出溯因

---

①Peirce C. S，Hartshorne C，Weiss P：*Collected Papers of Charles*，*Sanders Peirce*，Vol. 1－6. Harvard University Press. 1958：1931－1935.

②Hintikka，J：*What is abduction? The fundamental problem of contemporary epistemology.* Transactions of the Charles Sanders Peirce Society，1998（34）：528.

推理的过程。他给出了溯因推理的过程：[①]

如何实现 X？

Y 有可能实现 X

那么，我们有可能尝试做 Y。

萨迦德认为，可以运用诸如"如果 Y 则 X"这样规则来生成溯因。只是他立足于解释的角度来理解溯因，认为技术发明主要提出侧重实用性的问题答案，因而，他认为溯因对于技术发明来说并不重要。我们认为，溯因在工程设计创造性解决问题的过程中有着重要的作用，下面将对此做进一步的展开。

这里，根据萨迦德关于技术发明的溯因推理形式，结合科学发现中溯因推理过程，我们尝试构造工程设计中溯因的一般推论形式：

G：关于目的的命题（目标，任务，要求）

M 有可能满足或实现 G（如果 M 有效）

没有其他的手段像 M 一样能够满足或实现 G

因而，M 可能是有效的。

这一拓展的溯因模式与科学发现中的溯因有所不同。其一，溯因的目的并不是为现象构造解释的假说，而是能设计或制造出产品或技术装置，或找到工作原理，即技术方案来实现设计目的或意图。其二，溯因的前提是目的性或规范性命题，而非描述性命题，它为问题解决或构思设计概念设置了约束。其三，M 和 G 之间的关系取决于 M 能否满足或实现 G，其中既涉及如何引入满足目的的新的设计概念，还涉及了如何在可能的设计方案中选择出能够最有效实现目的的方法或手段。最后，基于目的—手段链的评价关系，我们认为这里关于 M 的评价标准，不是"真"而是"有效"。基于这一推论过程，溯因可以在工程设计中发挥以下四个作用：一是支持设计的创造性"猜测"过程，帮助引入可能的新的设计概念或手段；二是为选择最有效的方法或问题解决方案提供了多种的可能性；三是可以帮助选择和评价设计方案；四是通过引入新的设计概念或设计方案，拓展和增加工程设计知识。

如果溯因可以分为选择性溯因和创造性溯因，那么如何获得实现目的 G 的手段或设计概念，特别是新颖的手段，可以理解为创造性溯因；而如何在众多可能的设计方案或设计概念中做出选择，则可以理解为选择性溯因。认知科学关于基于模型推理（model-based reasoning，以下称为 MBR）的研究可以为前者的创造性提供更多的资源。MBR 反对科学推理是基于心理逻辑以及相应形式规则的认知操作和运算，主张推理是创建和操作模型的语义过程。[②] 这一语义过程，依赖

①萨迦德：《科学发现和技术发明：溃疡、恐龙灭绝和程序语言 Java》，载马尼亚尼等编：《科学发现中的模型化推理》，中国科学技术出版社 2001 年版，第 133 – 146 页。

②李平：《基于模型推理的科学认知论题》，载《哲学研究》2005 年第 10 期，第 65 – 72，65 – 66 页。

于一定的知识结构或内部心理模型及其所表达的知识。按照南希·内尔塞西安（Nancy J. Nersessian）的观点，科学中的 MBR 是通过泛化心理建模实现的，其中主要的心理建模活动主要有形象建模、类比建模和模拟建模（思想实验）。在工程设计中，创造性类比和形象表达被广泛使用，可以作为设计者进行设计时经常运用的泛化推理模型。我们将在下文中对它们在设计综合中的运用给出具体的分析。

第三节　设计综合中的溯因推理

1969 年，赫伯特·西蒙第一次提出“设计的科学”的概念。他在《人工物的科学》一书中，尝试通过尽量减少设计过程中的直觉判断的成分来使设计这一学科的发展趋于合理。他写道：“在过去，我们所了解的很多（即使不是特别多）设计及人工科学都在知识结构上呈柔性特征，注重直觉的非正式表达，有时也是菜谱式的。”[①] 作为一种新的理解和替换，西蒙将设计的科学定义为“一个关于设计过程的领域清晰、注重分析、部分内容规范化、部分内容约定俗成的可讲授的学说体系”。[②] 虽然西蒙被认为是采取了自然主义的立场来把握设计的方法，但是对于设计要形成一个系统的科学研究框架，并能够在设计教育中向学生展示设计中的推理过程，探究设计中创造性过程的理性因素，为创造性方法论研究提供一个可能的常规构架，无疑是极为重要的。

笔者认为，溯因可以揭示设计综合创造性解决问题的认知过程，帮助我们解释综合的理性认知过程。

创造性提出问题解决方案是设计综合的核心任务，这意味着它要形成新的概念，提出新的设计构想。设计中的分析方法可以进行功能的细分但并不提供问题的解决方案。而综合则是一个寻找和发现的过程，它能够为问题提供可能的解决方案。克罗斯就认为有经验的设计者通常通过问题猜想而非问题分析来进行设计。[③]创造性解决问题的过程，意味着在概念形式上产生目标可行的方案，为每个功能找到尽可能多的实现方法，并把这些概念组合起来形成完整的概念设计，找到产品的可行性解决方案。这无疑是一个寻找和发现设计概念和问题解决方案的过程。而根据前述关于溯因功能的分析，策略性或发现性功能正是溯因的核心特征，它支持猜测的过程，所得到的设计概念并不包含在前提的范围中，可以帮助

---

①Herbert A. Simon：*Science of Design：The Creation of the Artificial*. Cambridge：MIT Press，3rd，1996：112.

②Herbert A. Simon：*Science of Design：The Creation of the Artificial*. Cambridge：MIT Press，3rd，1996：113.

③Cross，N.：*Designerly Ways of Knowing*. Birkhauser Basle，Switzerland. 2006：76.

引入新的设计概念。

溯因是问题求解理论的主要课题，这在人工智能、逻辑和认知研究中已经得到确证。认知科学和人工智能领域的研究表明，溯因是刻画问题求解过程的一种基本推论模式。从西蒙关于问题解决过程的推论的分析可以清晰看出来："问题求解的过程并不是从一组命令（目标）推导出另一组命令（执行程序）的过程。相反，它是选择性的试错过程，要运用先前经验获得的启发式规则。这些规则有时能成功地发现达到某些目的的行之有效的方法。如果想要给这一过程取个名字，大致上，我们可以采纳皮尔斯所创造的，近来又被诺伍德·汉森（1958）所复兴的那个术语，即逆向过程。不管是实证的还是规范的问题求解，此过程的本质——这里已做粗略描述——都是问题求解理论的主要课题。"①

这里，作为问题求解过程，目的或任务构成了溯因的推论起点。借助启发式规则，可以帮助获得可能的问题解决方案。在经历了选择性试错的探索之后，就得出了能够实现目的的有效方法或手段。从图 6－1 中我们可以看到，最初的问题空间与新观念形成的空间（即问题的解决），在空间上已经发生了新的变化。问题解决可能出现的区域，意味着可以为问题解决提供发散的解决空间，其中通过抛弃不适用的概念，进而得到新观念。

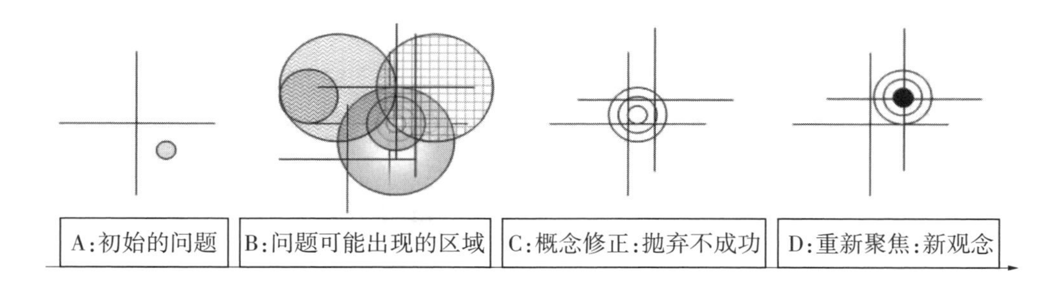

图 6－1　溯因中设计概念演化的时间线

更为重要的是，我们认为，溯因可以看作是设计综合的一种推论形式，为设计综合提供可能的逻辑认知的解释。在工程设计中，设计者会使用归纳、演绎和溯因等认识模型来进行设计。演绎推理是在已选择的设计概念和已知的设计知识基础上来推演设计规范和提升设计性能，可用于解释设计分析的思维过程。归纳推论通常用来发展一般的设计规则和设计原理。此外，设计者还用归纳推理，通过试验来评价提出的设计概念是否能完全满足初始设计意图，因而可用于解释设计评价。溯因推理则可以用来推演通过何种手段来实现设计目的，选择和确定能够实现设计意图的设计概念，适用于解释设计综合的认知过程。

①Simon: *Models of Discovery and Other Topics in the Methods of Science*. Reidel, Dordrecht, 1977: 155.

综合的思维过程就是在设计问题的范围内应用溯因推理的过程。从理论的角度来，综合意味着从一般到特殊的目的推论。① 从实践的角度来看，综合可以看作是不断提出目的性命题，进而在设计的约束下实现从目的到手段的推论过程。溯因是获得“最好推测”的逻辑方法，它属于非单调逻辑，中间存在跳跃。与演绎和归纳不同，发现和提出新知识、新概念是创造性溯因的核心目的。作为“什么是可能”的逻辑，无疑它可用来解释设计综合情境中的逻辑。设计综合中，问题解决方案是为“做什么”（what entity）而引入的最好推测。从“做什么”到“怎么做”（how entity）的过程实际上是一个心理飞跃，“怎么做”就是方案本身，它并不作为推论的前提。换句话来说，这是一个推断和猜测的过程，中间存在着创造性飞跃。各种问题的约束可以作为溯因的逻辑前提，而设计者的经验和知识借助启发式规则帮助形成溯因。这一推论形式可以表述如下：②

“what” entity（目的）	设计目的
以往的经验和知识	启发式规则
“how” entity（手段）	设计概念

从该推论形式来看，设计综合是为了实现给定的设计意图提出某些可能的“how” entity，即设计概念。设计师借助以往的经验和知识，运用启发式规则，得到关于如何做的手段链表达。在综合中，以往的生活经验收集形成的新的元素与现有的元素组合起来，通过重构和概念连接产生出新的知识和设计方案。这里需要指出的是，设计综合所得到的设计概念，其本身并不是问题最终的解决，仍需通过设计评价来进一步确定。

第四节　溯因在设计综合中的应用

接下来我们就溯因在构思设计概念、设计方案的选择和调适中的应用给出具体的分析。

设计综合要提出可能的设计概念来实现设计任务。设计概念展现了问题的多个解决方案，一般表现为技术装置的工作原理或常规构型。设计者可以用溯因生成能够实现所需功能的可能实体，这意味着功能要求可以由某些特定的物理机制所满足。给定具体的设计任务，设计者运用溯因的基本推论形式可表示如下：

---

①Parkyn G. W：*The Particular and The general*, *towards a Synthesis*. Compare. Journal of Comparative and International Education. 1976（6）：20－26.

②Stephen C.，Y. Lu，Ang Liu：*Abductive reasoning for design synthesis*. CIRP Annals－Manufacturing Technology. 2012（61）：143－147.

特定设计任务：功能要求（functional requirements，FR）

设计的背景知识

可能的设计概念

例如，保存食物，我们知道如果把食物存放在低温条件下，则可以得到保存。这时，我们就有可能得到使用冰箱、冰柜或用冰镇的方式来保存食物。这一推论的形式如下：

特定设计任务（given）：保存食物

设计的背景知识（chosen）：如果食物存放在低温中，则可以得到保存

可能的设计概念（proposed）：冰箱，冰柜，冰镇

溯因还可以用来诊断并挑选出不适用的设计概念并进一步指出相应的改善策略。在设计中，综合是在明确定义的约束下得以开展。违反设计约束会导致令人不满意的设计概念，如太贵用户买不起，或太复杂了难以进行批量生产。这时，可应用溯因来解释为什么会出现“糟糕”的设计概念。根据相应的选择标准被视为“糟糕”的设计概念，设计者可以选择用溯因推理来诊断具体的缺陷并提出相应的改进。其后，通过设计分析和评价，运用演绎和归纳推论，综合推论的最终输出可以到进一步得确证。其一般推论形式如下：

设计问题（可观察的）：给出的设计概念不能满足用户对座椅高度调节的需求

适用的设计知识（选择）：如果座位高度可以调节，那么就可以满足用户对座椅高度的要求

可能的解释：座椅高度不能调节

（提出）改进：增加高度调节机构

根据MBR的观点，创造性类比可以帮助我们更好地理解创造性设计概念的构思。在综合过程中，设计者可以通过重构或变异的方法，通过新的工作原理或结构关系的重组，获得新的概念和解决方案，这是一个创造新知识的过程。如何综合客户需求和设计功能要求，获得创新性的设计概念，则需要运用其他的建模活动。在工程设计中，可以运用启发式规则、因果图式、形象表达、创造性类比来产生创造性的解决方案，进而在Y和X之间建立起可能的关系图式。萨迦德关于类比发明的溯因过程可以给我们提供借鉴，该形式的推论过程如下：[1]

怎样制作X？

X类似Y，Y是由Z来完成的。

所以X或许可以用类似Z的某种事物来完成。

例如，在20世纪80年代中期，某钻石生产公司遇到了一个难题，他们需要在大钻石有裂纹的地方进行破裂，以生产出满足其用户需求的产品。公司的技术

①萨迦德：《科学发现和技术发明：溃疡、恐龙灭绝和程序语言Java》，载马格乃尼等编：《科学发现中的模型化推理》，中国科学技术出版社2001年版，第143页。

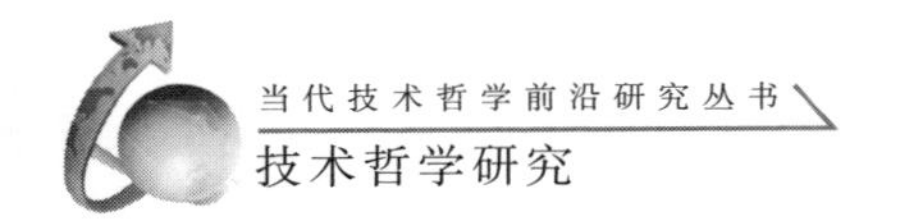

人员后来发现，在农业领域，使用加压减压爆裂的方法，即压力变化原理，可以有效地把果肉与果核分开。技术人员认为，两者的问题是类似的，那么这一破壳方式是否可以用来解决钻石的破裂难题呢？后来他们试着采用加压减压爆裂的方法，通过对压力参数的调整和优化，成功地解决了这一难题。

工程师和设计者在进行工程设计时，往往会借助形象建模帮助设计。当设计者构绘设计草图的时候，正是将粗糙的、模糊的、不明确的心理模型外部化的过程。心理模型的外部表达（设计图或设计草图）展现了设计者视觉与心智之间的互动。这一视觉意象的外部表达，无疑会被设计者大量地使用。当设计者用这样的图示表达，对设计对象进行重新构造与变异的时候（如改变、增加、删减相邻关系、尺寸、形状和尺度），就为设计者提供了一种视觉理解方式。设计图示不仅可以表达创造者的心理概念模型，而且还可以形成和塑造概念创建，有助于创造出新的设计概念或设计方案。

从溯因的逻辑过程中，我们可以做出进一步的推导，设计综合可以看作是在设计问题情境下处理、组织、删减和筛选资料进而产生信息和知识的溯因过程。如果我们把设计综合视为一种特殊的溯因推理，那么这一过程具有如下典型特征：

第一，设计综合的溯因推理过程具有目的导向。设计的目的或意图引导着设计综合活动的进行，设计者依据如何实现用户需求寻找和选择问题解决方案。在从问题的输入到解决方案的输出过程中，启发式规则是由以往的设计知识组成的，它们主要是设计的规则。这些设计规则规定了达到目的应当怎么做，对设计概念具有约束和辅助推导的作用。

第二，设计综合的思维过程是基于模型的溯因。一方面，从基于模型推理的角度来看，创造力发生在用一种理性方式来着手处理定义明确的问题的地方，问题情境和启发式规则为获得创造性的设计概念设置了可能的约束；另一方面，类比建模、形象建模的活动被大量用于问题解决方案的生成与选择过程中。

第三，在溯因推理中，从前提到结论的推论过程取决于后者是否能够满足或实现前者。设计综合中溯因不同于科学发现中的溯因，主要是基于给出的假说是否能够解释前提，它寻求的是能够有效满足或实现设计目的。

如果说综合是设计独有的特征，那么基于综合视角的思维认知过程分析有利于揭示出工程设计的本质。运用溯因推理来解释设计综合，可以使这一创造性过程更具系统性和有效性。虽然笔者认为溯因可以为设计综合提供可能的推理架构，但这并不意味着工程设计的创造性认知过程是结构化和形式化的。我们更希望通过阐明这一推论过程帮助设计者在设计中能够以一种更为系统和理性的姿态进行思考。

第七章

技术解释的实践推理路径

技术解释是指运用逻辑分析与经验论证的方法对技术人工物的内部结构－功能关系进行解释分析。一般来说，技术人工物的结构陈述是“是”陈述，技术人工物的功能陈述是“应”陈述，这就导致了技术人工物结构－功能之间“是”陈述与“应”陈述的逻辑鸿沟。对技术人工物的结构－功能关系进行一般的技术解释无法弥合技术人工物结构－功能的逻辑鸿沟，运用实践推理能够有效桥接技术人工物结构－功能的逻辑鸿沟。

第一节　实践推理概述

实践推理是从“应然”非演绎地推出“实然”（或“是”）的一种推理，它的结论为行动、行动意图或行动信念。实践推理包括目标－行动、意图－意图、意图－信念、信念－信念、信念－意图等五种基本模式。行动意图必然包含着一个行动，使得基于行动意图的行动成为可能。

一、实践推理的基本含义

实践推理是从“应然”推出“实然”的一种非演绎推理。所谓实然陈述是一种事实陈述，就是用一定语言对事物进行中立的描述。自然科学的事实陈述与非自然科学的事实陈述有所不同，比如，“铁是热胀冷缩的”是一个科学的事实陈述，它与目的、意图或企图无关。“应然”陈述表达的是意图、意向、欲想、信念、希望等，是对主体精神/思维状态或心理状态的描述，是规范性陈述。“给棚屋加热”是一个应然陈述，而不是一个实然陈述。“给棚屋加热”表达了一个意图①，这个意图包含了“加热棚屋”的行动。因此，应然陈述实质上暗含着一

①“意图”与“意向”英文都是 intention，但中文有所区别：“意图”包含一个其后的行动，其意指对象更为清晰；而“意向”强调意识的指向，并不一定包括一个行动。

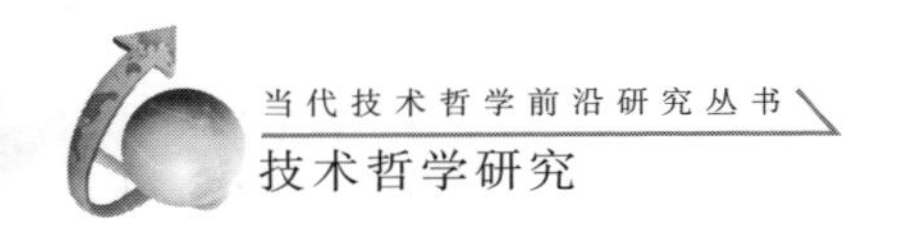

个实然陈述。这样也就使得从应然向实然的跨越成为可能。

实践推理的结论为行动、行动意图或行动信念。实践推理的基本结构是：

小前提：陈述主体的意向目标

大前提：陈述实现意向目标的必需手段/方式

结论：（非演绎地得到）采取必须手段/方式的行动、行动意图或行动信念

可见，实践推理的前提并不蕴涵结论，推理过程需要跨越演绎逻辑的鸿沟，由此使得实践推理的结论呈现出一种开放性或不确定性；实践推理的结论是行动、行动的意图或行动的信念；实践推理是由规范性陈述前提非演绎地推出规范性陈述结论的过程。

二、实践推理的基本模式

让我们先来考察一下著名逻辑学家赖特给出的实践推理的经典例示如（1）式：

（1a）一个人要想使棚屋能够居住

（1b）除非棚屋是热的，否则它是不可居住的

（1c）因此，棚屋必须被加热

（1a）所陈述的主体欲实现的目标，是主体的一种精神状态，这是规范性陈述。由该前提推出最后的结论（1c）是采取行动的意图，亦为规范性陈述。

对例（1）的前提和结论进行语义分析我们发现，（1a）陈述的是主体的一个意向目标，主体想要使棚屋适宜居住；（1b）陈述主体为了实现小前提提到的意向性目标所需采取的必须手段/方式，即要想使棚屋适宜居住，必须采取的手段/方式是对棚屋进行加热；（1c）则陈述主体采取必需的手段/方式的行动或行动意图，即必须给棚屋加热。

为了保证实践推理的正常进行，必须假定主体是理性人。所谓理性人即主体能够确认自己的意向目标并认同他们实施的行为和展开的行动，同时主体的行为/行动是有原因或动机的。[①] 在理性人的假设前提下，我们再来看（1）式中主体的目标－手段－行动关系及其中存在的问题。既然主体是理性人，那么主体必定能够确认自己的意向目标，即要使棚屋能够居住；主体也能认知到，要使棚屋适宜居住，就必须给棚屋加热；于是主体做出决策，决定给棚屋加热。这样，我们就可以将（1）式加上（意向）目标－手段－行动（决策）而更完整地表述为（2）式：

（2a）一个人要想使棚屋能够居住 G（B）

（2b）除非棚屋是热的（A），否则它是不可居住的（B）

①Christian Miller：*The Structure of Instrumental Practical Reasoning*. Philosophy and Phenomenological Research. 2007：75.

(2c) 因此，棚屋必须被加热 D (A)

将 (2) 式用逻辑表达式来表示则为：[(B→A) ∧G (B)] …→D (A)。在这一推理过程中，主联结词不是用实质蕴涵符号"→"表示，而是用实践推理符号"…→"表示。"…→"表示"要求"。也就是说，在实践推理中，前提与结论之间不是逻辑蕴涵关系，而是要求，是行动律令。(意向) 目标－行动 (决策)，这是实践推理的最基本的模式，即第一种模式。将这一模式图式化则为 (3) 式：

(3a) R 想要达到 x

(3b) 除非 R 采取行动 y，否则他不会达到 x

(3c) 因此 R 必须采取行动 y

小前提陈述的是主体的意图 (目标)，也就是表达着主体的意图 (intention)。在确认了这一意图 (目标) 之后，主体相信，要实现这一意图 (目标)，则必须采取一定的行动/手段/方式，因此，大前提表达了主体要实现意图 (目标) 必须采取一定行动/手段/方式的一种信念 (belief)：主体相信，只有采取这样的手段/方式 (means)，其意图 (目标) 才能实现。因此，主体形成一个新的意图 (目标)，即采取/实施手段/方式的行动的意图。用 I 表示意图，B 表示信念，我们便可以将 (1) 式重新表述为如下 (4) 式：

I (4a) R 意图使棚屋能够居住

B (4b) R 相信，除非棚屋是热的，否则它是不可居住的

I (4c) 因此，R 想要使棚屋被加热

意图 (目标) －(新的) 意图，这就是实践推理的第二种模式。

主体在确认自己的意图目标后，相信要实现目标则必须采取合适的手段/方式，在确认这一手段/方式后，主体也可以形成这样一种信念：即必须采取行动实施手段/方式。对于这样一种思维方式及其过程，我们可以表述为 (5) 式：

I (5a) R 意图使棚屋能够居住

B (5b) R 相信，除非棚屋是热的，否则它是不可居住的

B (5c) 因此，R 相信，棚屋必须被加热

因此，实践推理的第三种模式即是意图－信念模式。

关于小前提的陈述我们也可以这样来看，即主体可以产生或拥有这样一个信念：使棚屋能够居住。要使这一信念得到辩护，主体又形成了大前提陈述的信念，即要使棚屋适宜居住，则必须给棚屋加热；由此主体形成了作为结论的信念：给棚屋加热。将这样一个思维方式及思维过程模式化则为 (6) 式：

B (6a) R 有一个信念，要使棚屋能够居住

B (6b) R 相信，除非棚屋是热的，否则它是不可居住的

B (6c) 因此，R 相信，棚屋必须被加热

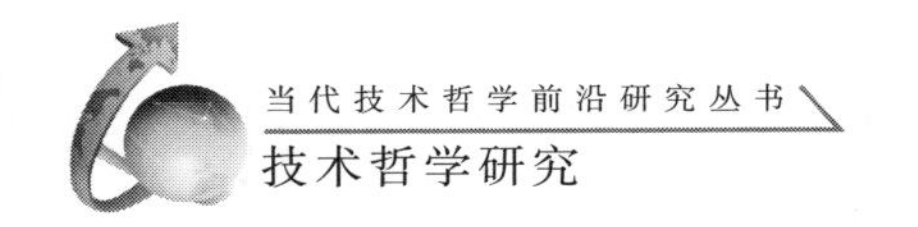

信念－信念，这就是实践推理的第四种模式。

信念就是一种坚定的意图，或者说，信念是意图的一种强化形式。这种强化的意图即信念形成之后，主体当然可以推动自身形成一个意图。这样实践推理的过程又可以表述为（7）式：

B（7a）R 有一个信念，要使棚屋能够居住

B（7b）R 相信，除非棚屋是热的，否则它是不可居住的

I（7c）因此，R 想要使棚屋被加热

于是，信念－意图模式就成了实践推理的第五种模式。

这样，从推理过程来看，实践推理就有目标－行动、意图－意图、意图－信念、信念－信念、信念－意图等五种基本模式。

第一种模式即目标－行动模式的实践推理得出的结论是行动。实践推理的结论是行动，这是实践推理最可能的结论，也是实践推理区别于理论推理和演绎逻辑的根本特征。

亚里士多德认为，实践是道德的或政治的。他指出："人的每种实践与选择，都以某种善为目的。"[①] 康德也把实践看作是道德实践，并提出了他的道德律令。既然道德实践有道德律令，那么，实践推理的行动结论也可以有行动律令。如（8）式：

（8a）要使棚屋能够居住

（8b）要使棚屋能够居住就必须给棚屋加热

（8c）给棚屋加热

在这个实践推理中，前提和结论使用的都是祈使句，这种祈使语气是康德的假言命令，在实践推理中就是行动律令。也就是说，给棚屋加热！这就是要使棚屋能够居住的行动律令。

第二种实践推理模式即意图－意图模式其结论是不同于小前提的意图的一个新的意图。如果用第一人称来表述，（4）式则可以写作如下（9）式：

I（9a）我要使棚屋能够居住

B（9b）我相信，除非棚屋是热的，否则它是不可居住的

I（9c）因此，我要使棚屋被加热

"我要……"所宣示的正是主体的意图，是主体自由意志的表达。作为意图，"我要使棚屋被加热"是一个行动的意图，也就是说，这个意图包含了"加热棚屋"的行动。哈曼认为，意图是自我指认的，即意图做某事包含了打算做某事的意图。[②] 意图不能展开为行动就不成其为意图，不能展开为行动的意图就成了愿望/希望（hope/wish）。愿望/希望可以罔顾现实，天马行空，因此可能无法实

---

①亚里士多德：《尼各马可伦理学》，商务印书馆2012年版，第3页。

②Gilbert Harman：*Practical Reasoning*. The Review of Metaphysics. 1976，29（3）：440－441.

现，也就可以无需展开为行动。若此，则实践推理成了一种纯粹的心理活动。实践推理形成的意图总是要解决主体具体的实践问题，也就必然会展开为行动。因此，在实践推理中，意图总是作为行动的意图，于是意图推理就是行动推理。

信念－意图模式的实践推理从其结论上看也如意图－意图模式的实践推理，其形成的结论的意图总是要展开为行动的意图。因此，实践推理的结论可以是意图，但是作为行动的意图。

意图－信念、信念－信念模式的实践推理得出的结论均为信念。如同意图，在思维过程中，主体形成的信念也必然促使主体为自身的信念展开为行动。用第一人称来表述则为：当我形成了要给棚屋加热的信念后，这一信念必然促使我展开给棚屋加热的行动。由此，则信念也就是行动的信念。

布鲁姆也认为，实践推理的结论既可以是意图，也可以是信念。结论是意图的推理即为意图推理；结论是信念的推理即为信念推理。意图推理和信念推理的区别不是推理内容的差别，而是对待内容的态度的差别。在信念推理中我们是认其为真，在意图推理中我们是使其为真。①

基于上述分析，按其结论为行动、意图和信念的不同分类，我们可以将实践推理界定为行动推理、意图推理、信念推理三种类型，三种实践推理的类型，其实质是从应然到行动的推理。

第二节　实践推理在技术解释中的应用

技术哲学的逻辑经验转向已经全面发生并成为技术哲学研究的主流趋势，使技术哲学在 21 世纪真正“哲学”起来并成长为一门成熟的哲学科，这就需要我们突破以往技术哲学在技术人工物“外围”转圈而深入到技术人工物的内部结构－功能关系的揭示与解剖中去。完成这种转向进而深入到技术人工物的内部结构－功能关系的研究之中，需要我们游刃有余地运用逻辑和推理的解剖刀，对技术人工物的结构－功能进行解剖与解释，对技术现象进行整体全面的揭示，使技术本质真实显现出来。

一、技术解释的基本内涵

何谓技术解释？正确回答这个问题需要我们对技术哲学的历史演进有基本的了解。技术哲学作为一门学科肇始于恩斯特·卡普于 1877 年发表《技术哲学原理》一书。技术哲学是诞生在技术本体论的基石之上的，卡普从“刀、矛、桨、

---

①John Broome：*Practical Reasoning*. in Reason and Nature：*Essays in the Theory of Rationality*. Jose Bermudez，Alan Miller. Oxford University Press，2002：3.

铲、耙、犁和铁锹中看到了臂、手和手指的各种各样的姿势”,[①] 进而提出了“器官投影说”。“器官投影说”本身就是一种本体论学说。工程派技术哲学在很大程度上秉承了技术本体论的研究传统。进入20世纪，人文派技术哲学兴起，人文派技术哲学开创了技术批判的先河，对技术从“社会－政治”“哲学－现象学”“人类学－文化”[②] 等视角在技术价值、技术与文化、技术的社会影响等维度上进行反思。到了20世纪60年代之后，技术逻辑－经验分析逐渐兴起，技术命题、技术认识、技术方法、技术预见、技术规则、技术控制等成为技术哲学的主论域。[③] 在技术哲学的逻辑经验转向中，技术解释问题成为技术哲学的主要旨趣。那么，所谓“技术解释问题，属于技术认识论和方法论问题。”[④] 也即是说，随着技术哲学的逻辑经验转向，运用逻辑分析和经验论证的方法对已知的技术现象进行因果解释，说明技术现象发展的原因，这就是技术解释。

技术现象千变万化千姿百态，技艺、技能、工具、器具、机械、机器、制作技巧、制作方法、制作思想、设计、创意等均可称作是技术现象，这些技术现象可分为技术经验、技术实体、技术知识三类。[⑤] 技术人工物的结构－功能作为技术实体的内在组成，也是重要的技术现象。技术哲学的逻辑经验转向就是要对这一技术现象，即技术人工物内部的结构－功能关系进行解释分析，说明技术人工物的实现和发展演化何以可能。

二、技术人工物的结构－功能的逻辑鸿沟

任何技术人工物总是由一定数目的基本要素按照一定的结构组建而成的具有特定功能的有机整体。以汽车为例，一辆汽车一般由发动机（S_1）、底盘（S_2）、车身（S_3）、电气设备（S_4）、控制系统（S_5）等基本要素按照一定的结构组成的具有运载功能（F）的一个有机整体。但是在对技术人工物进行命题分析时，我们需要将要素、结构、功能分别进行陈述。从语义上看，对技术人工物的要素和结构的陈述是描述性陈述，是“是”陈述；而技术人工物的功能陈述则是规范性陈述，是“应”陈述。比如：

（1）这辆汽车由发动机、底盘、车身、电气设备、控制系统等要素构成

（1）式是对汽车这一技术人工物的内部构造这种不依赖于主体意志的自然属

---

①Carl Mitcham: *Thinking Through Technology*. Chicago: The University of Chicago Press. 1994: 23－24.

②吴国盛:《技术哲学经典读本》，上海交通大学出版社2008年版，编者前言第5页。

③吴国林:《论技术哲学的研究纲领——兼评“张文”与“陈文”之争》，载《自然辩证法研究》2013年第6期，第40－45页。

④张华夏、张志林:《技术解释研究》，科学出版社2005年版，第3页。

⑤吴国林:《论技术本身的要素、复杂性与本质》，载《河北师范大学学报（社科版)》2005年第4期，第91－96页。

性进行事实判断，是一个事实陈述。在这里，只要是汽车这一技术人工物，它就由这些要素按照一定的结构构造而成，否则就不是这一技术人工物。因此，这是一个事实判断，而不是价值判断。

对汽车功能的陈述则不同，如：

（2）这辆特种汽车是用于运输有毒化学物质的

从表面上看，（2）式这个命题以“是”作为联结词，但实际上表达的却是主体的意图，因此是一个规范性陈述，是“应”陈述。即是说，这辆特种汽车从其固有功能来看应该用来运输有毒化学物质，它包含了主体的价值取向，是一个价值判断。

技术人工物总是既具有一定的结构又具备特定的功能、由结构－功能共同组成，然而结构采取的是“是”陈述、功能使用的是“应”陈述，如何从结构的“是”陈述过渡到功能的“应”陈述？于是，存在着技术人工物的结构－功能之间的逻辑鸿沟。制作出技术人工物的结构是否必然导致主体欲求的功能？如何从主体欲求的功能制作出技术人工物的结构？从结构到功能、从功能到结构，这都需要跨越“是”陈述与“应”陈述之间的逻辑鸿沟。那么，为什么会有结构－功能之间的逻辑鸿沟？结构－功能之间的逻辑鸿沟的实质是什么？

在技术制作的实践活动中，工程师往往采取“黑箱”操作的方法来解决结构－功能之间的关系问题。如果给定结构，要揭示这一技术结构的功能，工程师则把结构当作“黑箱”，对功能进行求解。如在新药研制的过程中，新的药物研制出来后，这一药物具有何种功能？实验员将通过试验的方法揭示出该药物究竟可以治疗什么样的疾病，又可能会产生何种副作用。在这里，药物的药理结构与药效之间的关系通过医疗实践自然而然地得到了链接与沟通。当人的功能需求给定，要求解符合这一特定功能的结构、制作出能产生这一功能的技术人工物时，工程师则将功能当作“黑箱”，对技术结构进行求解。2003 年春夏之交，当“非典”肆虐神州大地时，我国的医务科研人员和医疗工作者以治愈“非典”为目标，经过刻苦攻关，最终研制成功治疗“非典”的特效药，他们也用医疗实践活动填平了医治“非典”与研制“非典”特效药之间的鸿沟。因此，在实践活动中实际上并不存在结构－功能之间不可逾越的鸿沟。给定技术结构，我们就可以揭示出其功能；提出功能需求，我们就可以制作出具有该功能的技术人工物。

但是我们知道，人的实践活动是合目的性的理性活动，这种合目的性的理性活动具有主观能动性。正如马克思所说：“蜘蛛的活动与织工的活动相似，蜜蜂建筑蜂房的本领使人间的许多建筑师感到惭愧。但是，最蹩脚的建筑师从一开始就比最灵巧的蜜蜂高明的地方，是他在用蜂蜡建筑蜂房以前，已经在自己的头脑

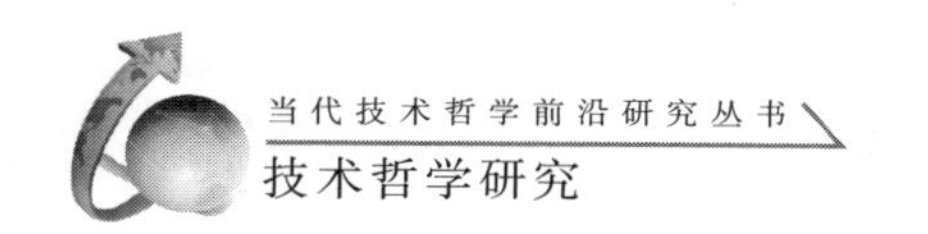

中把它建成了。"① 人的主观能动性的发挥过程首先有一个思想的过程，即"在自己的头脑中"将实践完成的过程。正是这种"在自己的头脑中"将实践完成的过程使技术人工物的结构–功能之间出现了逻辑鸿沟。

"在自己的头脑中"将实践展开的过程即是思维的过程，思维的基本工具是语言，语言组成命题以形成有意义的言说，命题就陈述着事物及其性质、结构、功能等。技术人工物一旦离开实践活动本身而被思维把握时，技术人工物的结构、性质、功能通过命题陈述出来，结构陈述和功能陈述之间的逻辑鸿沟就随之产生。因此，技术人工物的结构–功能之间的逻辑鸿沟只是在对技术人工物进行形而上学的反思与追问时才凸显出来，技术人工物结构–功能的逻辑鸿沟从本质上看就是这种命题陈述产生的"逻辑"的鸿沟，在技术实践中，这种鸿沟自然而然地被克服了。因此，实践推理将是桥接技术人工物结构–功能之间逻辑鸿沟的重要思维工具。

三、对技术人工物结构–功能逻辑鸿沟的一般技术解释

为了桥接技术人工物的结构–功能之间存在的这种逻辑鸿沟，彼得·克罗斯（Peter Kroes）以纽可门机为例将技术人工物的结构、功能分别作为解释者项和被解释者项，提出了技术解释的两个图式。②

图式Ⅰ

解释者：物理现象的描述

人工制品的结构（设计）的描述

一系列行动的描述

被解释者：人工制品的功能的描述

这实际上是技术解释的一般图式，将技术解释的一般图式应用到纽可门机的分析中去，克罗斯提出了技术解释的第二个图式。

图式Ⅱ

解释者：①物理现象：

——将水转变成蒸汽增加体积许多倍

——在一密闭的容器中冷却水蒸气而造成真空

——在每平方厘米上，大气施加1千克的力于其上，等等

②机器的设计：

——蒸汽机由锅炉、汽缸、活塞、摇杆等组成

---

①马克思：《资本论》（第1卷），人民出版社2004年版，第208页。

②Peter Kroes: *Technological explanations: The relation between structure and function of technological objects*. Society for Philosophy and Technology. 1998 (3): 15–27.

——活塞在汽缸中可上下移动

——活塞由一根链连接到摇杆上，等等

③一系列的行动

——打开蒸汽阀门，汽缸为蒸汽所充满；活塞向上推移

——关闭蒸汽阀门，注入冷水，在汽缸中产生真空，等等

被解释者：纽可门机是使泵杆上下移动的手段，它推动了泵（蒸汽机的功能）

从图式Ⅰ到图式Ⅱ的这种转变表面上看似乎并没有什么问题，如果这样，技术人工物的结构－功能之间的逻辑鸿沟就这么轻易敉平了。事实并非如此。一方面，在图式Ⅱ中，当对纽可门机的物理现象、机器结构、运行原理、操作规则进行陈述时，结构描述中实际上暗含着功能描述，解释者项中的基本概念如活塞、汽缸、蒸汽管、蒸汽阀门等本身就带有了功能的性质，暗含了主体的意图。这样，要桥接结构－功能的逻辑鸿沟，首先就需要对这些基本概念进行纯化，使之真正成为描述性概念。另一方面，即使将解释者项中的基本概念纯化为描述性概念，由于结构与功能之间并非一一对应的线性相关关系，也并不能通过结构解释逻辑必然地推出功能解释。如纽可门机的物理结构可以导致其通过摇杆使泵杆上下移动，也可以通过曲轴使工作机产生连续的循环运动。

克罗斯认为我们无法从技术人工物的结构逻辑演绎地推出其功能，要桥接技术人工物结构－功能的逻辑鸿沟，就必须构建图式Ⅲ（见图7－1）：

人工制品的结构 → 具有特定性质的物理现象 ←－－→ 详细开列的性质 ← 人工制品的功能

图7－1　技术人工物结构－功能之间的逻辑鸿沟

但由于具有特定性质的物理现象与详细开列的性质之间缺少对应联接方式，结构－功能之间的逻辑鸿沟实际并未被桥接，见图7－2。

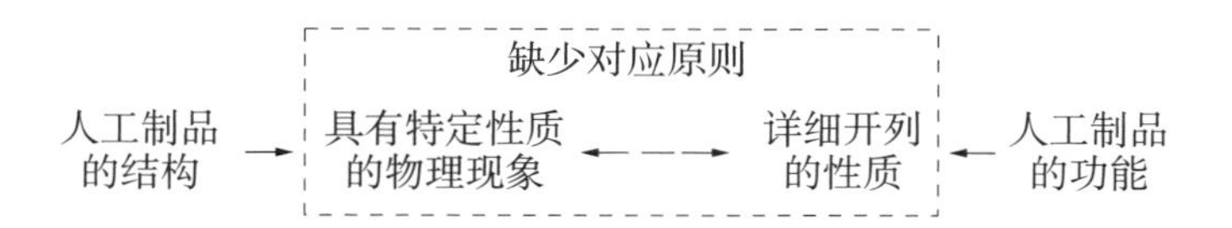

图7－2　技术人工物结构－功能的关系

为此，张华夏、张志林教授提出了 $C_x \leftrightarrow A_x$ 与 $F_x \leftrightarrow P_x$ 之间的对应原则，[①] 其

①张华夏、张志林：《技术解释研究》，科学出版社2005年版，第73页。

中，C_x 代表特定的客体，是一单称概念；A_x 表示具有某元素－结构的客体；F_x 表示客体的功能；P_x 表示客体的性质。但是，这一对应原则缺乏逻辑中项，无法使 $C_x \leftrightarrow A_x$ 与 $F_x \leftrightarrow P_x$ 作为一有效的对应原则桥接技术人工物的结构－功能之间的逻辑鸿沟。我们必须补充 $A_x \leftrightarrow P_x$ 作为逻辑中项。

对于自然客体而言，客体结构与客体性质之间是一种逻辑蕴涵关系，客体的结构使客体表现出独特性质。如金刚石，由于每个碳原子都以 SP^3 杂化轨道与另外4个碳原子形成同等牢固的共价键，构成正四面体，形成无限的三维骨架，没有自由电子存在，从而使得金刚石具有异常坚固和极高硬度的性质。结构→性质，反之亦然。因此有公式 $C_x \leftrightarrow A_x$ 和 $A_x \leftrightarrow P_x$。

对于技术人工物而言，它的结构与功能之间不是一种逻辑蕴涵关系，我们并不能从技术人工物的物理结构逻辑演绎地推出技术人工物的功能，“结构→功能”关系并不成立，即是说，$A_x \leftrightarrow F_x$ 并不成立。

那么，我们能否由客体性质推出其功能？换句话说，$F_x \leftrightarrow P_x$ 在技术人工物的结构－功能关系解释中真的成立吗？

张华夏、张志林在《技术解释研究》一书中将客体的性质、功能模糊地称为“功能性质”，然后用“整体功能语言”将性质、功能裹挟在一起了。① 而性质陈述实际上也是描述性的事实陈述，是“是”陈述。如：

（3）气体在密闭空间中（如汽缸）热胀冷缩

（4）金刚石是一种具有极高硬度的物质

这两个命题陈述的就是客体的物理性质，并且是事实陈述。性质的事实陈述并不能逻辑演绎地推出功能的规范性陈述。反之亦然，因此，$F_x \leftrightarrow P_x$ 并不成立。

这样，张华夏、张志林提出的对应原则因为缺少逻辑中项，即使将逻辑中项补齐，又由于人工物的物理性质和功能之间实际上也存在逻辑鸿沟，我们无法从性质逻辑演绎地推出功能，也不能从功能逻辑演绎地推出性质。技术人工物结构－功能间的逻辑鸿沟仍然未被桥接。

四、基于实践推理的技术解释

由于要素陈述、结构陈述是“是”陈述，功能陈述是“应”陈述，用逻辑演绎的方法无法敉平技术人工物结构－功能关系的逻辑鸿沟。考虑到在技术实践活动中，我们往往自然而然地就从结构过渡到功能或从功能过渡到结构，因此，采用实践推理对技术人工物进行技术解释将能够桥接技术人工物结构－功能之间的逻辑鸿沟。

①张华夏、张志林：《技术解释研究》，科学出版社2005年版，第73页。

实践推理的基本结构是：

小前提：陈述主体的意向目标

大前提：陈述实现意向目标的必需手段/方式

结论：（非演绎地得到）采取必须手段/方式的行动、行动意图或行动信念

可见，实践推理的前提并不蕴涵结论，推理过程需要跨越演绎逻辑的鸿沟，由此使得实践推理的结论呈现出一种开放性或不确定性；实践推理的结论是行动、行动的意图或行动的信念；实践推理是由规范性陈述前提非演绎地推出规范性陈述结论的过程。

简单地说，实践推理就是由“应”陈述非演绎地推出“是”陈述的推理过程。技术解释所要解决的一个重要难题就是如何从技术人工物功能的“应”陈述推出技术人工物结构的“是”陈述以桥接技术人工物结构－功能关系的逻辑鸿沟。以“汽车是由发动机（S_1）、底盘（S_2）、车身（S_3）、电气设备（S_4）、控制系统（S_5）等基本要素按照一定的结构组成的具有运载功能（F）的一个有机整体”为例，我们尝试运用实践推理来桥接技术人工物结构－功能的逻辑鸿沟。

我们将汽车的结构和功能分别用命题表述为：

（5a）汽车（C）是由发动机（S_1）、底盘（S_2）、车身（S_3）、电气设备（S_4）、控制系统（S_5）等基本要素按照一定的结构组成的

（5b）汽车是用于运载人或物（F）的工具

对于汽车这一人工物我们就可以用符号表示为：

$$CS_1\&S_2\&S_3\&S_4\&S_5\&\Sigma(S_1, S_2, S_3, S_4, S_5)\&F \tag{7-1}$$

其中，C 表示汽车；Σ 是关系谓词，表示要素之间的关系；F 表示汽车运载人或物的功能。如果用 S 表示 $S_1\&S_2\&S_3\&S_4\&S_5\&\Sigma(S_1, S_2, S_3, S_4, S_5)$，汽车这一人工物用逻辑表达式则表示为：

$$C \leftrightarrow S \wedge F \tag{7-2}$$

那么

$$(C \leftrightarrow S \wedge F) \wedge S \rightarrow F \tag{7-3}$$

或

$$(C \leftrightarrow S \wedge F) \wedge F \rightarrow S \tag{7-4}$$

成立吗?

我们以 $(C \leftrightarrow S \wedge F) \wedge S \rightarrow F$ 为例进行证明，则 $(C \leftrightarrow S \wedge F) \wedge F \rightarrow S$，同理可证。

为证明 $(C \leftrightarrow S \wedge F) \wedge S \rightarrow F$ 是否成立，我们将其展开为：

$$((C \rightarrow S \wedge F) \wedge (S \wedge F \rightarrow C)) \wedge S \rightarrow F \tag{7-5}$$

由于这是一个无前提证明，我们采取真值表方法来检验式（7－5）是否成立。我们用“1”代表真，“0”代表假，将（7－5）式的真值列如表 7－1 所示。

表 7-1　真值表

C	S	F	((C	→	S	∧	F)	∧	(S	∧	F	→	C))	∧	S	→	F
1	1	1		1		1		1		1		1		1		1	
1	1	0		0		0		0		0		1		0		1	
1	0	1		0		0		0		0		1		0		1	
1	0	0		0		0		0		0		1		0		1	
0	1	1		1		1		0		1		0		0		1	
0	1	0		1		0		1		0		1		1		0	
0	0	1		1		0		1		0		1		0		1	
0	0	0		1		0		1		0		1		0		1	

通过真值表我们可以清楚地看到，(7-5）式是一个偶真式逻辑表达式，换句话说，(7-5）式并不成立。由于（7-5）式是（7-3）式的展开式，因此（7-3）式并不成立。同理可证（7-4）式也不成立。

因此，通过逻辑演绎，我们无法由汽车的结构推出其功能或由汽车的功能推出其结构。

现在我们运用实践推理来解决这一问题。如果我们将汽车描述为“由发动机（S_1）、底盘（S_2）、车身（S_3）、电气设备（S_4）、控制系统（S_5）等基本要素按照一定的结构组成的具有运载功能（F）的一个有机整体”，用实践推理的基本图式表示则为（6）式：

（6a）要造一辆具有运载功能（F）的汽车

（6b）要造一辆具有运载功能（F）的汽车就必须具备发动机（S_1）、底盘（S_2）、车身（S_3）、电气设备（S_4）、控制系统（S_5）等基本要素并使这些要素按照一定的结构组合而成

（6c）将发动机（S_1）、底盘（S_2）、车身（S_3）、电气设备（S_4）、控制系统（S_5）等基本要素按照一定的结构组合而成

用表达式来描述（6）式则为：

$$(C \leftrightarrow S \wedge F) \wedge F \cdots\rightarrow S \qquad (7-6)$$

在（7-6）式中，主联结词并不是用逻辑蕴涵符“→”表示，而是用实践推理符“⋯→”表示。“⋯→”可以解释为要求，其意思即是说，我们不能由技术人工物的功能逻辑演绎地推出结构，但是我们可以用实践推理从技术人工物的功能非演绎地推出技术人工物的结构。也就是说，为了实现汽车运载人或物的功能（F），我们要求有发动机（S_1）、底盘（S_2）、车身（S_3）、电气设备（S_4）、

控制系统（S_5）等基本要素并使这些要素按照一定的结构组合而成。

那么，当具备发动机（S_1）、底盘（S_2）、车身（S_3）、电气设备（S_4）、控制系统（S_5）等基本要素并使这些要素按照一定的结构组合而成后，如何解释汽车运载人或物的功能（F）？当结构成为实在之后，功能也将成为实在吗？

实际上，功能与结构之间并非一一对应的线性相关关系，实现一种功能可以采取多种结构，一种结构也可以实现多个功能。实践推理是一个决策过程，这样，实现特定功能要采取何种结构就是一个决策过程。但是，一定的结构要实现何种功能是一个什么过程？在给定技术人工物结构的情况下，如何推出技术人工物的功能？让我们回到纽可门蒸汽机的例子。

我们前面谈到，克罗斯已经注意到，在图式Ⅱ中，对解释者项的概念纯化为"是"陈述概念后，我们并不能逻辑演绎地推出技术人工物的功能，即"纽可门机将泵杆上下移动"的这个事实陈述并不蕴涵"纽可门机的功能是使泵杆上下移动"的规范性陈述。结构并不蕴涵功能，"结构→功能"关系并不成立。

对实践推理的进一步分析我们可以发现，在从小前提到大前提再到非演绎地推出结论的过程中，实践推理经过了"'应'陈述－'是'陈述－'应'陈述"的两次否定和两次逻辑鸿沟的跨越，从功能非演绎地推出结构，即"功能…→结构"是实践推理过程的第一次否定和逻辑跨越，这次跨越发生在大前提中。而从大前提到结论则是"是"陈述到"应"陈述的逻辑跨越，在这种逻辑鸿沟的跨越中，实践推理在技术实践活动中就表现为其"行动律令"，通过"行动律令"，导致潜在于技术人工物结构中的功能由可能世界发生转换而进入现实世界，最终实现主体的功能意图。这样，通过实践推理，"结构…→功能"，"…→"作为由结构非演绎地推出功能的实践推理符可解释为导致，即结构导致功能。

这样，在功能要求结构、结构导致功能的结构－功能关系完整的逻辑链中，其实践推理的完备模式则为（7）式：

（7a）要造一辆具有运载功能（F）的汽车

（7b）要造一辆具有运载功能（F）的汽车就要求具备发动机（S_1）、底盘（S_2）、车身（S_3）、电气设备（S_4）、控制系统（S_5）等基本要素并使这些要素按照一定的结构组合而成

（7c）要求将发动机（S_1）、底盘（S_2）、车身（S_3）、电气设备（S_4）、控制系统（S_5）等基本要素按照一定的结构组合而成

（7d）将发动机（S_1）、底盘（S_2）、车身（S_3）、电气设备（S_4）、控制系统（S_5）等基本要素按照一定的结构组合而成导致汽车运载人或物的功能

将实践推理运用到张华夏的对应法则中，对应法则变换为：

$$C_x \leftrightarrow A_x,\ A_x \leftrightarrow P_x,\ F_x \overset{\cdots\rightarrow}{\underset{\leftarrow\cdots}{}} P_x$$

这样的对应法则就将技术人工物的元素－结构、性质、功能真正对应起来

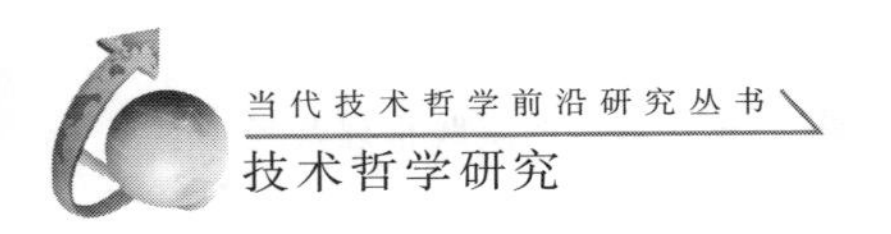

了，有效弥补了克罗斯图式Ⅲ的不足，桥接了技术人工物结构－功能关系的逻辑鸿沟。

五、实践推理在技术解释中应用的意义

实践推理在技术解释中的应用有重要的意义，通过实践推理对可能的未知技术现象进行技术预见，可以有效地实现技术创新。

约瑟夫·A. 熊彼特（Joseph A. Schumpeter）将创新概括为五个方面：引进新产品；引用新技术，采用一种新的生产方法；开辟新的市场（以前不曾进入）；控制原材料新的来源技术创新，不管这种来源是否已经存在，还是第一次创造出来；实现任何一种工业新的组织，例如生成一种垄断地位或打破一种垄断地位。[1]从这五个方面来看，创新的实质就是产生新的功能或需求，即主体的新意图的产生。那么，技术创新其实质就是使技术人工物增加新的功能或满足主体新的需求。

已知汽车（C）作为一技术人工物是由发动机（S_1）、底盘（S_2）、车身（S_3）、电气设备（S_4）、控制系统（S_5）等基本要素按照一定的结构组成的具有运载功能（F）的一个有机整体。要对汽车这一技术人工物进行技术创新，实际上就是增加汽车的新功能或满足主体的新需求。现在我们对汽车提出一个新的功能需求——环保，即要制造环保汽车。一般认为，环保汽车是利用新兴的低排放或零排放的科学技术，以消耗最少能源防止和减少环境污染和破坏的汽车。这就要求高标号的汽油（S_o）、高燃烧效率的发动机（S_e）、符合空气动力学设计的轻巧的纤维钢车身（S_f）等，从而实现汽车的环保功能。将这种技术创新活动过程写成实践推理的标准模式即为（8）式：

（8a）要制造一辆节能环保的汽车（C_e）

（8b）我们相信，要制造一辆节能环保的汽车，就必须使用纤维钢车身（S_f）或（和）改进发动机的结构提高发动机的燃烧效率（S_e）或（和）改进原油炼化技术提高汽油标号（S_o）

（8c）我们必须使用纤维钢车身（S_f）或（和）改进发动机的结构提高发动机的燃烧效率（S_e）或（和）改进原油炼化技术提高汽油标号（S_o）

如果将环保汽车用公式表示为：

$$C_e \leftrightarrow S_e \& S_2 \& S_f \& S_4 \& S_5 \& S_o \& \Sigma (S_e, S_2, S_f, S_4, S_5, S_o) \& F_e \quad (7-7)$$

其中，F_e 表示汽车的环保功能。那么，已知（7－1）式，我们并不能逻辑演绎地推出（7－7）式，即：

$(C \leftrightarrow S_1 \& S_2 \& S_3 \& S_4 \& S_5 \& \Sigma (S_1, S_2, S_3, S_4, S_5) \& F) \rightarrow (C_e \leftrightarrow$

①熊彼特：《经济发展理论》，商务印书馆1991年版，第73－74页。

S_e&S_2&S_f&S_4&S_5&S_o&Σ（S_e，S_2，S_f，S_4，S_5，S_o）&F_e）不成立。

我们用 S 表示 S_1&S_2&S_3&S_4&S_5&Σ（S_1，S_2，S_3，S_4，S_5），S_{ef} 表示 S_e&S_2&S_f&S_4&S_5&S_o&Σ（S_e，S_2，S_f，S_4，S_5，S_o）。由于已知功能可以通过实践推理要求结构，当汽车功能由 F 向 F_e 转变，我们就可以通过实践推理要求 S 向 S_{ef}转变。在此例中，S 向 S_{ef}的转变表现为 S_1 向 S_e 的转变、S_3 向 S_f 的转变，并新增加了 S_o，从而使 F 向 F_e 转变，并最终实现 C 向 C_e 的转变。这样，通过实践推理，我们从逻辑上解释了技术预测，在实践上实现了技术创新。

第八章

生物技术实践推理与理论推理的一体性

自20世纪80年代以来，生物技术正在主导21世纪的技术发展浪潮。在20世纪后半叶，伴随分子生物技术等领域所取得的一系列突破性成果，生物技术在人类整个技术体系中的地位获得了显著性提升，建立在实验室研究基础之上的生物技术的发展为人类带来了巨大的财富。与生物技术的迅猛发展相呼应，其所涉及的哲学问题也引发了广泛的讨论，这些讨论不仅囿于哲学家，技术专家、政治家、社会学家、宗教人士甚至媒体评论员也都参与其中，这一态势无疑揭示了关于生物技术诠释和分析的复杂性及多元性。

目前生物技术哲学中包括了许多热点问题：①如何在概念上界定生物技术？②生物技术的合理性如何得以辩护？即生物技术的伦理问题；③随合成生物学而至的“技术化科学”所导致的对传统科学知识生长机制的批判，此为生物技术所引发的技术对传统科学结构的冲击；④生物技术与生物学的关系问题，即技术与科学的关系问题；⑤生物技术有无某种属于自己的独特语言和逻辑？生物技术不同于其他技术的语言和逻辑结构是什么？⑥内蕴于生物技术之中的人类对自然的理解、驾驭自然的理性以及技术设计的功利性所导致的三角关系问题，即生物技术中的实践推理和理论推理之间的关系问题；⑦生物技术所引发的还原论和整体论的关系问题；⑧大数据时代，海量数据所引发的生物技术自身的发展问题。总体上，生物技术哲学研究既涉及传统的技术哲学和工程哲学问题，又触及生物技术（或工程）特有的哲学问题。

本章仅讨论生物技术的概念界定，生物技术中的实践推理和理论推理之间的关系问题。

第一节　生物技术的概念

生物技术的概念界定，属于生物技术哲学最为关键的问题之一。通过我们的疏理，发现目前关于生物技术的概念界定呈现出如下几个基本特征。由这些基本特征，或许可以引出“系统生物技术”之概念。

第一，生物技术范畴的广泛性。众所周知，生物技术涉及面极其广泛，从普通的农作物嫁接技术、动物饲养技术到基因修改、转基因作物、基因工程、DNA重组技术，从纯粹的生物技术到生物化学技术、生物物理技术、生物电子技术、生物环保技术；从古代的发酵技术到现代的生物高科技；从人体医学到动物医学；从生物技术流程到生物技术产品……生物技术范畴的广泛性使其在概念的界定上极其复杂。早在1987年，米勒（Miller）和杨（Young）就在《生物技术：一个仅名称而言的“科学的”术语》中指出：“要定义术语‘生物技术’和‘基因工程’并不是一件容易的事情，因为该术语没能表达工艺过程或产品的自然分类①”。在生物技术这一标签之下，涵盖了众多的分支技术，由于这些分支技术范围广泛，人们往往很难从逻辑上给予有效的划分。2007年，安德尔（Arundel）等认为，假如要界定清楚什么是生物技术，则必须要搞清楚什么是生物技术企业和生物技术研发活动。他们明确指出，定义问题在如何界定生物技术这里并不是终点，还有更为重要的问题就是如何去界定一家生物技术企业和如何去界定一次生物技术研发活动及收益。② 从这里，我们发现，有关生物技术的讨论范畴是动态扩张的，而不是固定不变的；是模糊的，而不是界限分明的。这一点，显示出生物技术处于许多学科（分子生物学、微生物学、生物化学、遗传学、细胞生物学、生物信息学、化学工程学、医药学、材料科学等）的交汇之处，而这些学科受当前基因工程、DNA重组等前沿技术爆炸性增长的数据的驱动，在实际和潜在的相互交叉及影响方面都有极大的增长。因此，发育、生成、进化和拓展是生物技术的基本特征。

第二，生物技术中科学性与技术性的有机整合性。在关于生物技术的界定上，存在两种对立的观点。在这种对立观点的背后，核心的争议是生物技术究竟是“发明”的还是“发现”的？其中一种观点认为，生物技术和寻常的技术具有类同性，它只是众多技术的一种而已。例如，国际合作与发展组织1982年对生物技术的界定为：生物技术是应用自然科学及工程学的原理，依靠微生物、动物、植物体作为反应器将物料进行加工以提供产品为社会服务的技术；另一种观点则认为，生物技术不同于其他人类所创造的技术，它具有独特的属性。

例如，2011年巴巴瑞斯（Barbarisi）在其《生物技术的哲学》一文中提出：“生物技术是这样的技术，活的有机体可以利用它来保持自身的生命力，并且一

---

①Frank E. Young and Henry I. Miller: *Biotechnology: a “scientific” term in name only*. Biotechnology Law Report. February 1987, 6 (1): 11 – 13.

②Anthony V. Arundel: *Brigitte van Beuzekom and Lain Gillespie: Defining biotechnology-carefully*. Trends in Biotechnology. 2007, Vol. 25, No. 8.

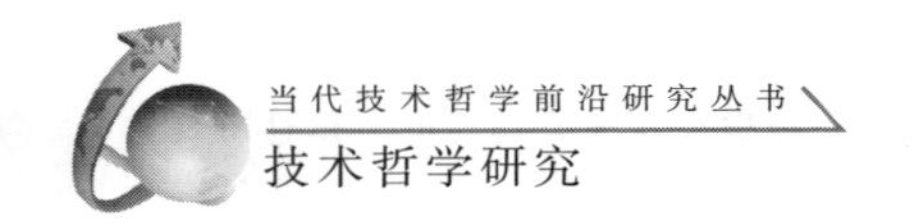

般是被发现，人类可以利用它来制造对其有用的产品”“生物技术并不是由人所发明的，而是人们在研究生命现象时被发现的。”① 显然，巴巴瑞斯的观点与我们通常所理解的那种技术概念有较大差异。我们通常认为技术只是依靠人类智力和创造力的结果，去发明自然界里并不存在的机器和设备，以生产满足人类的需要。因此，从这个意义上来说，技术应该是“被发明”（invented）的或被创造的或被设计的。“被发现”（discovered）的一说，显然一方面将生物技术自然而然呈现于自然之中的这一属性揭示了出来，也将其具有科学性的属性揭示了出来。正因为如此，巴巴瑞斯认为生物技术并不是最近才发展出来的，而是几千年以来便一直存在。除了利用当代有关细胞、亚细胞和分子层次的知识所发展起来的生物技术之外，传统上使用于农业、畜牧业和食品生产当中的很多古老技术也属于生物技术。对此，我们的观点是，生物技术应该既包括“被发明”的生物技术，又包括“被发现”的生物技术。在生物技术里面，科学与技术这两个概念是纠缠的、统一的，既有技术化的生物学，也有科学化的生物技术。生物技术的这种属性在布德（Bud）那里就有过提示，他认为，正是20世纪作为学科和专业（并拥有它们自身的文化）的生物学和工程学的发展，才使得生物技术的重要性变得如此牢固。生物学和工程学的发展为生物过程和技术的结合提供了一个富饶的基础。② 如果说布德的“科学化的技术观”还表达得比较间接的话，罗蒂（Richard Rorty）和布杰德（Boogerd）等人的“技术化的科学观”则表达得更为直接和明确：“所有对大的有机体特征的理解，如意识或生物系统，并不是发现于自然的绝对描述，而是人类发明的偶然描述。”③

第三，生物技术设计中的多因素协同性。基因芯片生物技术中的前沿技术之一，它可以使用不同序列的DNA探针去探测活性蛋白产生的机制。目前最新的单芯片可以拥有40万个不同探针，它能使传统的劳动量大幅降低，并且可以在一个细胞中协调检测设计多个基因或蛋白质的同步活动模式。显然，这种技术设计在数量庞大的探针之间内含有“自治”的协同性。虽然这种基因芯片是基于单个探针的单个测定数据，但是所有探针却以一种“涌现”的行为映射出一个细胞的整体特性。最近，在计算机模拟药物设计和生物技术工程设计菌株当中，人们通过研究分子间相互作用的属性，构建关于反应网络的精细动力学模型——“硅细胞”，在通过计算机模拟预测该模型的涌现性质之后，对比系统水平上的实验观察数据，便可建构逐渐趋向细致准确的模型。在这种技术设计中，繁杂而潜在的因素被有效地协同起来。事实上，除了我们明确知晓的一些显在分子组成，还

①Barbarisi A：*The Philosophy of Biotechnology*. In “Biotechnology in Surgery”, Volume 0 of the series Updates in Surgery，2011：1－14.

②Robert Bud：*Biotechnology in the Twentieth Century*. Social Studies of Science. 1991，Vol. 21，No. 3.

③布杰德等：《系统生物学哲学基础》，孙之荣等译，科学出版社2008年版，第56页。

有许多因素是我们无法知晓的，比如相互作用究竟有哪些？相互作用的机制是怎样的？而硅细胞模型为我们在生物技术的设计中提供了一种多因素协同得以有效实现的机制。在这种技术机制中，超越人类分析能力的庞杂因果序列和因果网络被悬置了起来，非线性成为一个最为基本的特征。

本质上，在生物技术的设计过程中，我们一方面要依靠高通量技术（各种基因组学、生物信息技术）去分析微观层面上的单个分子或基因片段的机理，另一方面也要考虑技术设计之后所呈现的整体性的功能性行为，这些功能性行为往往是许多分子同时发生相互作用的整体结果。这两方面的考虑必然要求我们提出一种系统生物技术的概念。其实，对于“系统生物技术”，率先提出“系统生物学”概念的波格德等人早就有过提示，他们认为生物技术本身就是一种自上而下的系统生物学，因为它“展现了工程的实用性”[①]，这种自上而下指的是由分子水平的实验数据开始，并将生命系统中的相关分子视为整体。其中，功能基因组学就是此类技术。

由此看来，基于生物技术范畴的拓展性、生物技术与生物学的纠缠性、生物技术设计中的多因素协同性，我们有理由提出系统生物技术这个概念，以系统科学去诠释生物技术，不仅能很好地描述历史上已经存在的生物技术的本质，而且还为下一步进行生物技术设计和创新提供了方法论上的指引。

第二节　生物技术实践推理与理论推理的界定

生物技术推理就是一种实践推理，生物技术命题就是一种规范命题，这种观点实际上是对生物技术本质的一种误解。钟情于生物技术伦理分析的技术哲学更是打破了生物技术推理在实践推理和理论推理上应有的对称性。事实上，当代生物技术呈现出了一系列新的特征，这些新特征证实了在生物技术推理中，实践推理和理论推理是一体性的关系、共生的关系。这些新的技术特征包括：生物技术的科学化、生物技术的符号化、生物技术的智能化、生物技术的整体性。生物技术的科学化意味着一个生物技术陈述包含或蕴含了某些描述性命题；生物技术的符号化意味着在符号运算（对应着理论推理）和生物技术过程（对应着实践推理）之间存在着紧密的关联；生物技术的智能化意味着“生物技术的技术”是可能的，而强人工智能观更是主张生物技术客体同时具备理论推理和实践推理的能力；生物技术的整体性包含了三个层面：单个生物技术内在的整体性，复合生物技术的整体性，生物技术与非生物技术乃至与非技术的整体性。而每一个层面都可为生物技术实践推理和理论推理的一体性提供强有力的辩护。而从概念的纯

①布杰德等：《系统生物学哲学基础》，孙之荣等译，科学出版社2008年版，第6页。

粹哲学分析来看，作为两种相区别的推理模式，实践推理和理论推理本身又呈现出相似之处。生物技术中实践推理和理论推理的一体性直接导致了人类在生物技术认知和生物技术行为上始终保持着连续性，而这种连续性正好是生物技术创新不可或缺的前提条件。

在多数人看来，涉及生物技术的命题往往是规范性的、价值性的。因而，对这些人而言，生物技术哲学的核心问题便是生物技术价值论，这一点正好与生物科学命题的描述性特征相对立，并由此构成了生物技术哲学区别于生物学哲学的独特性所在。然而，当代生物技术却呈现出一系列新的特点，这些特点包括了生物技术的科学化特征、生物技术的符号化特征、生物技术的智能化特征、生物技术的整体性特征等等，这些新特征揭示了在生物技术命题属性的界定上具有复杂性。除了规范性的一面，生物技术也内含有描述性的一面。由此，在生物技术推理中，也就对应着实践推理与理论推理的一体性。在笔者看来，生物技术实践推理与理论推理的一体性既是当代生物技术的新特征的必然产物，也是实践推理与理论推理本身作为两个有争议的哲学概念相互纠缠的内在体现。

实践推理和理论推理是形而上学、伦理学等领域里的重要概念。按照程炼教授的观点，一种人类所具备的、“根据理由去行动的能力”就是实践理性（practical reason)，而“我们在运用实践理性的能力时所做的事情”[①] 就是实践推理(practical reasoning)。在他看来，实践推理给我们做（或拒绝做）某些事情的理由，而理论推理则给予我们相信（或不相信）某些事情的理由。由此引申，生物技术中的实践理性就是一种根据某种理由去采取生物技术行动的能力，而生物技术实践推理就是人类在运用生物技术实践理性的能力时所选择的生物技术方案和所采取的具体生物技术行动。

生物技术的实践推理，其目的是功利性的，即借助生物技术让世界符合我们愿望。因此，在生物技术决策中，决定选择哪一种技术，哪一种技术是最应该要被采纳的，何种技术设计的方案是最应该去实施的，技术方案实施的程序应该是怎样的……这些规范性的陈述就是典型的生物技术实践推理。借助生物技术实践理性，我们可以评价生物技术行动的理由，并对这些理由集合里的理由给出重要性的排序和真假理由的甄别。相反，理论推理的目的是让我们的信念和真实的世界相吻合，它关注解释和预言的问题，旨在理清世界何以如此。就生物技术领域而言，理论推理涉及的是生物技术认知问题。

生物技术实践推理的起始点是生物技术活动里的技术主体“我（或我们)”，生物技术实践推理涉及的是作为生物技术主体的我（或我们）应该做出什么技术决定。由于不同生物技术主体的价值观和需求不同，因而从我（或我们）所做出

---

①程炼：《伦理学导论》，北京大学出版社2013年版，第110页。

的技术决定并不一定适用于非我（或非我们）的意愿。相反，理论推理一般被认为是客观的、非价值性的，尽管理论推理不可能达及绝对的客观，但是至少它在起始点是欲求获得某种客观上的结论。因而，在推理活动中，理论推理对每个人都是一致的，每个人都可以重复理论推理模式而获得一致性的生物技术认知结论。

生物技术实践推理的结果是一个或一组生物技术行动理由的出现，这种理由亦可称作生物技术设计或发明的动因。据此，我们这么做而不那么做。而理论推理的结果是一个人信念的改变，或者一个人获得了一种新的认识。但是事实上，信念的改变并不必然导致一种生物技术行为，而动因才是解释某一生物技术行动的根本要素。例如，我理解并接受了量子算法，并改变了我之前经典算法的单一认识，但是这一切并不足以推断出我要去研制量子计算机。

生物技术内含有实践推理，生物技术活动内含有实践推理行为，这一点应该是大家所公认的。同时，理论推理是生物技术的前提条件，这一点应该也没有异议，因为“科学－技术－产业”链或者“基础研究－应用研究－开发研究－生产技术研究”链就是为之辩护的最好理由。然而，生物技术本身是否内含理论推理呢？或者，理论推理是否是生物技术内在的一部分呢？这一点有争议之处，因为对该问题的回答不仅涉及生物技术本身的界定，而且还涉及生物技术与生物学之间关系的界定。在此问题上，笔者的立场是肯定的，后面所论述的就是我们肯定的理由。

第三节　生物技术的科学化与实践/理论推理的一体性

关于“技术的科学化”，张华夏、张志林认为，技术认识论与科学认识论存在着相同的属性。其中，他们以杜威对思维机制的描述引申得到技术和科学在解决问题时认知程序的一致性，进而推导出技术与科学在认识论上存在着共同的模式。[①] 而这一点，也是对生物技术科学化的哲学基础的最好分析。

在笔者看来，相对其他技术，实际上生物技术是技术科学化的典型代表。在这一领域，事实上你已经很难区分哪是生物科学，哪是生物技术。2011 年，巴巴瑞斯认为：“生物技术并不是由人所发明的，而是人们在研究生命现象时被发现的。”[②] 生物技术不同于寻常的技术。生物技术的创建是一个发现的过程，那么生物技术自然也就包含着理论推理。然而，这里需要明确的是，生物技术似乎包含了两个技术阶段：第一个阶段是从自然“发现”生物技术；第二个阶段是使

---

①张华夏、张志林：《技术解释研究》，科学出版社 2005 年版，第 23－26 页。

②Barbarisi A：*The Philosophy of Biotechnology*. In A. Barbarisi：*Biotechnology in Surgery*，Springer Milan，2011：1.

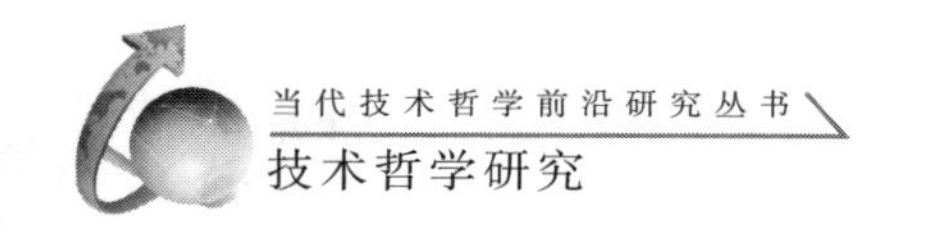

用生物技术来制造对人类有用的产品。第一个阶段是描述性的，第二个阶段是规范性的。然而，传统的技术并不存在这样的两个阶段。

生物技术的科学化也可以在生物科学的技术化那里得到对称性的支撑。生命科学领域的最新代表是系统生物学，该学科欲求在系统层次上理解生物的现象、功能和机制，即“理解生物体的功能属性与行为是如何通过其各组成部分的相互作用实现的”①。作为科学研究，它“要求在系统与分子的层面上对生物体进行精确、全面且量化的实验分析，并对所得的实验数据进行准确的解读”②。由此看来，系统生物学是以实验技术为前提的。假如这一点还仅能说明系统生物学只是依赖于生物实验技术，而不能说明“系统生物学就是系统生物技术”的话，那么我们再看下面的观点。系统生物学“继承了分子生物学和基因组学，同时它还延续了数学生物学和生物物理学。从物理学到生态学，从数学到医学，从语言学到化学，系统生物学将生物学与其他众多不同门类的学科相结合，大概是前所未有的”③。事实上，语言学、基因组学、分子生物学、生物信息学、医学更多倾向于规范性陈述，其中各种组学和生物信息学就是所谓的高通量技术，而物理学、化学、数学则更多倾向于描述性陈述。系统生物学的这种交叉融合性，展示了当代科学，本身就是规范性的技术陈述和描述性的科学陈述的整合体。大科技时代，单一的规范性陈述已经无法支撑得起当代作为一种系统的技术，而单一的描述性陈述也已经无法支撑得了当代作为一种系统的科学。从二阶层面来看，系统生物学在应用别的学科来发展自身的同时也在拓展延伸它们，这本身就是一种拓展科学的技术。此外，在系统生物学这里，理论推理和实践推理的一体性也可以通过系统生物学存在两种互补的研究方法得到确证。在布杰德等人看来，系统生物学研究的方法存在两种类别：自上而下（top down）和自下而上（bottom up），这两种方法是相互促进的，“自上而下的系统生物学家展现了工程的实用性，而自下而上的系统生物学家更渴望理解机制性或系统理论性的原则”④。基于此，系统生物学里的实践推理和理论推理是一体性的。

生物技术的科学化所导致的实践推理与理论推理的一体性，可以细分为如下几种形态：第一，一个生物技术陈述，是以一个生物学陈述为前提条件的。第二，一个完整的生物技术陈述，内含了实践推理和理论推理的两个方面；或者说，一个完整的生物技术命题，同时内含了（一个或多个）规范性的子命题和（一个或多个）描述性的子命题，而这种规范性、描述性子命题是可分辨的，并在时间维度处于不同位置。第三，一个生物技术陈述，本身就是一个生物学陈

①布杰德等：《系统生物学哲学基础》，孙之荣等译，科学出版社2008年版，第3页。
②布杰德等：《系统生物学哲学基础》，孙之荣等译，科学出版社2008年版，第3页。
③布杰德等：《系统生物学哲学基础》，孙之荣等译，科学出版社2008年版，第3页。
④布杰德等：《系统生物学哲学基础》，孙之荣等译，科学出版社2008年版，第4页。

述；一个规范性陈述，本身就是一个描述性陈述。或者说，“一个陈述是技术的还是科学的”是无法辨析的。当然，在这里，已经涉及了生物科学与生物技术的划界问题，也涉及了休谟所提出的“是”陈述和“应”陈述的区别和联系的问题。第四，有一种情况是可能的，那就是站在二阶的角度，从一种生物技术（知识）理论性地推导出另一种生物技术（知识），假如这种推导没有附加任何价值判断，即作为生物技术推导第一人称的我并没有希望依靠前、后的生物技术来满足我的任何愿望，那么此时二阶上所发生的事情就是理论推理、“是”陈述，然而这种推理的前件和后件都是实践推理、“应”陈述。

第四节　生物技术的符号化与实践/理论推理的一体性

与其他所有技术的发展一样，在我们进行生物技术设计时，与以往不同的是，如今我们的一项生物技术设计，往往是为了使其完成更为综合、更为复杂和更为知识密集型的任务，亦即让一种生物技术产品能作为我们的代理人，能够自主处理自然界中的偶发事件。要完成这样的任务，在生物技术构造上需要满足一个必备条件，那就是存储和处理符号的能力。在现代基因技术中，各种不同的基因有专门的符号，遗传密码也是用符号表征的，运用这些符号和遗传规则，可以推导出生物遗传的各种性状特征。

符号包含符号实例（或标记），由许多符号所组成的一个结构就叫做表达式，符号标记和它们的相互关系决定了一个复杂表达式所指称的是什么对象。依照纽厄尔和西蒙的观点，在技术设计中，存在着两个核心的概念：指称和解释①。一个表达式指称一个对象，是指在已知该表达式的情况下，一个技术系统或是能够对该对象本身施加影响，或是能够以取决于该对象的方式规范去行为。在这里，技术原理都是经由表达式而抵达对象。技术系统能够解释一个表达式是指该表达式指称一个过程，同时在已知表达式的情况下，技术系统能够执行这一过程。换言之，技术系统能够根据指称这些过程的表达式而再现和执行它所拥有的过程。

一个能指称技术过程的复杂的表达式，事实上，可以通过原子符号加上逻辑规则来构造，这里的逻辑规则就是指特定的句法规则。符号本身往往是无意义的，形式推理的原本目标就是剔除意义。当我们用 $|\psi\rangle = a_0|0\rangle + a_1|1\rangle$ 来表达任何的一个量子比特时，我们没必要纠缠于 ψ 、a_0 等符号自身作为符号的意义。我们只要根据一套量子逻辑门的逻辑规则，比如说“AND 定义、OR 定义、$NOT^{(n)}$ 定义、$\sqrt{NOT}^{(n)}$ 定义，以及一套量子计算语义学（包含量子计算定理、辅

①纽厄尔、西蒙：《作为经验探索的计算机科学：符号和搜索》，载玛格丽特·博登：《人工智能哲学》，刘西瑞等译，上海译文出版社2001年版，第148－149页。

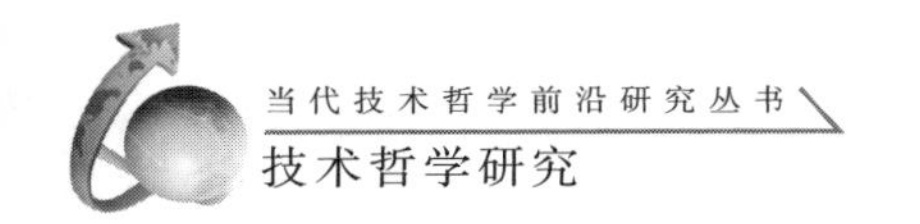

助定理)”制造出量子计算机即可。与物理技术设计广泛使用符号一样，在生物技术领域，符号的使用更是十分普遍。基因和蛋白质在国际上都有规范性的符号表达，在蛋白质编码基因的比对中，我们也可以使用具有线性复杂度的SPA符号算法。

这样的一种技术的符号化，又能说明生物技术的实践推理与理论推理存在着怎样的关系呢？最近出现了一门新的学科，即量子生物物理学（简称量子生物学)，该学科是运用量子力学的理论、概念和方法研究生命物质和生命过程的一门学科，该学科主要研究生物分子间的相互作用力和作用方式，生物分子的电子结构与反应活性，生物大分子的空间结构与功能等。这门学科就涉及量子生物控制技术问题。量子控制技术就是力求对每一个量子生物系统进行控制以及对量子态进行有效操控的技术，它是当前众多高科技的交汇点。我们利用这种前沿技术进行理论推理和实践推理关系的哲学分析，很有代表性。

本质上，量子控制技术是建立在各种符号关系的基础之上的，这里的基础既有物理基础（包括基于各种符号之上的量子力学公设、态叠加原理、薛定谔方程，纯态、混态、纠缠态等)，也有数学基础（包括基于各种符号之上的矢量、矢量空间、算符、李群和李代数等)。这些技术的基础，都是理论推理的成果，亦可认为它们是纯理论性的。基于这种物理和数学基础，量子控制设计专家便开始进行量子控制系统的建模。这里所建构的模型并不是实体性模型，而是一种符号系统的模型，如量子控制系统的微分方程模型、传递函数模型以及状态空间模型①。量子控制的建模实际上就是求解系统的薛定谔方程。所以表面上来看，这一步仍然还属于理论推理。但是事实上，这里已经内蕴了我们“应该”根据已有的物理和数学基础怎样去建模的一面，因而也就内含了实践推理。而在量子控制的仿真研究中，虽然目前的研究仍然还是停留在概念性研究（理论推理）阶段，还无法在实际的量子计算机上进行仿真研究。但是这种概念性研究，是以背后的实践理性作为技术研发的动力支撑的。而且，在量子控制系统仿真研究中，我们已经确立了一套标准的步骤，并提出了很多实现仿真技术的方法，而这便展示出了技术实践推理中的追求性、投入性、主动性和规范性的一面。

总体上，生物技术的符号化必然带来了“符号运算 - 技术过程”之间的一体化。符号运算是理论性的，技术过程是实践性的，而从符号运算转化为技术过程既有解释（理论推理)，也有指称（实践推理)；既有我们相信（或不相信）某些事情的判断，也有我们做（或不做）某些事情的判断。

---

①陈宗海等:《量子控制导论》，中国科学技术大学出版社2005年版，第107－113页。

第五节　生物技术的智能化与实践/理论推理的一体性

生物技术的智能化包含两层含义：一是指生物技术自身的创造性，或者说“技术的技术”“机器的机器”这样的命题是真的；二是指人工智能实体之类生物技术的出现，让技术产品具有了人类大脑才具有的某些功能。例如，人的思维能力。事实上，这两层含义又是相贯通的。囿于生物技术的智能化，我们又如何分析生物技术实践推理与理论推理的关系呢？之前我们所讨论的推理，推理的主体都是我（或我们），然而这里冒出了生物技术（或技术产品）的理性问题。当然，前提是要讨论两个问题：第一，生物技术（或技术产品）究竟有没有理性？它能否实现真正意义上的推理？第二，假如认可生物技术（或技术产品）是富有理性的，那么对生物技术（或技术产品）而言，它们内在的实践推理和理论推理的关系是怎样的？进一步，生物技术（或技术产品）的两种推理与给予生物技术（或技术产品）以推理能力的人类的推理又是怎样的？

毫无疑问，当代生物技术中的人工智能实体能模拟人类的认知能力。在强人工智能（artificial intelligence，AI）的观点看来，智能化技术所带来的计算机，其带有的正确运算程序，“确实可被认为具有理解和其他认知状态”[①]。从这个意义上来说，具有恰当编程的智能化机器其实就是一个心灵，由于它具有认识状态，因而它除了“是我们可用来检验心理解释的工具，而且本身就是一种解释”。[②] 如果你支持强AI的观点，那么无疑就认可智能化的技术（或技术产品）是具有理性的，因为它们具有人类心灵一样的能力。既然如此，这些生物技术（或技术产品）也就像人类一样，既具有理论推理的能力，也具有实践推理的能力。在它们身上，理论推理和实践推理是一体性的。假如承认强AI，那么无疑也将承认生物技术（或技术产品）理性的独立性，即生物技术一旦被人类制造，它就拥有属于自身的独立的理性或推理能力。从这一点来讲，生物技术被创建之后，生物技术（或技术产品）自身的理性与人类的理性就没有必然的关联性。尽管生物技术由人类的理性所创建，但是人类的理性并不能完全理解已经被制造出来的技术产品（如克隆人）的推理能力或推理模式。这一点可以通过生物技术客体的二重性（自然性和人为性）得以辩护。在强AI观下，必然存在着这样的一种技术产品，即那些与人的大脑具有相同因果能力的生物技术“机器”，这样的一种技术“机器”，具有意向性。在当代生物技术发展中，这样的技术产品是否

---

①塞尔：《心灵、大脑与程序》，载玛格丽特·博登：《人工智能哲学》，刘西瑞等译，上海译文出版社2001年版，第92页。

②塞尔：《心灵、大脑与程序》，载玛格丽特·博登：《人工智能哲学》，刘西瑞等译，上海译文出版社2001年版，第92页。

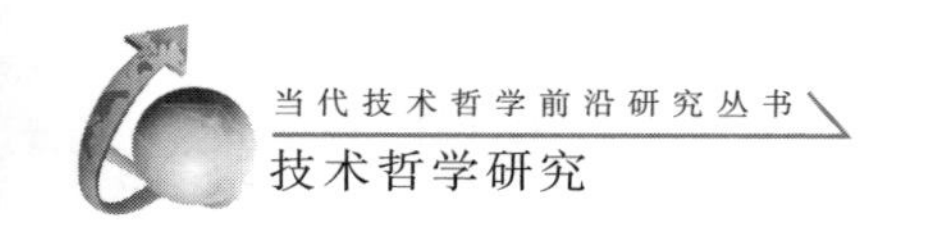

存在呢？对于这一问题，笔者认为是不可置疑的。相比机器人，生物技术的技术产品更多是有生命的，它们一旦被研制出来，它们自身便具有学习和控制的能力。

然而，强 AI 观遭到了塞尔等人的强烈反对，他认为这类智能化机器在理解问题和推理能力上“并不只是局部的或不完全的，而是零”。[①] 塞尔等人赞成的是一种弱的 AI 观，这种观点认为，技术的智能化在心灵研究上的价值就是为我们提供了一个强有力的工具。这类高智能化的工具能使我们以更严格、更精确的方式对一些假设进行系统阐述和检验。在这种立场下，技术只是我们实践推理过程中的一个工具，其目的是凭借这样的技术，可以让世界的样子符合我们的愿望，由此技术也就是我们完成规范性目标的不可或缺的一个环节。然而，在这样的一个实践推理中，内含了我们对技术的认知，假如将技术（或技术产品）看作是世界的一部分的话，也必然存在着这一追求，即我们的信念要与这一人工世界（技术）的样子相符合。例如，对一个专门设计智能靶向药物的设计师而言，其设计目的（获得智能靶向药物颗粒）必然是通过一套细致的设计方案和设计流程这一实践推理而来的。但是假如在其所构思的整体技术方案里，需要配备一个电脑芯片，而电脑芯片作为一个部件却不是自己设计制造的，同时凭自己的专业知识，事先也并不理解该芯片的内在机制。因而在将该部件应用于靶向药物设计的整体框架之内时，该工程师便需要弄清这个芯片的运行机制。此时，对该工程师而言，这种理解就属于理论推理中的解释和预言问题。由此看来，在生物技术设计中，实践推理和理论推理是融合在一起的，是一体化的。

上面的这种一体化，并不往往是先有理论推理，后有实践推理。有时候，甚至会出现先实践推理、后理论推理的技术推理模式。例如，我根据某个理由去设计一项技术，而这里的理由可能属于“以为是但并非是”的技术原理，或者是情绪化的主观因素，这些假的技术原理或情绪化的主观因素要求我这样或那样去设计技术。而这样所设计出来的技术产品可能居然碰巧能够得到我所要的技术目标。那么这时候，当我反过来琢磨这样设计的技术产品背后的真正技术原理究竟是什么的时候，也就出现了先有实践推理，后有理论推理的情况。然而，总体上更多时候，要精细剖析谁先谁后是很困难的，它们往往是混为一体的。公众往往错误地认为建造一个生物技术产品只是因为它们能产生出实践价值（比如说经济价值），实际上，这种生物技术可能是一种发现新现象和理解我们世界的方法，或者其本身就是需要被理解的世界的一部分。比如说，纽厄尔和西蒙就认为“每

---

①塞尔：《心灵、大脑与程序》，载玛格丽特·博登：《人工智能哲学》，刘西瑞等译，上海译文出版社 2001 年版，第 99 页。

制造一台新的机器都是一次实验”[①]。实验是科学的一部分，实验（或制造一台实验仪器）的最终目的是为了理解这个世界，准确描述这个世界，而其本身又是一种技术。有时候，实验过程本身就需要解释和理解。

第六节　生物技术的整体性与实践/理论推理的一体性

在大技术时代，生物技术的整体性，包含了三个层面：第一，一项生物技术自身是一个技术结构系统，它由各种技术要素所组成；第二，生物技术与生物技术之间具有整体性，而且通过对这种技术与技术的整合可以推导出一种新的生物技术；第三，生物技术与非生物技术、非技术（比如科学、宗教、艺术等）之间具有整体性。从这三个层次的技术整体性，都可以推导出技术实践推理与理论推理的一体性结论。

单个的生物技术有自身的整体结构，自身是一个有机系统，这种整体结构里的要素包括：技术行为、技术规则、技术客体、技术主体、技术解释。在单个的技术系统里，实际上包含了诸多的陈述或命题，这些陈述或命题组成了一个有机的结构。这些陈述当中，并不是纯粹的实然陈述或纯粹的应然陈述，而是二者的混合体。正如张华夏所言，在技术推理中，“通常都不是从‘是’陈述单独推出‘是’陈述，也不是从‘应’陈述单独推出‘应’陈述，而是从一组‘应’陈述加上一组‘是’陈述推出某一‘是’陈述或某一‘应’陈述”[②]。由此看来，对于单个的技术，其实践推理和理论推理是相互交融的，是一个合并在一起的有机系统。

关于生物技术与生物技术之间的整体性，所言及的是一个生物技术同另一个生物技术的相互关系。在这种关系中，最典型的特征是两种基础性的生物技术通过整合可以凸显出一种新的生物技术，这在我们以交叉学科寻求技术突破的研发活动中经常出现。在这种情况下，从两种不同的基础性生物技术推导出一项新的生物技术，本身就不得不依靠理论推理来获得。在这里，存在着一种这样的关系：

$$\left.\begin{array}{l}\text{实践推理 } A \\ \text{实践推理 } B\end{array}\right\} \xrightarrow{\text{理论推理}} \text{实践推理 } C$$

至于生物技术与非生物技术、非技术之间的整体性，是将生物技术放在人类的全部知识论域里进行讨论的。作为人类知识的一种，毫无疑问，它与科学、宗教、艺术始终保持着紧密的关系，我们的很多生物技术设计，可能都来自于宗教

---

①纽厄尔、西蒙：《作为经验探索的计算机科学：符号和搜索》，载玛格丽特·博登：《人工智能哲学》，刘西瑞等译，上海译文出版社2001年版，第143页。

②张华夏、张志林：《技术解释研究》，科学出版社2005年版，第93页。

和艺术上的灵感，也可能是科学的应用而已。由此看来，生物技术命题作为人类繁多的命题之一，也必然与生物科学命题、宗教命题和艺术命题衔接在一起。这样的一种生物技术整体观，必然也很容易推导出生物技术实践推理与理论推理的一体性。

总而言之，通过生物技术这一案例，我们发现理论推理与实践推理存在着相似之处，它们具有一体性。武汉大学的程炼教授从分析哲学的高度，对此有过细致分析①。他认为，理论理性也关心规范问题，因为“在理论推理中，人们也评价和权衡支持不同信念的不同理由”②，而这些正是规范性的。因此，在他看来，理论理性与实践理性之间的差别只不过是两个规范领域之间的差别。事实上，程炼教授的这种理解是与当前科学哲学里关于科学本质的争论是一致的。因为关于科学，究竟是描述性的还是规范性的，是事实性的还是价值性的，是客观的还是主观的，本身还没有一个定论。从这个意义上来讲，一方面，理论推理涉及技术认知，是指理论推理涉及技术认知的规范问题，管理人们的技术信念；实践推理涉及技术行动，是指实践推理涉及技术行动规范，管理人们的技术意图和行为。另一方面实践推理涉及技术行动，是指实践推理涉及有关技术行动是否可行的理论理解；理论推理涉及技术认知，是指理论推理涉及技术认知上的理论理解。正是这两点，恰好保证了人类在技术认知和技术行为上的连续性。而这种连续性，在笔者看来，正好是我们生物技术创新的前提条件和不竭之源。

---

①程炼：《伦理学导论》，北京大学出版社2013年版，第113－114页。

②程炼：《伦理学导论》，北京大学出版社2013年版，第113页。

第九章

技术逻辑的创新功能

通常认为技术创新是非逻辑的，有人甚至主张要从技术创新中清除逻辑。根据对逻辑的概念考察，妨碍技术创新的不是逻辑，而是具体的技术传统；根据对技术逻辑推理的形式和结构的考察可以得出技术逻辑的三个论题：开放性论题、二重性论题和同一性论题；这三个论题提供了技术逻辑的创新功能的逻辑基础，意味着技术逻辑不仅提供了技术创新自由的唯一基础和技术批判的基本工具，而且是技术创新思维的指针。

第一节　引例：电子工程学的“逻辑化”问题

一、电子工程学的“逻辑化”的问题

技术创新通常被认为是非逻辑的。不仅如此，有人甚至认为逻辑在技术创新中妨碍创造性，主张要从技术创新中清除逻辑，在这方面埃文斯（Rob Evans）对电子工程技术创新中逻辑的作用分析提供了一个典型的案例。因此笔者从埃文斯对这个案例的分析入手，考察技术创新的逻辑及其在技术创新的作用。

埃文斯认为，电子工程学本身具有逻辑的特征：一方面，电子工程依靠逻辑元件这样的硬件、软件领域中基于逻辑的指令以及更核心层次的0、1来工作；另一方面，设计过程日益复杂，硬件、软件、可编程硬件以及机械设计等设计因素互相依存、互相影响，没有结构和逻辑，整个设计会陷入混乱、错误和失败。但是这种特征发展渗透到整体设计的概念（concepts）和路径（approach）中：我们划定工作的逻辑边界，每个人完成指定范围的设计，然后把完成的片段交给下一个设计环节。

埃文斯认为，这种设计根基的逻辑化的结果是妨碍创新。独特的设计是创造力的结果，例如，如果没有激发创造灵感和鼓励自由探索新观念的机制，微处理

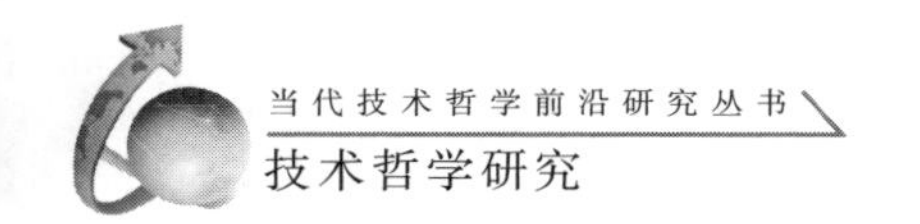

器就只能是一块计算机芯片，FPGA 也只能为基本的胶合逻辑提供便利空间，而马丁·库珀（Martin Cooper）发明第一部手机的灵感也是源于看了《星际旅行》的柯克船长所使用的便携通信器。而“一个纯逻辑的路径只能产生一个逻辑的结果”①。设计根基的逻辑化，逐渐累积的边界、约束、限制使工程师失去探索新方法、有选择地去实验的动力，最终变得循规蹈矩，磨灭了他们的灵感火花，限制了他们的创新能力。假如让无数的猴子在无限的时间内随机打字，都可能创造出莎士比亚的全部作品，但如果让它们运用一点点逻辑，那只会重复莎翁的某篇作品。“当某个富于奇思妙想的创新打破原有的市场格局时，这绝不是用简单的逻辑方法完成的设计可以做到的。”②

因此，要平衡项目管理与设计自由的矛盾，“更为重要的是打破传统，不再利用扼杀创新能力的逻辑分割方法来设计”，要“清除对那种创新的逻辑限制解除对创新的障碍”③。贯彻这个设计理念，必须打破现有的逻辑边界，工程项目团队应该使用一个合作的、包括整个设计的单一进程，作为单一的任务在高层次进程中处理设计问题。设计从软领域（soft domain）定义的概念和功能开始，硬件只是在需要的时候安插进去。

对于埃文斯在技术创新中拒斥逻辑原则、反对逻辑方法的观点，我们首先要准确认清他的“逻辑”的含义，然后分析他的“逻辑”在技术创新中的作用，我们才可能采取正确的态度，抓住真正要抛弃的东西，保留不应该抛弃的东西。

二、技术创新的限制与逻辑的关系

日常语言中一个词有不同的用法，在日常具体语境中的意义这通常是不成问题的，但在方法论的专业理论探讨中会导致无意义的问题和争论。为避免这种无意义的争论，必须基于专业的目的而做出明晰的约定或规范④，而这种约定通常需要使用专业词典、教科书或经典文献。本文以布莱克本（Simon Blackburn）主编的《牛津哲学词典》（下称《词典》）如下定义的“logic”为基础讨论逻辑的作用：

“逻辑学是推理的一般科学。……逻辑学的目的是廓清得出推论的规则(rules)，而不是研究可能遵从或不遵从这些规则的、人们使用的实际推理过

---

①Evans, R: *The problem with being logical* . http://www.newelectronics.co.uk/electronics－blogs/ the－Problem－with－being－logical/18615/. 2015.7.10.

②Evans, R: *The problem with being logical*. http://www.newelectronics.co.uk/electronics－blogs/ the－Problem－with－being－logical/18615/. 2015.7.10.

③Evans, R: *The problem with being logical* . http://www.newelectronics.co.uk/electronics－blogs/ the－Problem－with－being－logical/18615/. 2015.7.10.

④朱诗勇、李珍：《真理、合理与信念的评判》，载《自然辩证法研究》2014 年第 4 期，第 10 页。

程。”①

《词典》把归纳和溯因也归入逻辑研究的范畴，这一点具有启发性：我们把这些规则作为逻辑的一种类型予以承诺，并不是基于推理有效性，而是基于其他理由。笔者认为这种理由是它们在日常思考实践中普遍使用并在这种实践中具有实用有效性——产生我们现实中的科学等思想，而不是理想中的真理或绝对命令。例如，归纳逻辑之所以称为“逻辑”，不是因为它的推理的必然性，而是它在科学发现中普遍的使用和实用的有效性。比如，归纳能产生并发展科学演绎的前提。离开依靠具体经验数据的归纳、仅仅依靠演绎或证伪，科学则不能产生初始假说和突破现有信念内容的新假说。

因此，逻辑的意义在于提供推论的规则，它只是从一般的意义上表明提出一个结论需要什么逻辑性质的前提，而不承诺任何具体的一阶前提，也推不出任何具体的一阶结论，否则它不可能普遍地运用；也就是说，听起来具有限制意义的、单纯的逻辑规则对一阶问题答案的具体内容并不做任何限制，是绝对“自由”的。因此单纯的“简单的逻辑方法”不构成技术创新的限制。

仔细审视埃文斯的反逻辑思想，我们会注意到其所谓的“逻辑”并不是普遍使用、可以形式化的“逻辑”，而是一个具体的技术思路或理念，是《词典》中提到的“实际推理过程”的重要组成部分：其中，逻辑固然会起作用，但关键的是，接受设计任务的工程师的设计逻辑前提——整个产品的功能（技术目的）、“设计方法”（即技术手段范围）和概念（可能兼具技术目的和手段范围）——是由设计项目管理方按技术“传统”给定的，而不是这些工程师的自由创造，因此他们的设计首先是在社会学的意义上然后才是在逻辑的意义上被限定的。有了这个分析，我们就可以廓清逻辑对创新的“妨碍”作用：前提并不是逻辑给定的，而逻辑对结论的限定仅仅是源于前提，而不是源于其自身。换句话说，如果真有妨碍技术创新的，那它一定不是逻辑，而是人为给定的推理前提。

到此为止，我们仅仅廓清了逻辑在技术创新中的作用的一个方面。要更全面地理清逻辑在技术创新中的作用——例如，在给定前提下，技术逻辑是否构成对技术创新的限制，技术逻辑在接受创新中是否具有积极性的建设作用——我们需要进一步了解技术逻辑，即技术创新思维中普遍使用且实用上有效的规则的形式分析。

---

①Simon Blackburn: *Oxford Dictionary of Philosophy*. Oxford: Oxford University Press, 1996: 221.

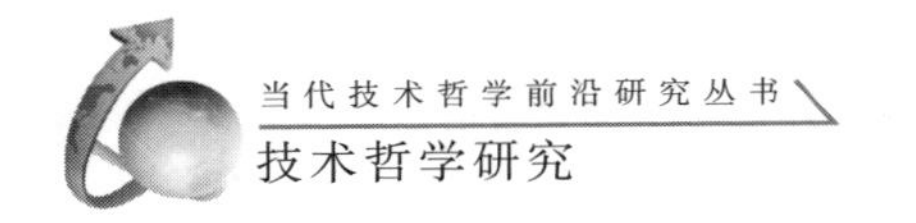

第二节　技术创新的逻辑

一、技术的语义学

那么技术创新思维中是否有技术逻辑呢？笔者认为是有的。为了揭示这种规则，我们必须考虑技术的语句结构，因为推理是基于可赋值的陈述句。不过由于作为实践的技术思维不同于事实认识的科学思维，因此在语句表达形式上是有差别的。我们首先从技术结论即技术命题的语义学分析入手。

从哲学上考虑，“技术”是主体达到某个目的的活动方式。在实践上，技术表现为包含操作对象、操作工具、操作要求等在内的一组操作；在其直观表达形式上，它包含一组动宾结构的语句。以一个阿司匹林制造技术的实验形式实例为例：

在100ml 干燥的锥形瓶中放置2.76g 水杨酸（0.02mol）、8ml 乙酸酐（0.08ml）和0.4g 乙酸钠。

振摇，使固体溶解，然后在磁力搅拌器上用水浴加热，控制浴温在85℃～90℃，磁力搅拌维持10min。

将反应物冷却至室温（45℃左右），边振摇边慢慢加入26ml～28ml 水。

在冰浴中冷却后，抽滤收集产物，用50ml 冰水洗涤晶体，抽干。

……

但是这些动宾结构的语句可以改写或转译为包含陈述句的语句。比如

J_1：“使2.76g 水杨酸（0.02mol）、8ml 乙酸酐（0.08ml）和0.4g 乙酸钠处于100ml 干燥的锥形瓶中。”

这个语句可以形式化为：“构造P。”

其中P是对一个操作直接达到的结果事态的描述。但是，如上所述，“技术”是主体达到某个目的——即埃文斯所说的“功能”——的活动方式，目的是技术的规定性不可分割的一部分；构造P并不是技术的目的，离开目的，它只能是一个无意识、无意义的行为，不能称为技术。在技术的语言表达形式上，这也必然要有所体现。技术目标是技术要达到的结果，它也是一个事态，因此也可以表达为一个陈述句，我们可以标记为 P_n，则一项技术结论的直观表达是

T_i：“实现 P_n 可以通过构造P。”

我们可以使这个基本是日常语言表达中的思维要素更突出、更加形式化。令M！表达“可以构造”，R表达“实现”，RP_n 表达“实现 P_n”，则 T_i 可以表达为如下形式：

$$T：M！P（RP_n）$$

二、技术推理的基本规则

那么技术推理是怎样的呢？韦伯有一个关于事关目的和手段的价值判断与作为事实判断的科学之间关系的观点对此具有启发性。

"'要取得技术目标 x，y 是唯一合适的手段，或者与 y^1、y^2 一起作为这样的［手段］'……这些都仅仅是因果命题的重新表述（reformulate），就评价可以输入其中而言，它们仅仅是未来行为的合理程度相关的那类。"① "应该重点提醒的是，所追求的目的的准确定义的可能性是这个表述问题的先决条件。因此它仅仅是因果命题的颠倒，换句话说，它是个纯技术问题。按照这种说明，科学的确不必以简单的因果命题——例如 x 是由 y 产生的，在 b_1、b_2、b_3 条件下，x 是由 y^1、y^2、y^3 产生的——之外的形式表达这些技术目的论的命题。它们说的是同样的事情，行动者可以很容易从中得出他的方案。"②

韦伯是在社会科学价值中立问题语境中做出上述阐述的。该阐述给我们的启示是，要得出一个技术结论，需要两个条件或命题：一个是准确定义的目标，一个是因果命题。

技术的目标是一个事态，但它不是一个现实事态，而是一个理想事态，因此单独表达技术目标的目标语句的语言形式与一般陈述句有所不同，也不同于技术命题中的表达，例如"要发烧消失"（解热）。我们可以借鉴辛迪卡的道义逻辑的 Op 形式或布莱克本的态度逻辑的 H！p 形式③，对目标语句进行形式刻画。令 W！表示"……是理想（或欲望等）"，于是目标语句（A）可以表达为如下：

$$A：W！(P_n)$$

对于第二个条件，韦伯可能是部分正确。首先，我们不能把技术命题仅仅看作是因果命题的重新表述：它不仅在形式上与因果命题不同，从语义上看，技术命题也是"技术目的论"的，具有因果命题没有的目的性内容。其次，即使因果关系本身的存在或认定没有休谟问题，作为技术假设依据的有些现象之间的关系也不一定是因果关系，例如在发电机转子转动、电线开关闭合、电灯泡与发电机和开关之间的连接这三者与电灯泡发光之间，我们通常只把一个看作是原因，而把其他两个看作是条件。因此我们可以把因果命题替换为 x 现象与 y 现象的必然性关联命题，这足以满足得出技术结论的要求。由于表达技术目标的 P_n 命题应该"可以输入其中"，而技术命题是这类命题的逆命题，因此这类蕴含命题的形式是：

---

①Weber，M：*The Methodology of the Social Sciences*. New York：The Free Press，1949：37.

②Weber，M：*The Methodology of the Social Sciences*. New York：The Free Press，1949：45.

③Blackburn，S：*Spreading the Word*：*groundings in the philosophy of language*. Oxford：Clarendon Press，1984：193.

$$P \rightarrow P_n$$

因此一个简单技术推理的语句序列或规则 TL 为：

(1) $W!(P_n)$，

(2) $P \rightarrow P_n$，

所以

(3) $M!\ P\ (RP_n)$

这个形式显然不同于事实判断的推理，与道义逻辑一样，这也是基于它所在思想领域的特殊语义。技术逻辑在语义上是有效的，因为 M！表达“可以构造（may make）”，而不是“只能构造（must make）”（“！”是情态的标志），这与（2）是一致的。

三、技术推理链与技术推理树

应该注意到，TL 实际上是技术推理的基本单元。通常我们认为是简单的技术实际上可以分析为不同的操作，比如管理学家泰勒对具有不同效率的铁块搬运工人的搬运动作进行比较、分解，设计了一套标准的动作，大大提高了搬运的效率；形成这些技术的自发推理自然也是由技术推理基本单元构成。而复杂的技术更是一系列操作的组合，因此是由若干 T_i 语句和最后的目标事态命题构成的序列 $\{T_1, T_2, T_3, \cdots\cdots T_{n-1}, P_n\}$ 所表达的一组操作和结果，形成这些技术的推理也是技术推理的基本单元的组合。只是这些推理并不一定是时间上连续发生的过程，而常常是间断发生和连接。但这些推理之间存在形式上的连接，这就是一个推理的结论中构造的事态 P_{n-1} 成为另一个推理的目标事态，反之亦然。例如

(1) $W!(P_n)$，

(2) $P_{n-1} \rightarrow P_n$，

所以

(3) $M!\ P_{n-1}\ (RP_n)$。

(4) $W!(P_{n-1})$，

(5) $P_{n-2} \rightarrow P_{n-1}$，

所以

(6) $M!\ P_{n-2}\ (RP_{n-1})$。

……

（3）的手段中要构造的事态是（4）中的目标事态，如此等等。由此构成一个技术推理链。技术开发一般都是建基于第一个技术推理，然后依次构造或连接后续各个推理，最后完成整个技术设计方案。

另一方面，正如韦伯所提及的，存在一类技术命题：

“要取得技术目标 x，可能 y 是与 y^1、y^2 一起作为唯一合适的手段。”

显然这个命题依据的蕴含命题逻辑结构如下

$$(Q \wedge R \wedge S) \rightarrow P_n$$

它和目标 x 即 W！（P_n）得出的技术手段是 y、y^1、y^2 的合取。接下来就是构造推出实现 y、y^1、y^2 的技术推理，这些推理相互独立，因此是并行的，由此它们与实现目标 x 的技术推理构成了一个技术推理树。

三、技术推理的逻辑推论

技术推理的逻辑形式结构可以推出技术思维的三个论题：

（1）开放性论题（OT）。一个技术结论建立于一个蕴含句的基础上，而蕴含句并不承诺如果我们坚持蕴含句的后件就承诺它的前件，相反，在这种情况下，前件是开放的。因此作为目标与手段关系的技术关系也具有蕴含关系的类似逻辑特征：一个技术推理及其逻辑结论仅仅意味着通过构造 P 可以达到 P_n，否定目标事态 P_n 必然否定实现 P_n 的手段 M！P，而并不承诺实现目标 P_n 只能通过构造 P，相反，对于这个目标而言，它的手段是开放的。这就是开放性论题。

（2）二重性论题（DT）。技术逻辑表明，一个技术推理的目标事态命题可能是另一个技术推理结论中的手段事态命题，也就是说，一个目标可能是另一个更基本的目标的手段，它具有目标和手段的二重身份。这就是二重性论题。

（3）同一性论题（IT）。一个技术推理的目标事态语句与蕴含语句的后件语句是同一的，正是这种同一使得目标语句与蕴含语句能连接起来，构成推理。技术推理形式是技术思维的基本框架，没有达到这种同一性，技术思维就不可能形成一个技术创意。这就是同一性论题。

第三节　技术逻辑的创新功能

一旦明确了技术逻辑的形式和结构，我们就可以对技术逻辑之于技术创新的意义做出更全面、更准确的认识。大致可以做出如下概括。

一、技术逻辑是创新自由的逻辑根据

OT 意味着我们的技术思维应当是开放的、自由的，不应受制于技术“传统”。因此技术逻辑不仅不是自由创新的障碍，而且是它的根本根据：创新自由有利于创新的诸多事实固然可以归纳地说明它的必要性和重要性，但离开技术逻辑，这种说明不会是彻底的、令人信服的。

为更全面地厘清技术逻辑的开放性，我们必须区别技术命题、技术评价命题和技术决策。如韦伯所言，一个技术手段可能会实现技术设计的目标，但也可能带来副后果（subsidiary consequences），此外能够产生同性质结果的不同技术手段在确

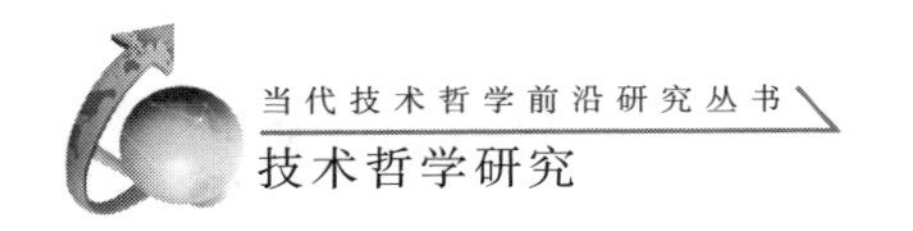

定性、速度、高产等定量方面各不相同①，另外它们的代价也不相同。因此我们最后采用的技术存在一个评价和选择问题。因此韦伯给出了一个技术评价命题：

T_v：“要取得技术目标 x，y 是唯一合适的手段，或者与 y^1、y^2 一起作为这样的［手段］。”

T_v 是在现有条件下通过考察现有各种同类技术给出的一个暂时性的评价结论，是为技术决策提供依据的，因此具有相对性、唯一性和历时性：“唯一合适的”即“最合适的”。技术逻辑得不出这种封闭且形式上武断（在表达上缺乏时间限定）的技术命题，它没有这种逻辑前提，相反它的逻辑前提——蕴含命题本身在逻辑上就蕴含着存在新技术的可能，技术思维应当是开放的，这一点我们也可以从技术命题本身的形式解释中看到。如果把 T_v 这样的技术评价命题形式误作技术命题，我们就容易陷入技术僵化思维。同样我们也要把一个技术命题与一个技术决策或习惯区别开来：技术决策具有和技术评价相同的特征，一个技术习惯也可能形成一个僵化的技术思维。这些都不是技术命题，受与技术命题不同的、超过技术逻辑的条件约束。

二、技术逻辑是技术批判思维的工具

韦伯发现，在社会技术领域中“争取完全相同的目的可能是出于非常不同的终极理由，而这会影响对手段的探讨”，这就是表面上目标一致、仅仅是手段问题的讨论实际上是围绕目的的选择展开②；在自然技术研究领域，这种情况似乎不明显，然而埃文斯关于设计应从软领域定义的概念和功能开始的主张，恰恰表明技术目标层次同样需要这种探讨。也就是说，作为技术目标本身存在一个合理性的问题：“目标本身可能被批评为不合理的，而不仅仅是手段。”③ 但是，在技术思维中我们常常“传统”地把一个本质上是更高目标的手段当作无可置疑的、非理性的因而相当于终极目标的目标，这会把我们的技术创新局限于现有技术之内，妨碍我们的真正目标的技术解决、做出更具革命性的创新——这种创新不是现有技术内的个别部分、个别环节上的修修补补，而是全新的技术，例如互联网技术之于传统邮政范畴内部的技术革新。

另一方面，技术人员常常一开始就习惯性地把自己局限在自己的技术传统中。例如，联合利华引进了一条香皂包装生产线，投入使用后发现，常有盒子里没装入香皂的情形发生，于是邀请一位自动化专业的博士后解决这一问题，后者组建的技术攻关小组花费 90 万元，采用机械、微电子、自动化、X 射线探测等高技术，发明了一套现代设备；中国南方有个乡镇企业也买了同样的生产线，老

---

①Weber，M：*The Methodology of the Social Sciences*. New York：The Free Press，1949：45.

②Weber，M：*The Methodology of the Social Sciences*. New York：The Free Press，1949：12.

③Putnam，H：*Reason，Truth and History*. Cambridge：Cambridge University Press，1981：169.

板发现同样问题后找了个小工，后者花了190元钱，在生产线旁边放了一台大功率电风扇，将香皂吹进盒子里，从而解决了问题。① 这个对比实例说明，恰恰是我们受过的专业技术训练造成的技术教条常常成为技术创新的真正障碍。

要消除这些妨碍创新的教条化的技术思维模式，必须引入技术批判思维。这种批判不能是根据某一个具体技术观点进行——它可能会引入另一个技术教条，同样可能妨碍更有效地解决问题；而是在考虑一个目标的技术问题的时候，运用技术逻辑进行高层次的质问和审查：这个技术命题是可靠的吗？它的技术根据是什么？这些根据的根据是什么？这些根据可靠吗？其中根据DT会涉及的问题有：这个技术目标是为什么服务的？它是终极的、唯一的或必需的吗？换句话说，它是否仅仅是另一个目标的一个手段而已。根据OT涉及的问题：它只能在现有技术范畴中实现吗？这个问题衍生为是否存在以同样事态为后件的其他蕴含命题？通过对这些问题的回答进行审查，我们可以减轻或避免任何一个具体技术观点的束缚，鼓励自由探索新观念，激发人们的创造灵感，才可能做出更具革命性的创新。

例如，日本大阪南部某地兼有著名温泉和秀丽山色，一些人由于工作原因，不能一次既看山景又泡温泉，这显然影响此地旅游业的吸引力和竞争力②。解决这个技术问题的关键是技术批判，批判的对象是表达技术现状的一个技术命题："由于工作时间关系，不能一次既看山景又泡温泉"。我们质问和审查这个技术命题是可靠的吗？这个问题根据技术逻辑转化的技术根据是什么？这些根据的根据是什么，最终的根据可靠吗？这些问题的回答大致概括为以下几个方面：（1）"工作时间"不可能改变；（2）在现有时间内压缩单项耗费的时间、依次完成会影响旅游者享受两项业务服务的质量或数量，从而影响服务的吸引力和竞争力；（3）泡温泉是在固定的地方，而看山景却需要在不同的地方，因此在相同时间同时完成两项是不可能的。经过逐一审查，我们可以发现"泡温泉是在固定的地方"是可疑的，关键是它的概念依据——泡温泉的概念：泡温泉是用具有特殊功能的温泉水浸泡身体，但它并不蕴含必须在固定的地方这一要素，"泡温泉是在固定的地方"只是一个技术传统形成的错误定式。一旦通过技术逻辑批判破除了这个概念，我们就可以提出一个新创意：构造装温泉水的缆车。

三、技术逻辑是技术创新的指南针

技术创新中当然存在着逻辑要素的非逻辑决定性：作为技术目标最后还原到的最基本目标，即韦伯说的终极价值，是类似于多神教一样非理性地给定的，而不是逻辑预设或推出的；产生蕴含命题的经验也不是逻辑预设或给定的，而是源于偶然的实践经历，因此我们的创新具有偶然性；是目标语句先产生，还是蕴含

①《香皂包装生产线 智慧的，都是简单的》，载《中外管理》2009年第6期，第62页。
②于是：《缆车上泡温泉》，载《生意通》2006年第11期，第57页。

命题先产生，这也是偶然的，不是技术逻辑的规定。然而现代专门化的技术创新活动不是没有方向的无头苍蝇或混乱无序的思维运气的产物，有效的创新思维尽管需要自由，却也需要有效的思考方向，否则就意味着加大埃文斯所言之“风险”“混乱”“交付延期”“被问责”——因为它意味着完全的运气。能提供最大限度的创新自由同时又提供必不可少的方向的知识，就是技术逻辑了，这突出体现在现代专门化创新的两条进路中 IT 论题的导向作用。

一条进路是开始于理想事态或目标 W！（P_n）。这个目标规定了后续的基本方向——探寻以 P_n 为后件的蕴含命题，最后得出一项技术发明。电灯的发明即是如此，爱迪生立志发明一种用电照明的电器，这个目标决定爱迪生接下来的探询活动不是任意的方向，而是寻找这种通电发光的材料，也就是探询什么物体通电可以产生发光现象。

另一条进路是开始于一个蕴含命题 $P \rightarrow P_n$。这个命题也确定了后续技术创新的基本方向：确定是否存在以 P_n 为需要的技术目标，最后得出技术。除草剂的发明即是如此，美国科研人员在研究促进庄稼生长的技术过程中，他们的方案没有促进庄稼的生长，倒是旁边的杂草被杀死了，从技术目标来看他们的方案失败了，然而失败中依旧包含有技术价值的知识，这就是其蕴含语句的后件可能成为人们的目标——除掉争夺养料的杂草也是市场中农民关注的目标，便产生了除草剂的创意。所以从科学向技术的转化，其关键是以 IT 论题为指导的需求定向。

因此，技术创新中存在的逻辑要素的非逻辑决定性、创新自由与技术逻辑的指向性并不矛盾。技术逻辑不会妨碍创新自由，这一点前文多次论证过；技术逻辑是必然的，违背它就不可能产生技术创新——例如我们不能想象出W！（P_n）和 $R \rightarrow S$ 这样的蕴含句结合能产生什么技术，因为它们不符合技术推理的规则——因此明确技术逻辑只会消除无效的技术思维；以必然的逻辑去引导、促进偶然的创新逻辑要素的产生、捕捉和整合，比自发无为或盲目自由更为有效。因此，从自发、偶然的创新活动中揭示出必然的逻辑，转化为自觉的、常态的技术创新思维的最基本方式，只会促进技术创新效率的提高，这跟泰勒搬铁块的技术行为的科学化管理类似，也是自由与必然关系在技术创新中的表现。

总之，妨碍技术创新的不是逻辑，而是囿于具体的技术传统即专业技术知识；技术逻辑是技术创新自由的逻辑基础，是技术创新思维的指南针，也是技术批判思维的工具。对技术逻辑运行中偶然性方面的过分夸大、以偏概全，形成了技术创新的非逻辑性偏见，这种偏见又导致对技术逻辑研究的拒斥。技术逻辑的作用表明，我们不仅不能清除技术逻辑，而且应当把技术逻辑思维训练作为培养创新能力基础的部分，因为我们的技术创新并不一定来自专业技术的训练，例如，乔布斯、比尔·盖茨的创新都不是基于他们大学学习的专业。

第十章

技术进步

人类所拥有的技术，从原初的刀耕火种到当今社会所拥有的高新技术，无论其形式还是内容，总是处于不断的变化和发展之中。文化的扩展和政治统治的形成等历史现象总是体现出一种兴衰的节律。技术自产生以来，在量和质两个方面都经历着持续的增长，不断地从简单走向复杂，从低技术走向高技术，从经验性走向科学性，技术体现出进步性。技术方法和技术产品的传播越来越广泛，技术不断扩展到越来越多的日常生活领域和文化领域，技术推动着社会进步和人的全面发展。

第一节　技术进步的概念

“技术进步”由“技术”与“进步”两个词构成，明确这两个词的涵义是探讨“技术进步”概念的基础。

“技术”一词的涵义（详见第四章）决定着技术进步的范畴和内容。从古希腊到近代和现代，技术概念从原来的生产实践过程中的技能涵义，扩展到工具、机器、设备和技术知识。

与技术进步相关的另一个概念是“进步”。英文的“进步”一词（progress）来自于拉丁文 progressu。据古典学家布克特（Walter Burkert）的考证，西塞罗首先使用 progressu。progressu 有两个相关的希腊词源，一个是 epdoseis，另一个是 prokope。它们大体表示个人能力的长进。[①]可见，这里隐含了“进步”的基本涵义：长进。

实际上，进步这一观念的形成是经历了漫长而曲折的历史过程的。英国学者伯瑞在《进步的观念》一书中以详实的史料考证了进步观念的形成过程。伯瑞认

①汪堂家：《对“进步”概念的哲学重审——兼评建构主义的“进步”观念》，载《复旦学报（社会科学版）》2010 年第 1 期，第 103 – 113 页。

为，进步观念最早萌芽于16世纪，然而直至文艺复兴后期，由法国哲学家伯丁从知识的角度辨识出过去时代里的整体上的进步，以及英国哲学家培根解释了各种进步观念之后，进步观念才得以正式诞生。在此后的300多年间，进步观念在各个时代时隐时现，并应对了退步论和历史循环论的挑战，直至17世纪末和18世纪上半叶，随着理性主义进入社会领域，知识进步观才逐渐拓展为人类普遍的进步观。到了19世纪，进步观念由达尔文和斯宾塞的进化论思想得以在社会大众中获得认同。

在思想文化史上，进步观念主要用来指人类处境的改善，即社会进步。它是指人们能够通过发展经济，运用科学技术使生活品质变得更好，是基于人类对自身理智的信任，相信人类通过理智的指引和自身的努力能够创造一个更加光明美好的未来。正如希腊哲学家芬尼斯说的，上帝并没有在一开始就向人类揭示所有的事情，但是人们可以通过自己的探究，来发现什么是更好的。[①]进步观念是由理性主义为其保驾护航的。理性主义是有关这样的一种信念，即一切活动都应由理性来指导，只有理性才是至高和权威的。[②]现如今，社会的进步总是与人类的自由、政治的民主及经济社会的现代化相联系。

虽然从20世纪20年代开始，由于两次世界大战，人们看到了现代技术能够给人类带来可怕的消极影响，使得进步思想招致了很多的批评，但是不可否认，它目前仍然是我们社会中占据主导地位的重要思想。同时，对社会进步观念存在的疑虑并不影响“进步”这一概念的一般涵义的形成。

国内对进步观念的哲学研究并不太多，相对比较深入的有复旦大学的汪堂家教授。汪堂家认为，“进步”是人为自己和自己的生活世界所确立的价值标准，传统的进步观念是以线性的时间观为基础，意味着“已经、正在并将继续朝有利的方向前进”。[③]也就是说，进步既体现为结果，也体现为过程；既是一种事实存在，也是一种价值选择。简而言之，进步意味着现在比过去好或者未来比现在好。“好”总是与规范有关。凡是符合规范的，就是进步的，也就是好的。哲学上“好”的观念意味着事物在自然界秩序中的三个特质：存在、目的和道德。[④]

上述分析可见，技术进步体现在技能、工具、机器、设备和技术知识的“更好”中。这种更好应包括两方面的内容：一是作为事实基础的存在，即技术进步的表现形式，其中包括技术知识的增加、技术人工物的数量和种类的增长以及由知识和技术人工物构成的技术系统效能的提升；二是基于其表现形式的价值蕴

---

①https://en.wikipedia.org/wiki/Idea_of_progress.

②孙亮：《为历史唯物主义的“进步观”辩护——“进步主义”与历史唯物主义“进步”观的异质性勘定》，载《人文杂志》2012年版，第4期，第1－7页。

③汪堂家：《对“进步”概念的哲学重审——兼评建构主义的“进步”观念》，载《复旦学报（社会科学版）》2010年第1期，第103－113页。

④Alex Tiempo：*Social Philosophy*：*foundations of Values Education*. Manila：REX Book Store，Inc. 2005.

含，即技术进步的伦理取向。也就是说在任何技术环境，技术进步应该总是能够得到越来越好的结果。

第二节 技术过程及技术进步的实现

从技术的过程来看，技术有一个从设计、制造到制成品的过程。而技术的进步总是通过一定的技术过程得以实现。

一、技术的过程及其要素

技术有一个从设计、制造到制成品的过程。设计是指人“为了达到一定的预期目标，为了实现自己的愿望、计划等等，这样，人首先要在思维中创造出行动的最终结果，这表现为他的创造物的形象，表现为目标和计划等。”[①]设计通常始于人头脑中的一个创意，这一创意在不断地修改、检验和改变中形成人关于技术的构想，通常表现为对人工物依照心中的想象进行构图。设计和发明常常是交织在一起的同一过程。发明通常也是源于发明者的想象力，可能是通过试错来开发一个新创造，也可能是建立在对已有技术基础上的新设想，发明者通常会通过收集信息、进行试验、绘制草图、精心思考来进行，建立在设计的基础之上，结合物质的因素不断地调整设计，将构想的人工物变成可能实现的存在。在技术的产生和发展的每一步中，意志知识作为理性的基因，结合自然规律、技术原理和技术规律，作为“最适合（fittest）”“正确（right）”与“最好（best）”的选择意向，在技术的设计、制作和制成品中体现并使技术人工物达到尽可能完善的状态。

制作是将设计发明结合物质条件（原材料、工具、机器），将构想的人工物通过人的活动以及生产工具变成成品。在这个过程中，涉及运用适当的材料，运用制作的经验和技能，遵循相关的自然规律、技术原理和技术规则。其中，制作和使用技术人工物都是技术活动；技术规则、技术规律和技术原理是技术知识最核心的内容，是关于如何通过设计、操作和制造得到技术人工物的知识。可见，技术的过程涉及技术意愿、技术实践活动、技术人工物和技术知识的运用，其实质是技术知识与技术实践相互作用通过工具、机器、设备一起将技术材料制作成技术人工物。

技术人工物作为制成品是技术的一种实体存在，是技术得以实现的最终形式。任何技术最终总是表现为技术人工物。技术人工物反映各要素之间形成的关系，而稳定的关系就成为结构，它们共同实现技术人工物的功能。同时技术人工

---

①F. 拉普：《技术科学的思维结构》，刘武等译，吉林人民出版社1988年版，第13页。

物又处于一定的环境之中，因而，从技术的内在构成来看，技术人工物形成可以用要素、结构、功能、意向和环境进行完整的描述的技术人工物系统模型（见图3－3）。

从技术人工物系统模型来看，技术人工物的要素、结构和功能都是实在的，这里的要素实在与结构实在是受到功能实在制约的实在。技术必须是有功能的，因为技术人工物之所以有意义，是因为它具有一定的功能，它能够完成人所交给的任务——实现功能。没有功能的技术，是不能称为技术的。人们发明技术是为了获得功能。“技术如果不发挥其特有的功能，就不具有技术的本质，就不成其为真实的技术。”①

二、技术进步的实现形式

结合技术进步的定义，通过以上分析可知，技术系统内任何要素的长足发展，都是技术进步的某种实现。技术的要素包括技能，工具、机器、设备，技术知识，同时在过程上体现为技术活动。因而其必然包括经验，技能，应用于以及能应用于技术的技术规则、技术理论和科学知识等技术知识的增加，工具、机器、设备等技术人工物的改进和创新，以及体现在技术过程中的技术系统效能的提升。

（1）技术知识的增加。技术变革的产生主要是通过应用科学研究和技术知识的提高。只要人们具有关于可以应用的定律的知识，就有可能采取适用于所设想的目标状态的措施。与传统的主要凭借经验为基础的手工技艺不同，在现代技术系统中，对技术知识的掌握几乎是人们从事技术活动的必要前提，比如人们只有了解了相应的科学原理以后，才能制造出收音机、电视机和核电站。正因为如此，拉普认为，“除了考虑直接的实际效益之外，只要技术知识增长了，也可以说这是一种技术进步”“一切革新和发明不论其直接应用性如何，在原则上都增加了可能有用的技术储备”。②因为从技术诀窍的角度来说，它为制造产品以增加产量或提高效率奠定了基础。同时技术经验的增加也可以视为一种显性或隐性技术知识的增加。

（2）技术人工物的数量和种类的增长。技术人工物是技术的最终体现，技术是有意设计和生产的具有特定功能、能够满足人类某些需要的人工物的集成。技术进步被定义为能够由现有的技术设备来满足人类需求的功能，体现为必需品的数量和各种各样的性能。比如，在交通方面，从古至今人们发明了马车、自行车、汽车、火车、飞机等交通工具。从人工物的某一方面的功能来看，从马车到飞机，人们通过创新，首先大大提升了交通工具的速度，能够满足人们对速度的

①肖峰：《哲学视域中的技术》，人民出版社2007年版，第42页。
②F. 拉普：《技术哲学导论》，辽宁科学技术出版社1986年版，第55页。

更高要求，诸如此类的还有现代公路和高速路，与古罗马和19世纪的道路相比，就耐久性来说标志着一种技术进步。喷气式飞机比莱特兄弟制造的第一架飞机速度快得多。这些通过改进变得更好的技术人工物无疑是技术进步的体现。正如H. 斯科列莫夫斯基认为的，技术进步的特点是除了生产新产品以外，它还为生产"更好"的同类产品提供手段。所谓"更好"可以包括许多特性，比如①更耐久，②更可靠，③更灵敏（如果灵敏度是产品的重要特性的话），④运行速度更快（如果运行与速度有关的话），⑤以上各点的结合。从技术人工物具有的功能的总体来看，技术人工物具有多种多样不同的性能，可供人们在同一时期依据不同的需要作出选择，同时满足人们多种多样的需要的能力得到显著增强。比如，从马车至飞机等一系列交通工具，飞机最能体现人们对高速度的要求，对于不那么遥远的距离，也许汽车和火车是更为方便经济的选择，对于更短途的距离或者健身娱乐来说，也许自行车更符合需要，甚至马车也依然在某些道路交通不便利又不方便建机场的特殊地域具有某种优势。正如我们现在依据自身经验所看到的，为了使人们多种多样的、不同层次的需求都能得到更进一步的满足，人们不断地改进和发明新的人工物，人工物的数量和种类因此不断地增加，人们无论有什么需要解决的问题，都能依据自身的需要来选择不同功能的合适的技术产品。广泛的、多种多样的、多层次的需求和选择都能得到实现，无疑体现了技术的进步。

（3）技术系统效能的提升。技术是人类为了满足自身的需要，达到改造客观物质世界的目的，而从事社会实践活动的，由实践性技术、实体性技术和知识性技术构成的具有内在联系的动态系统。在现实的技术活动中，技术系统总是表征为为获得有价值的结果，以有效的方式转化具体对象的行动系统。技术变化在于新的技术系统的设计和生产以及技术效率的提高，对技术变化可以通过技术系统的效能来评价。正如伦克指出，"技术进步"的概念有一个规范性，它始终是对某种状态的一个比较，指某个技术系统能够实现更好的状态，或者能激励更好的技术方案或操作的实现。其评估标准包括：质量的提高；产品安全性的提高；不利因素的解决；更大的精度；可行性；更好的控制；更快的速度；更简单的可计算性；经济效益，尤其是涉及包含在投入产出比中的生产或维修的费用部分。[1]

事实上，对于技术系统的效能来说，我们常常用两个有关的基本概念来评价技术进步，一个是有效性的概念，一个是效率的概念。

有效性是评价技术系统效能的关键，指技术的预定目标和结果之间的相符度。进步意味着至少在某一方面提高有效性。技术进步就是在一定种类物品的生产中追求有效性。由于技术的有效性可被理解为其中预定目标集合O被包括在实

---

①Hans Lenk：*Progress*，*Values*，*and Responsibility*. PHIL & TECH. Spring - Summer 1997，2（3 - 4）：PP. 102 - 119.

际上得到的结果的集合 R 的程度。因此有效性的程度，可以通过测量预定目标的实际达成的比率来获得，即：$F = |OR| / |O|$。

由于一个动作可能是极其有效的，但不是非常有效率。比如，杀苍蝇用大锤。其他诸如此类的例子还有，DDT 对抗瘟疫等。因此，评价技术进步还必须考虑效率的问题。

效率是评价技术进步的另一重要概念。在热力学中，发动机的热效率被定义为转化成有用功的能量相对于能量消耗的总量的比率。效率的这种概念，不能直接推广到任何技术系统，一个系统的效率并不总是通过能量转换的测量来体现。经济效率的观点似乎可以解决这个问题。确定行动的经济效率可通过计算所产生的成果价值与投入生产的成本的比值获得。在这种情况下，必须排除技术影响之外的经济因素。例如，生产要素和生产货物的市场价格造成的影响，这方面一般不依赖于技术而是取决于社会或经济性质的主观评价或外部条件。

因此，作为技术进步的表现，系统的效率增加时其效能将增加。同样，如果技术系统产生的结果与预定目标之间符合程度更严格，并且如果多余的或不需要的结果降低，效能也将增加。技术进步表现为以更低的成本或努力实现目标或产出，或者当我们以相同的输入或努力成功实现较高的输出或更好的成就。拉普也有相同的看法，“如果可以用更小的投入做同样的工作，或者以同样的投入做更多的工作都是技术进步”，他认为，“人们可以把技术系统的效能看作是技术进步的指示器。这种进步可以采取延长使用寿命，提高可靠性、灵敏度、精确度、运行速度以及更快更省地进行生产而建造全新的系统或改进现有系统等形式”。①

汤德尔特别强调了技术“改造客观世界”的目的以及技术“是增进人类活动效率的全部资源之总和”，②并指出“技术的一般功能就是由人组织的物质、能量和信息的交换”。汤德尔总结技术进步的基本趋势：其一，材料：发现已知材料的新属性和取得关于这些属性的更确切的知识，包括研制全新的材料以及合成性质更符合新技术要求的人工材料；其二，能量：包括提高现有能量转换方式效率，利用更有效的新能源；其三，信息：使用算法语言和给完成这些工作的技术装置编制程序，通过技术模拟使各种任务的解决经济化、最优化等。③

综上所述，我们可以认为，技术进步通常表现为技术知识的增加，技术工具、机械、设备具有更全面更良好的性能，技术结果的更有效达成和技术过程的更便捷的实现。总而言之，表现为人类改造自然的能力和潜在能力的增强。

---

①F. 拉普：《技术哲学导论》，辽宁科学技术出版社 1986 年版，第 55 页。
②F. 拉普：《技术科学的思维结构》，刘武等译. 吉林人民出版社 1988 年版，第 14 页。
③F. 拉普：《技术科学的思维结构》，刘武等译. 吉林人民出版社 1988 年版，第 20 页。

第三节 影响技术进步的外在因素

在技术活动的过程中，包含了实现技术进步的要素。技术全方位地渗透现代社会中的每一个领域，技术的起源，尤其是现代技术的变化发展，是一个由多重因素作用的复杂过程。概况来讲，实现某些技术的进步一般需要相应的社会和经济条件以及必要的技术知识和技术能力状况等等。从主客观条件来看，需要人类的社会需要及社会文化价值体系推动形成技术产生和发展的主观意愿；需要自然规律，自然界的物质、能量和信息以及工具、机器、设备等客观物质基础，使得对人工自然的创造、控制、应用和改进得以按照技术意愿顺利进行，技术进步从而得以实现。作为一个复杂的社会子系统，技术不仅有其自身变化发展的规律性，而且与社会的经济、政治、军事、科学、文化等诸因素相互影响。马克思在《德意志意识形态》中提出，人的生存需要构成技术产生的根本动力，技术在生产中极其广泛的应用，激发了人们新的需求，进一步推进了技术的发展；人们在满足生存需要的现实生产和生活活动的过程中产生的社会意识形态对技术的发展形成阻碍、制约或促进作用。许多学者也对影响技术变化发展的因素进行了考察，普遍认为社会需求、科学进步、社会人文价值体系是影响技术进步的重要方面，这些方面是技术进步的重要推动力，对技术进步的实现不可或缺。

一、社会需求是技术进步的基本动力

社会需求不仅是技术产生的根本动力，而且是技术进一步发展的基本动力。任何技术，最早都源于人类的需要。正是为了生存发展的需要，人类起初模仿自然，进而进行创造，发明了各种技术。近代以来，不同时期的学者就技术的起源及其发展给出了各种说法，唯一共通的一点就是技术发展的动力来自社会需求。(详见第十二章第一节“一、社会需要导向型”)

二、科学是技术进步的理论导向

科学和现代技术的关系是最为密切的。19世纪电磁感应理论和电力技术的发展，标志着科学走到了技术的前面，科学从原来作为技术的经验总结转化成了技术的理论先导。[①] 只有利用一定的仪器通过实验有目的地“询问”自然，人们才能够合理地利用物质世界。往往科学的基础研究取得突破之后，才能够带来技术问题的突破。现代的尖端技术、高技术，乃是由最新科学成就特别是基础自然科学的发展引出的技术。现代技术的发展必须是按照客观规律在科学理论的指导

---

①F. 拉普：《技术哲学导论》，辽宁科学技术出版社1986年版，第92－93页。

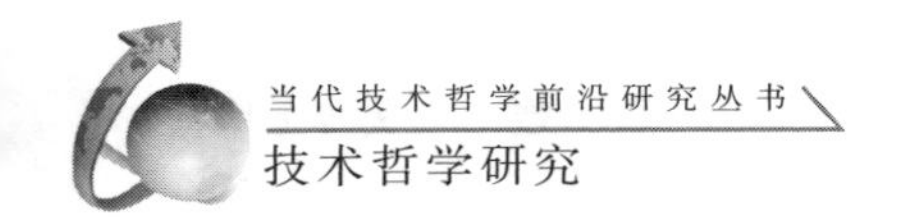

下去改造世界的结果，缺乏科学理论的指导，只凭人的想象力或错误的推断去构思技术的未来图景，一定会导致技术上的失败。换言之，科学的分化发展对技术创造起着规范和指导作用，技术的发展需要科学研究为其解决、克服相应的难题。在技术的发展史上，我们可以看到，有机化学的发展使得大规模的综合整染工艺成为可能，对电和磁的性质的研究为电力技术发展奠定了基础。原子核反应堆和原子弹是依据原子核裂变理论研制成功的，没有对原子、原子核的认识，没有原子核裂变现象的发现，要实现核能利用是根本不可能的。

不仅理论问题的解决引出了技术上的应用，而且在技术的进一步发展中仍然需要来自科学探索的支持。微电子技术的形成过程就是科学探索不断发展的结果，其中一个重要变革来自晶体管技术的发展，它的形成需要固体物理学方面原创性的理论和实验工作为后盾。关于半导体的研究早在 20 世纪初就已经开始，1928 年，有人提出用半导体制造和电子管相近的晶体管。但由于当时人们缺乏科学理论的指导，对半导体的微观结构和特性缺乏了解，因此晶体管的试制并没有取得实质性进展。20 世纪 30 年代中期，随着固体物理学理论、晶体生长理论的发展，使晶体管的研制成为可能。1947 年，第一个点触式晶体管在贝尔实验室诞生，随后在电子技术领域得到广泛应用。微电子技术的另一个重要变革来自集成电路技术。其中，集成电路关键部位的基础材料——基片，需要来自材料科学研究的支持。最早的基片是由半导体锗制成的，后来科学家们通过大量的研究发现半导体硅可以克服上述半导体锗基片的一些缺点，并且还具有其他许多优点，半导体硅就逐渐取代了半导体锗成为制作基片的主要材料。微电子技术每一步的重要进展背后都需要科学基础研究的突破与探索。科学的研究在一定程度上使应用科学家和工程师们能够快速、高效、经济地实现其目标。当代量子技术的发展更是植根于量子力学与量子信息理论。

三、社会文化价值体系影响技术发展的意愿

技术系统的现实的物理存在，至多能说明当前技术会连续存在，却无法解释现实技术发展的动态过程。技术发展是一种创造性的活动，而社会文化价值体系对这种创造性有不同的影响，有些文化观念能够提高创造力，而有些则抑制创造力。

思想文化观念的转变为技术进步提供智力前提。莱姆的《技术大全》预示着观念上的根本转变，表现时代的精神已不再是哲学化的神学，而是技术进步的观念。正是西方文明思潮，为首先在欧洲、而后在全世界进行的大规模变革提供了智力前提，科学认识的客观性和普遍性被当作最高目标。这种思维方式落实到实际行动上就是要寻求技术问题最优解的可能性，现代技术的效率在于精打细算地利用自然过程。自然界的对象化是运用近代技术全面改造自然的一个更重要的前

提，近代技术的另一个前提是机械论自然观。科学和技术都是建立在机械主义自然观基础之上的，因此它们互相支持。这种相互促进的过程，只是到现代才发挥出全部力量。近代的特点是在一切方面都不断加强创造性刺激，它最终使“变革”本身也成了一种价值。这种近代态度还来自世俗化倾向，文艺复兴时期对人的创造力的高度评价，对传统权威的摒弃和对独立思考的自发理性的信赖。没有这样一种刺激及由此产生的对整个局面进行根本变革的意愿，工业技术的这种发展速度是无法想象的。正如松巴特指出的，这一近代精神的特点是追求无限性，是不断建立新的目标和不承认自然界的限制。[①]

技术目标的形成，通常是技术潜力与文化知识环境不断相互作用的结果。技术的发展具有多种多样的可能性，在具体情况下如何实现某种可能性还要经过选择。物质条件本身并不能决定某些技术；只有根据对形势的特殊评价，才能形成目标。人们选择某项技术的动机通常反映了某种特殊的价值，后者则决定了哪些事情是值得努力去做的。一旦生物意义上的生存得到保证，那么如果人们看到既定的状况需要改变，以及去发展未来所要得到的需求品，就要求有一种超出基本生活需要目标的文化上的动力。曼弗雷德·施罗特强调，技术从一开始就是为文化服务的，例如建造教堂和墓地。有的文化传统是不利于技术发展的，如中国的传统文化中缺乏运用逻辑思维寻找科学规律的活动，或对技术现象进行内在的科学机理的分析，只停留于直接经验的感受阶段，对对象的认识只有整体，没有分析，故达不到准确和精密，只能是模糊和朦胧；只求想象，不求实证，也使得技术只有工匠的传统，没有来自科学的提升，故只有经验型的技术，而没有科学型的技术，只能停留在较低的水平——手工工具的技术水平，而进入不到完整的机器生产阶段。再加上在中国的封建文化传统中，人文文化居于至高无上的地位，科学技术的社会地位低下，产生不出追求技术进步的利益驱动。传统的人文观念对技术发展的阻碍在中国近代的表现也非常突出。拉普曾指出：“认为体力劳动是奴隶和下等人或未受教育的工匠的事情，或许这种态度就是为什么在古希腊尽管有高度的智力成就，而没有建设大规模技术项目的原因。”

社会文化价值体系可以影响技术发展的不同路径。人文文化传统由于具有被社会所接受和认同的稳定性，因此对科技的影响是全方位、多层次、潜移默化和根深蒂固的。比如，中世纪寺院中机械钟表的发明可以追溯到当时僧侣的有规则的祈祷生活，英国近代科学技术的兴起与其清教占统治地位的文化背景密切相关。[②] 福特公司对简单便宜的汽车的大规模生产和 IBM 把个人电脑推向市场也折射了美国人对个人自由、隐私权与便利的偏爱与选择。日本学者森谷正规认为，

---

①Sombart. W：*Der moderde Kapitalismus*. Munich & Leipzig. 1919，1：327 – 328

②R. K. 莫顿：《十七世纪英国的科学、技术与社会》，范岱年等译，四川人民出版社 1986 年版，第 129 页。

"每一个国家的技术和制成品，都是该国文化的产物"[①]。以日本为例，他认为日本的文化就是日本技术的基础。如日本有注重简洁精炼的"浓缩文化"传统，在精密性方面极具优势，其精雕细刻的技术风格受此影响而成，所以日本的技术产品多表现出结构紧凑、重视细节、手艺精巧的特色。这种特色在照相机、电子计算机、手表等小型化、微型化的技术上得到了更充分的体现。由于技术是文化领域的一部分，所以它有广阔的前途，并像一切其他形式的文化成就一样，能够以千变万化的形态表现出来。

人文素质对技术发展具有重要作用。人文素质是社会文化价值观念在社会主体身上的体现，它对技术的发展也具有重要的作用。对于现代化来说，已有如下的共识：人的现代化是一切现代化的基础，这一关系也包含着对人的发展与技术发展关系的揭示——人的素质无疑是制约技术水平提高的重要因素，人的素质的提高是技术发展的基础，一个文盲充斥的社会显然是发展不出高科技的。"大量的例子可以说明，一个国家为了推进技术进步，则必须使产业文化的建设速度与技术的发展同步。"如果产业文化的建设滞后，"就会延误技术进步的速度"。[②]所以人的素质状况构成为现代化的主体性制约，也是技术发展的一种基础性制约。有人将此称为"人文环境"——由特定社区成员的群体素质状况所构成的环境，包括这些成员的觉悟意识、思想观念、道德水平、文化修养、业务水平、办事效率、知识技能、精神风貌、敬业精神、服务作风和人际关系等方面的状况，它是硬环境的基础设施和优惠政策等以外的一种软环境，在技术发展中十分重要，甚至在当前的高新技术发展中被视为"第一投资环境"，它表明人的素质的高低即人文环境的优劣是该地区乃至国家的技术能否发展起来的决定性因素。如同拉普所说："技术领域中的一切事务都是人创造出来的，因而取决于特定时期的人所持有的价值观和目标。"[③] 显然，良好的人文环境具有内趋力，可形成激励机制。在这个意义上，只有人的问题解决了，技术发展的问题才有可能得到解决。

对于技术的发展来说，仅仅考虑需要和实用并不能说明人类所制作的物品的多样性。乔治·巴萨拉就曾指出，需求并非是刺激发明者去发展技术的唯一理由。汽车发展的历史表明，在奥托设计出四冲程内燃机发动机之前，芸芸众生的生活也过得很快乐。汽车的发明既不是源于马匹的严重短缺，也不是权威的人物的引导，或社会与个人对汽车交通的需求所致。事实上，在汽车面世的前十年，它一直作为一种玩具供有钱阶层消遣。因此可以说是以内燃机为动力的汽车的发

①森谷正规：《日本的技术——以最小的消耗取得最好的成就》，徐鸣等译，上海翻译出版公司1985年版，第49页。

②刘仲：《发展技术论》，学苑出版社1993年版，第22页。

③F. 拉普：《技术哲学导论》，辽宁科学出版社1986年版，第138页。

明创造了对汽车运输的需求，而不是对新动力的需求导致了汽车的发明。这表明，技术的发展有其深刻的内在动因，仅仅从需求的角度还不足以完全揭示技术发展的内在规律。另外，技术发明并不都是自觉地应用科学理论的结果，机遇和重大现象、事实发现也可以成为技术发展的契机。现实生活中，有许多技术的发明与创造并不来自科学的新发现或科学理论的启示，而是来自经验性或半经验性的发现以及来自技术知识的积累。随着某一事实或现象的发现，它们被转移到技术原理的构思之中，经过艰苦的努力就有可能取得技术发明的成功。这一类型的技术发明一般并不涉及深奥的科学理论，往往直接在现象发现的基础上展开各种相关的实践并带来技术的重要进展。X 射线的发现和应用，青霉素的发现和应用都属于此类型。

第四节 影响技术进步的内在因素

技术的进步通常是一个来自外部与内部的多重因素相互交叉、相互重叠、共同作用的复杂过程：由社会需要推动技术问题的提出和解决；由科学理论问题的解决引出技术上的应用，在技术的进一步发展中继续需要科学探索的支持；技术已有的成就能够为技术进一步发展提供多种可能；社会文化价值体系推动人们不断地寻求技术新的可能。社会需求、科学进步、社会文化价值体系及包括现象发现在内的其他因素等是影响现代技术发展的外部因素，但除了这些因素之外，技术自身的发展状况作为技术进一步发展的基础，在技术进步的过程中同样至关重要。

一、技术要素决定技术进步的内容

技术的最终表现是技术人工物，则技术进步也表现为更先进的技术人工物的发明和制造。拉普认为，“具体的物质产品及将它们制造出来并付诸使用的过程构成现代技术的核心”,[①] 他还提出，如果相应的社会和经济条件以及必要的技术知识和技术能力状况具备的话，则是可以实现某些技术的发展的。可见，技术知识和技术能力状况等技术自身的发展状况也是影响技术进步的重要因素。

从技术自身构成来看，技术进步体现了技术各要素之间相互促进的内在逻辑。技术进步是在技术意志的导向下，实践性技术、实体性技术和知识性技术相互促进的内在统一。技术的进步由更好的人工物或更好的人工物制作过程（效益或效率的提高）证明。[②] 技术的进步可以是基于新的技术原理创造出全新功能的技术人工物；也可以是已有技术人工物的要素、结构和功能不断的改进和完善。

---

①拉普：《技术哲学导论》，辽宁科学技术出版社 1986 年版，第 2 页。

②米切姆：《通过技术思考——工程与哲学之间的道路》，辽宁人民出版社 2008 年版，第 309 页。

技术进步可以是技术人工物材料的改进。要素与结构构成了技术人工物的物质基础，而功能是由之形成的高阶对象。功能的变化总是与要素和结构的变化相对应。由于要素总是由合适的材料以一定的结构显现出来，因而原有材料性能的开发以及新材料的出现，都会有助于技术人工物功能的提升。例如航天器上普遍使用的泡沫陶瓷，是把炭系、硅系和硼系的一些耐高温陶瓷做成疏松多孔的泡沫结构，通过材料本身的耐高温性能和结构上的隔热功能，使得里面的温度高达上千度时，外面还处于室温状态。除了泡沫陶瓷之外，航天器中用的隔热材料通常还与涂料搭配使用，在最大轻量化的情况下，最大程度地满足隔热效果和机械、力学强度。

技术进步可以是技术人工物结构的改进。技术的要素、结构、功能是具有层次性、复杂性的。根据人工系统理论，技术人工物系统可以分为不同的层次，每一层次都有要素和要素形成的结构，每一要素又可分为各子要素及其形成的结构，并具有一定的子功能，据此一直分到不能再分的技术原子，技术原子是原子结构与原子功能的统一，原子结构等值于原子功能。①相应地，在最优化理论指导下，总是采用实现技术人工物的最合理结构，最合理结构的层级越多、组合的方式越多则越复杂，因而也越进步。比如神州十一号宇宙飞船与天宫二号空间站对接技术，科学家尽可能采用最优化的设计，仍然涉及多种多样复杂的层级和结构，运用的技术知识、采取的技术活动也是前所未有的复杂和多样。而对将要设计与实现的技术人工物来说，在其核心功能得以维持或改进的情况下，最合理的结构的层级越少、组合的方式越精简则越进步。比如世界上第一台计算机由1500个继电器、18800个电子管构成，重量达到30吨，只能完成每秒5000次加法运算，400次乘法运算。而现在集成电路计算机由一个集成芯片和相对十分简单的结构构成，却实现了互联网云计算。这种情况下，结构的层级的减少往往与新的技术知识的突破和运用相联系。

技术进步必定体现为技术人工物某方面性能的提升。技术人工物的功能是技术要素和结构构成的高阶。要素和结构的改进最终会体现为技术人工物更良好的性能。某一系列技术进步的重要表现通常是技术人工物的已有功能的提升，或者形成新的功能，但原有的功能也被包括其中。比如，计算机除了原来的运算功能之外，还增加了视频播放，数据处理、记忆和存储，键盘和鼠标等功能。此外，还可以接入一些外围设备，如打印机、扫描仪和复印机等，使计算机增加多种其他的功能。另外也可以是形成新的系列技术人工物，开发出不一样的新功能。比如，有了普通的铁路运输技术之后，人们又开发出了完备的高铁技术。技术功能的提升还可以表现为对环境的适应性更强。环境会影响技术功能的实现。比如，

①吴国林：《论分析技术哲学的可能进路》，载《中国社会科学》2016年第10期，第29－51页。

一台数码相机在日常环境中，其电池和有关操作都是正常的。但是，当我们携带这台数码相机到 -30℃的野外，该数码相机的电量很快耗尽，相机的快门等无法正常使用。技术人工物的环境影响技术人工物的结构与功能的关系，影响功能的实现。因此，技术的进步表现为对环境的更好适应，如抗震、抗压、抗折、耐热、耐寒、生态……。技术人工物的要素、结构、功能与环境的协调统一之间具有复杂的逻辑关系。

先进的技术人工物，通常是在最优化的技术知识指导下，基于丰富的经验和技能，进行发明、设计、制作的要素、结构、功能的完美统一。它们共同构成技术进步的条件。

二、技术的内在矛盾促进技术自我增长

现代技术是建立在科学知识基础之上并以人工物为核心的。这使得现代技术自身便形成一种可以积累和强化的内在机制，这种内在机制表现在技术的积累性、系统性和发展的不平衡性上。

（1）技术天然具有积累性。

随着人类的实践和探索，科学知识总是不断增长的，因而会不断为技术进步提供新的知识基础，而一个新获得的见解、程序和设计都会扩充已有的技术储备，从而成为将来的技术革新所要依据的技术能力和技术知识的一个组成部分。已有的技术成就，总是物化在最新式的仪器设备的形式中，为技术发展提供物质前提，用来解决新的技术问题。比如，商品和服务设施的生产、制造，只有在事先准备好必要的原材料和设备的条件下才能开始。也就是说，技术的实现离不开一定的技术前提，这个前提包括初级产品（原材料和能源）和具体物质手段（仪器、机械、装置），更广泛地说，还包括技术知识和技术能力的具体状况。技术自身的发展状况提供了新技术得以实现的物质基础。当实现某项技术的条件都齐备的时候，技术目标的实现就成了已有技术条件的汇聚。技术的发展将产生自身的独立规律与知识体系，能够依据自身的技术知识进行技术发明与改进。因此，一方面，科学研究总是使技术应用成为可能；另一方面，技术手段和仪器又为科学探索创造新的机会。技术上的进步，可以带来新的科学仪器，在这个过程中又产生了新的科学知识。这反过来又会为技术开辟新的应用领域。

（2）技术具有系统性。

技术的系统性使工业化过程得以发生的种种技术革新并不是孤立的现象，而是使它们以各种互惠互补的方式全面地联系在一起。比如，钢铁生产的改进（高炉、轧机、机械工具）为架设桥梁和建造高层建筑物创造了必要前提，同时也使制造各种动力机（蒸汽机、电机、内燃机）成为可能，而后者又使新能源（煤炭、石油）得到利用。而这些又促进了纺织工业中新机器和工艺流程的发展及运

输业（铁路、轮船）的改进。以这种方式，新的技术和工业总是会推动其他领域的进一步的革新，不同类型的技术在一种相互补充的关系中发展起来。

（3）技术发展具有不平衡性。

当实现某一项技术的条件有所欠缺的时候，就会表现为技术自身发展的不平衡，形成技术目的与技术手段的矛盾。这一矛盾会形成对技术发展的推动力量，使得技术不断得以改进。由此而产生的技术进步并不一定需要科学理论上的重大突破，而主要来自技术自身积累的知识与日常的经验知识。由于技术所引起的许多问题本身就要求更多的技术来解决它们，所以这一积累的过程还在进一步地加强。

第十一章

核心技术问题

核心技术是一个国家最为重要的直接支撑力量。一个大国，不能够掌握和直接创造核心技术，特别是关键核心技术，那么，它就不是一个真正的大国。本章将讨论核心技术的涵义与分类，颠覆性技术与关键核心技术。核心技术来源于基础科学研究和以技术展开的基础研究。核心技术需要有相应的文化，中国哲学在严格意义上还不是哲学，中国哲学必须在马克思主义指导下，辩证对待外国哲学，推进中国哲学的创造性转化与创新性发展。

第一节　核心技术

一、核心技术的涵义

究竟核心技术是什么？2011 年李晓园举了核心技术的两个案例：①

“案例 1：年前，协助查某‘完全自主知识产权’机车故障，原因最终查到一很小的控制电路模块，却查不下去了，问，曰：‘西门子原装的，从来没有打开过。’”

“案例 2：之前有一法国设备，经努力，这东西的几个常见故障也弄明白了，便自认为掌握了它的核心技术。但后来还是有些故障谁都不明白是怎么回事，只好请人家厂商过来，才明白对现代大系统来说，核心技术可不是一点两点，原来这设备基本是半个欧洲的混血。”

苏立宏认为，核心技术，通俗地讲是钱买不来或山寨仿不出来的技术。一般人理解的核心技术就是配方、工艺次序或参数的秘密。实际这是误解，真正的核心技术是一个完整的技术链条，不能视为一个孤立的秘密环节，链条越长，技术

---

①案例来自李晓园：《新大跃进时代之“核心技术”》，载《科学时报》2011 年 8 月 2 日 A3 版。

壁垒越高。他把核心技术分为三类：第一类是原创性的新工艺技术；第二类包括技术标准和其数据库；第三类属于技术集成和优化。①

目前，我国完全自主研发制造出第四代雷达，成为世界上唯一拥有反隐身（先进米波）雷达的国家。雷达一般处于高山、房顶，这就要求其设备除了能抗大风，还可以360度旋转以观察各个方向，这就需要一个关键的大型部件回转支撑。制造该设备的马鞍山方圆精密机械有限公司总经理鲍治国指出，回转支撑的技术原来是靠买的，现在是自己制造。而作为军用产品，其技术指标要求更高。比如，回转支撑有两个重要指标：①动载的跳动量。一般性产品动载的跳动量只要达到头发丝粗度的5倍或6倍，而该产品要求达到头发丝粗度的1/3。②使用寿命。一般性产品使用寿命要求7000小时，但军用产品要求达到10万小时以上。目前该产品的某些指标超过了世界先进水平，基本上能取代进口。鲍治国认为："核心技术还是要自己掌握，有时候靠买、靠钱是买不来的。"中国电科首席科学家反隐身雷达总工程师吴剑旗也认同这个观点。②

笔者曾经指出，技术本身的要素主要是由经验性要素、实体性要素与知识性要素组成。经验性要素主要是经验、技能等这些主观性的技术要素，主要强调技术具有实践性，这是技术与科学的最基本的区别所在。实体性要素主要以生产工具、设备为主要标志，主要强调技术具有直接变革物质世界的能力，变革天然自然、人工自然或技术人工物。知识性要素主要是以技术知识为标志，主要强调现代技术受技术理论和科学的技术应用的直接影响。③从三类技术要素来看，核心技术就可以分为三类：第一类是经验性核心技术，第二类是实体性核心技术，第三类是知识性核心技术要素。基于三类技术要素，构成一个技术系统，从而可以形成系统性核心技术。系统性核心技术形成了系统壁垒，使后来者难以超越。

核心技术既可用于简单技术，也可用于复杂技术；既可用于简单系统，又可用于复杂系统；既可用于简单过程，又可用于复杂过程。对于现代产业所需要的技术，其核心技术往往是复杂技术。复杂技术是一个系统，其演化具有复杂的过程。对于简单技术，其核心技术的数目不会多，可能仅是三类核心技术中的某一种；而对于复杂技术，其核心技术的数目比较多，还可能是三类核心技术的某种综合，即形成系统性核心技术。两个案例的核心技术大致属于实体性核心技术与知识性核心技术的综合，都不是单纯的某一类的核心技术。

为什么中国的火箭技术好？就是因为中国完全掌握了火箭研发、制造和发射

---

①苏立宏：《核心技术要"硬气"》，载《科学时报》2011年8月31日A3版。

②《中国成唯一拥有反隐身雷达国家！美国战机都慌了》，http://news.ifeng.com/a/20180319/56852882_0.shtml。

③吴国林：《论技术本身的要素、复杂性与本质》，载《河北师范大学学报（社科版）》2005年第4期，第91－96页。

的核心技术。而在发动机、液晶等方面遇到的各种问题，其本质在于我们仅仅部分知道了核心技术，但还没有完全理解国外的核心技术。比如，尽管我国也能造出自己的家用小汽车发动机，但是家用小汽车的发动机的性能显然不能与美、德、日等发达国家的发动机相比，性能总差那么一点点。但事实上，那一点点的差别就是核心技术。没有掌握和拥有自己的核心技术，就无法对整个技术系统进行随心所欲的改进和完善。

为此，我们给核心技术下一个定义。所谓核心技术，是指在一个技术体系中，该技术决定技术体系或技术产品的质量和关键性能。从技术的组成来看，现代核心技术主要表现为实体型核心技术（表现为技术产品等）与知识型核心技术（表现为技术知识等），以及由前两者形成的系统性核心技术。由于核心技术既可以出现在传统产业技术中，也可以出现在现代产业技术中。总而言之，核心技术就是人们运用（特殊的）工具、材料、符号，创造技术人工物（生活资料和生产资料）的最关键、最主要的技能和方法，以及在这个过程中积累形成的（独特的）技术知识和技术传统。从产业发展的角度来讲，核心技术是主导产业发展，能够产生经济社会效益的技术。掌握了核心技术就意味着能够形成稳定、优质的产品。

能够影响一个时期或某一产业技术发展主流与趋势的核心技术，我们称之为主导核心技术。历史上的蒸汽机技术、电力技术与电子计算机技术都是主导核心技术并形成了相应的主导核心技术群。此外，计算机芯片技术也是主导核心技术，因为计算机芯片一升级，许多产品都要升级。核心技术可以分为单项的核心技术、整体的核心技术、过程的核心技术等。对于一个产业来说，真正的核心技术，一定是能够形成竞争优势产业的技术，而且不容易被别人所模仿。当前的量子计算机技术和人工智能技术正在成为主导核心技术。主导核心技术能够以其自身为中心，首先形成主导核心技术的产业群，然后带动相关的产业群，改变社会的生产方式、工作方式和生活方式。

与核心技术相关的另一个概念是关键核心技术，它是指在核心技术中，有的核心技术更为重要，带有更关键的控制性；如果不突破此关键核心技术，相关技术与相关产业的发展就会受到阻碍。比如，发动机技术、精密数控机床等等就是关键核心技术。数控技术的核心体现在“数控”上——所谓“数”，是指依托电子计算机发出的数码指令实现机械设计；所谓“控”，是指依托计算机实现有效地设计制造控制。数控技术就是研发设计人员以计算机为载体，通过程序设定、数码编程等形式，实现机械设计和制造的技术。基于数控技术，才可能实现高精度的机械加工和制造。

技术并不以单项的技术存在，而是以一个网络存在，技术就是一个巨大的网。正如法国学者戈菲所说：“技术不是以孤立状态存在的，它只能以一种多变复杂的技术集合体形式存在。”“一种技术产品满足一种需求。但是，这种技术产品存在的先决条件是它应有一个技术网络，从某种形式上说，这网络是技术产品的背景。”①这说明了技术创新并不是孤立的，技术的网络都处于创新系统之中。这也说明了为什么某些技术难以被一定的社会引进，这是因为在那社会里，某些技术无法形成一套完整的技术体系。技术之网还说明了技术具有根植性，技术总是根植于一定的文化之中。现代技术更是一个无所不在的大网。著名哲学家海德格尔用“座架”来称呼现代技术，把一切都纳入框架，所有人所有事物都在技术之网中。技术之网当然也把制度与政府纳入其中，制度要按技术的要求来设置，政府也要按技术的要求来行事。

技术具有层次性。在技术之网中，各个技术并不是平等的，它们有不同的层次，相互协调形成一个技术生态系统。比如，欧洲航空局提出了技术准备的层次（technology readiness level），包括9层：基本原理、技术概念、分析与实验的评价性功能、实验环境中的要素的确认、相关环境中的要素的确认、原型展示的系统或子系统模型、空间环境中的实际原型展示、经检验的系统原型、通过成功任务的系统模型。不同的行业中，具体技术的分层有一定的差别。

核心技术也具有层次性。正是技术的层次性决定了核心技术具有层次性。在产业创新中，笼统的掌握核心技术并不能明确任务与目标，必须知道要实行的是何种层次的核心技术。对于核心技术，沈绪榜院士认为，不同的人有不同的理解。但在市场经济的今天有一个认识似乎是共同的，那就是要能赚大钱的技术。从这个认识出发，有人把计算机技术按照利润率大小分为三个层次：美国搞的主要芯片和主要软件利润率为25%～35%，算第一个层次；日本、中国台湾地区搞的配套芯片和专用设备，利润率为15%～25%，算第二个层次；而中国大陆搞的主要是组装整机，实际上就是把人家的东西装配到一起，利润率仅为8%～12%，算第三个层次。②每一层次都有独特的核心技术，但并不是每个层次的独特核心技术都能发挥同样的核心作用。对计算与信息产业来说，真正的主导核心技术还是芯片技术。沈绪榜认为：“真正的核心技术应当是能形成竞争力并起核心作用的技术，也是不容易 Me too（模仿）的技术。这种高新技术是用钱买不来的，也是用市场换不来的。因为从竞争的角度来说，即使赚钱，人们也不会去培养一个与自己竞争的对手的。”③

核心技术具有时间性。核心技术是一个企业较长时期积累的一组技术和能力的集合体。核心技术总是建立在过去技术的积累或革命的基础之上，这是技术的过去时间性。核心技术当然表现为当下的具体技术人工物或技术产品，它要实现

---

①戈菲：《技术哲学》，商务印书馆2000年版，第18页。
②沈绪榜：《计算机核心技术随想》，载《科学中国人》第2002年第10期，第9页。
③沈绪榜：《计算机核心技术随想》，载《科学中国人》第2002年第10期，第9页。

某种技术功能。核心技术的时间性，又是一种创造性，它不是一劳永逸的，它必须不断创新，甚至是技术革命。英特尔公司的历史表明，他们是靠不断创新的核心技术并保持成功的。作为世界上最大的半导体存储器生产厂商的英特尔公司，在20世纪80年代初期曾被日本的存储器芯片逼向了绝境，不得不转向开发微处理器芯片，由此成为微处理器公司，摆脱了原有的技术困境。核心技术具有生成性、创造性，处于不断被挖掘的过程中。具体的技术或者核心技术都是从无到有，从不存在到存在的。核心技术首先是人们头脑中的理念，属于想象的技术，或者说核心技术首先是人们想象的存在，它还不是存在者，核心技术处于一种"内部状态"。核心技术真正存在是对外部显现出来，现实的核心技术是一种存在者。这种显现必须是对人的显现，要得到一定人群的认可，且是持续认可。

从市场与产业来看，有些核心技术会成为颠覆性技术。1995年克莱顿·克里斯滕森在研究发达国家的企业开展竞争时，将创新分为维持性创新与颠覆性创新。[①] 维持性创新是在现有产品的基础上不断改善主流技术，而颠覆性创新不是总是与技术创新相联系的。颠覆性技术（disruptive technology）以意想不到的方式，取代现有的主流技术，它从低端或边缘市场进入，最终取代现有技术，开辟新的市场，最终占领主流市场。颠覆性技术的起初形成阶段，其技术通常简单、低价、便利。克里斯滕森最早将颠覆性技术定义为组合简单、价格低廉、比现有技术操作更容易和更方便的技术，显然，这是一种低端市场颠覆性创新；与低端市场颠覆性创新不一样，高端市场颠覆性创新则强调价格高、产品的性能更优、技术操作更有特点等。

研究表明，颠覆性技术有以下特点：

（1）技术的创新性。起初，颠覆性技术与原先市场的主流技术无法相比，但颠覆性技术往往具有低成本、小体积、方便携带、易操作或安全等特性，这是颠覆性技术的主要特点。

（2）低端性。颠覆性技术发端于低端市场，使用的客户群也体现出低端性。颠覆性技术有时也发生于新市场，而原先的主流技术无法满足市场的某些辅助属性或个性需求。

（3）加速成长性。颠覆性技术进入市场后，在市场和技术的双重推动下，技术产品加速成长和不断完善，这是颠覆性技术取得成功的关键特性。

（4）侵蚀性。颠覆性技术开始于低端市场或新市场之后，以其蚕食方式不断侵蚀主流市场的技术产品，不断从低端市场走向主流市场。

（5）颠覆性。颠覆性技术呈现明显的破坏性，从低端市场或新市场不断抢占主流市场，将原先的主流技术逼退至高端市场，甚至退出市场，颠覆性技术最终

---

①Clayton M. Christensen：*The innovator's dilemma：when new technologies cause great firms to fail.* Boston，Mass：Harvard Business School Press 1997.

成为市场的领导者并实现产业化。颠覆性技术将极大地改变本行业中龙头企业的地位。没有及时采用颠覆性技术的行业龙头企业惨遭淘汰。比如，没有及时在数码相机的技术创新中引领潮流，生产胶卷相机的巨头柯达公司已经破产；摩托罗拉公司不再生产手机。

（6）基础性。颠覆性技术具有重要的基础地位。一个行业或企业可以应用一种或多种颠覆性技术来创造新的颠覆性产品。其中一种颠覆性技术属于基础性技术、通用性技术，许多行业都要应用它。比如，超大规模集成电路技术、数控精密加工技术、激光技术、纳米技术、量子技术等。每一种技术的更新换代直接影响一个行业或企业的生存。

（7）根本性。颠覆性技术对传统主流技术的革命，绝不是性能数量上的提升，而是根本性的改变。比如，颠覆性技术将使用新的科学原理、技术原理、核心部件、生产材料或生产工艺等。这种颠覆性技术的创新是激进的、根本性的。比如，液晶电视技术之于显像管电视技术、智能手机之于传统电话或手机。

颠覆性技术强调的是以全新的方式取代现在的主流产品、占领市场的技术，显然这是一种核心技术，否则其他厂商容易模仿产品改进性能，那么该产品也难以占领市场并维持优势。一个颠覆性技术出现后，一个或多个相关行业将会发生重大变化。蒸汽机技术、电力技术、计算机技术、互联网技术等都是典型的颠覆性技术。颠覆性技术的涵义有多种说法，其实质是用新的技术取代原先的主流技术，占领原先的主流产品所占据的市场。颠覆性技术本身并不一定先进，也并不一定采用了新的科学原理或技术原理。可见，颠覆性技术是从占领市场来说的，而不关注技术的先进性。从价值体系来看，颠覆性技术能够打动大多数顾客，创造了大多数顾客乐意接受的价值体系，顾客愿意购买技术产品，该市场从而就被颠覆性技术占领了。

2013 年，麦肯锡全球研究所发布了 2025 年前可能改变全球经济的 12 项颠覆性技术，包括：移动互联网、知识型工作自动化、物联网、云技术、先进机器人、车联网、基因技术、能源存储、3D 打印技术、分子材料、石油和天然气勘探与回收技术、可再生能源等。

2016 年，我国发布的“十三五”规划纲要，首次提出要“更加重视原始创新和颠覆性技术创新”。《国家创新驱动发展战略纲要》将这一表述具体部署为“发展引领产业变革的颠覆性技术，不断催生新产业、创造新就业”。2017 年，党的十九大报告专门提到“颠覆性技术创新”，其具体表述是：“加强应用基础研究，拓展实施国家重大科技项目，突出关键共性技术、前沿引领技术、现代工程技术、颠覆性技术创新，为建设科技强国、质量强国、航天强国、网络强国、交通强国、数字中国、智慧社会提供有力支撑。”①

目前，国内外学者和行业都认识到颠覆性技术的重要性，还难有一个统一的定义。颠覆性技术是不遵循常规发展的，往往是另辟蹊径，有意想不到的发展思路和发展方式，才可能令原先的主流技术难以应对。

颠覆性技术也让人们重新思考技术的定义，它是采用效果定义的技术创新的概念，它重结果，不重开始和过程。技术之所以存在，是以功能为导向，以实践效果来进行检验的，否则技术理论再漂亮，但是其技术产品的功能与可靠性不足，也不是一个好的技术产品。

当我们重视颠覆性技术，并不是否定继承和学习已有的现成技术。不掌握当代先进的科学技术，就不能产生颠覆性技术。颠覆性技术不是一个纯粹的概念，而是一个具体的、可以使用的技术产品，人们愿意使用它去替代原有的产品。

颠覆性技术也应当分为不同的层次。颠覆性技术所占领的市场是发展中国家的市场，还是发达国家的市场？是一个小国的市场，还是一个大国市场？是一个国家的市场，还是全球的市场？显然，这样的颠覆性技术的重要性是不同的。虽然该颠覆性技术产品占领了一定的市场，甚至全球市场，但如果它本身并没有带来重要的技术进步，或者技术革命，那么这样的颠覆性技术仍然是小范围的。比如，原有的诺基亚手机占领了全球市场，但由于后来的技术发展思路走偏了，大品牌手机就成为一个小品牌手机，而且几次努力重新回到国际主流市场都没能实现。

颠覆性技术有多种来源。颠覆性技术可以来自于已有的科学知识、技术理论等，也可以来自于创新者本身长期积累的实践经验甚至已经成熟的技术。对于这一情况，颠覆性技术往往会形成某个多种技术构成的系统，形成系统的技术优势，从而在功能和效用上取代传统技术。颠覆性技术同样可以来自于新的科学原理、技术原理等。范国江认为：“颠覆性技术是指用全新的而非传统的科学原理、产品设计、核心部件、生产材料、加工工艺或施工方式来生产消费型产品或生产性设备的创新性技术。”② 这就意味着通过加强基础研究和交叉学科研究来培育颠覆性技术，在基础研究领域培育重大技术创新。颠覆性技术有时来自于新旧技术的融合，形成系统的技术优势和系统壁垒。

二、创造核心技术的案例：大疆无人机

下面，我们具体考察大疆无人机如何构建系统优势。

---

①习近平：《决胜全面建成小康社会　夺取新时代中国特色社会主义伟大胜利——在中国共产党第十九次全国代表大会上的报告》，人民出版社2017年版，第31页。

②范国江：《颠覆性技术定义特征分类及基本规律探析》，载《卫星与网络》2016年第11期，第40页。

大疆无人机是由深圳市大疆创新科技有限公司（DJ-Innovations，简称 DJI）生产的高科技产品。公司于 2006 年由香港科技大学毕业生汪滔等人创立。2004 年临近毕业时，汪滔和其他几位本科生选择了无人直升机的控制系统作为毕业论文的选题。香港科技大学为该项目提供了 1.8 万港元的科研经费。汪滔等人的毕业论文设计出了控制系统，然而其效果并不好。

汪滔并没有放弃，毕业后继续对控制器进行改良和优化，2006 年 1 月，他们研制出了控制器，可以使直升机自动悬停。直升机自动悬停属于一项核心技术——“可以停在空中不动，想让它停哪里就停哪里”。汪滔将样机照片放到了相关的航模论坛上，很快就接到了订单。

2006 年，汪滔在香港科技大学继续攻读研究生课程，与一起做毕业课题的两位同学正式创立大疆公司，研发生产直升机飞行控制系统。2011 年以来，大疆不断推出多旋翼控制系统及地面站系统、多旋翼控制器、多旋翼飞行器、高精工业云台、轻型多轴飞行器以及众多飞行控制模块。由此，大疆已经构建了一个完整的技术链条，形成了“系统优势”。

大疆无人机所采用的零部件并不都是最先进的，有的技术模块直接采用已有的技术产品，但大疆在这些模块中总有自己独特的技术产品，从而形成技术优势。这就意味着系统的要素并不需要都是最优的，通过结构与软件的结合也可以使系统的功能达到最优，但这要素中一定要有独创的关键要素，否则容易被他人所模仿。

正如汪滔所说：“我们最初的核心技术在于一套成熟的飞行控制系统。多旋翼市场发展起来之后，人人都在搞航拍，我就想做一个一体化的解决方案。”

2014 年，无人机概念火热，多家创业团队、投资人纷纷涌入，产业链上下游高度繁荣。大疆始终专注创新和研发，对研发投入不设预算限制，甚至鼓励员工内部创业实践自己的创意。不断推进技术跨越，每年都有新产品问世，每一代产品都实现技术大跨越。汪滔表示：“别人开始抄我这一代产品的时候，我新的产品已经超越他们一代了。同时，综合的技术系统优势会让追赶者永远只能模仿我的过去，而无法迂回到我的未来。”

大疆的成功，开创了一个全新的时代。大疆在一个相对空白的领域，利用自己创造的核心技术，构建系统优势，设计制造出得到国际权威认可的无人机产品。这正是颠覆性技术取得的胜利。

第二节　核心技术与中国原创文化

一、核心技术之源

发达国家的创新能力，源自基础科学研究的投入和以应用问题产生的基础研究（其实质是基础技术研究），进而在此基础上形成了独有的核心技术。

1945 年 7 月，时任美国科学研究与开发办公室主任的布什在《科学：没有止境的前沿》这一研究报告中，提出其著名观点："一个在新基础科学知识上依赖于其他国家的国家，它的工业进步将是缓慢的，它在世界贸易中的竞争地位将是虚弱的，不管它的机械技艺多么高明。"美国等发达国家具有强大的原始创新能力，这种能力的获得除了依靠其庞大的研发经费投资外，也与其政府科研管理体制、科技与产业政策以及机构、企业和大学的宏微观管理与运作机制相关联，而重视基础研究的投入，是其形成独有核心技术的根本。

布什提出的是科学研究的线性模型：即科学研究分为基础研究与应用研究，他没有看到科学研究的复杂性。美国布鲁金斯学会于 1997 年出版了司托克斯（D. E. Stokes）的学术著作《基础科学与技术创新——巴斯德象限》[①]，该书一出版就受到了高度关注，因为作者提出了一个新的科学研究模型——科学研究的象限模型，超越了布什所提出的科学研究的线性模型。

以平面直角坐标系的两个坐标轴分别表示以追求知识为目标和以实际应用为目标，根据对这一问题的回答（是或否），可以分为四个研究类型或象限（见表 11－1）——玻尔象限（第一象限，代表好奇心驱动型的纯基础研究）和爱迪生象限（第三象限，代表为了实践目的的纯应用研究），巴斯德象限（第二象限，表示由于解决应用问题产生的基础研究）、皮特森象限（第四象限，表示技能训练与经验整理）。巴斯德象限代表了以应用目标为导向，引发基础研究新的创新，从而实现了纯基础科学研究与应用研究某种程度的统一。这种新的科学研究模式在科研资源稀缺的条件下对科学研究、技术创新和区域发展都具有重要的现实意义。

表 11－1　巴斯德象限

研究的起因		以实际应用为目标	
		否	是
以追求知识为目标	是	象限 1：纯基础研究（玻尔象限）	象限 2：应用引起的基础研究（巴斯德象限）
	否	象限 4：技能训练与经验整理（皮特森象限）	象限 3：纯应用研究（爱迪生象限）

上述研究表明，当代核心技术之源有两个，一个是来自基础科学研究的应用，另一个是来自应用引起的基础研究。为了保持其核心技术的领先，美国公司大多将生产部门转移到新兴市场国家，而核心研发部门（R&D）则留在美国总

①D. E. 司托克斯：《基础科学与技术创新——巴斯德象限》，科学出版社 1999 年版，第 63－64 页。

部，投入大量人力、物力从事应用引起的研究工作。

美国的企业占有最大量的科研人员和科研经费，因此，企业的自主性创新能力强，同时，用于技术创新的资金投入与配置具有合理性。有些大公司，如IBM和通用汽车公司着眼于长远利益，保留了大型基础研究实验室作为对国家创新体系的贡献。正如李远哲教授在他的《面对21世纪的挑战》中所说："当有人把积累的科学知识转化为技术，并把它应用到社会性的生产后，它就成为经济竞争中的基础与利器，知识产权与专利的保护变成很重要的一件事。知识的分享便止于所谓'竞争前'的技术，而完全不适用于'有竞争力的技术'。"

统计表明，2003—2004年，美国、日本、法国、韩国等发达国家或新兴工业国家，其基础研究经费占总研究开发经费的13.3%~24.1%。从研究开发的结构来看，2010年我国共投入R&D经费7062.6亿元，从活动类型看，全国用于基础研究的经费投入为324.5亿元，占投入R&D经费总数的4.6%；应用研究经费893.8亿元，占投入R&D经费总数的12.7%；试验发展经费5844.3亿元，占投入R&D经费总数的82.8%。2017年我国共投入R&D经费17606.1亿元，从活动类型看，全国用于基础研究的经费投入为975.5亿元，占投入R&D经费总数的5.54%；应用研究经费1849.2亿元，占投入R&D经费总数的10.5%；试验发展经费14781.4亿元，占投入R&D经费总数的83.96%。① 可见，中国投入研究开发（含基础研究）的经费总数增加了，但是，中国的基础研究在全部研究开发中所占的比重几乎不超过6%，基础研究仍然相当薄弱。

从国际上看，美国、日本等发达国家的研发投入水平大约为3%，一般的中等发达国家为2.0%～2.5%，发展中国家一般不会超过1%。2010年全国研发内部投入占国民生产总值的比重为1.76%。2017年，全国研发投入达17606.1亿元，研发投入占国民生产总值的2.13%。可见，中国的研发投入强度基本达到中等发达国家的研发投入强度。

在过去的10多年中，自主创新战略促发了中国研发投入的大幅度增长。2000—2017年，中国研发投入占国民生产总值的比重（研发强度）由0.90%上升到2.13%。无疑，中国加大对技术创新的投入，也取得了突出的效果。比如，华为手机成为世界名牌，高铁成为中国走向世界的新名片，大飞机C919试飞成功，量子卫星"墨子号"于2016年成功发射，2017年该量子卫星已交付使用。但是，基础研究还相当薄弱，核心技术仍然严重短缺。我国高端芯片80%依靠进口；生产一部178.96美元的苹果手机，负责组装的中国企业仅得6.58美元；我国自行研制的大型客机C919的发动机均靠进口。在许多技术革命的基础性行业（如核心集成电路、基础软件、汽车发动机、液晶面板、飞机发动机等）中，

①《中国统计年鉴2018》，http://www.stats.gov.cn/tjsj/ndsj/2018/indexch.htm

关键核心技术与高端装备仍然严重依赖外国，核心基础零部件（元器件）、先进基础工艺、关键基础材料和产业技术基础等工业基础能力薄弱。在世界主要工业国家中，美国制造业遥遥领先，处于第一方阵；德国、日本处于第二方阵；中国、英国、法国、韩国处于第三方阵。

由于发展中国家没有掌握产业的核心技术，因此，发展中国家的企业，首先是进行反求工程，使技术本地化，以模仿式创新开发新的产品。这一阶段主要是对工艺进行不断的消化吸收和小改进，还不是产品创新。只是对技术进行较好的消化吸收后，才能进行自主的产品创新。

但是，仿制并不是目的，而是通过仿制搞清楚该产品的原理与技术要点，否则，一味地跟踪外国产品，就永远无法实现技术的赶超，只能跟在他人的后面。实现产业创新，必然要求劳动者大力提升科技能力和人文素质。没有劳动者的现代科学技能与人文素养，不可能建设现代产业体系。众所周知，要进行核心技术创新和产业创新，一是需要研究者多年的全心投入，二是现代技术创新已经是一个系统创新，不是简单的某个单项技术的创新，而是需要有创新团队的加入，需要管理创新和协同创新。

一般认为，自主创新主要指原始创新、集成创新和引进消化吸收再创新。20世纪80年代北大方正的激光照排技术可以说是自主创新。当时世界流行的文字排版系统有阴极射线式、光机式，中国的印刷还是铅与火的技术，即用铅字进行排版，再进行印刷。北京大学的王选决心用计算机技术解决中文的排版印刷问题，最后他通过发明了中文汉字的参数描述并通过激光照排实现汉字的排版印刷。这是一场革命，引发出了一个新的印刷产业。

进行技术创新的有效方法就是技术积累、技术引进、吸收与再创新。据资料统计，在工业发展过程中，日本、韩国引进技术设备与消化创新投资之比高达1∶10，形成了“引进一代、提高一代、成熟一代、掌握一代”的良性循环局面。

二次世界大战以后，特别是20世纪50年代和60年代，日本经济迅速崛起，短短20年间便从战败国跻身于世界经济大国之列。日本何以在如此短暂的时间内崛起呢？其中一个重要原因是得益于日本的产业振兴；而日本的产业经济在短期内获得跨越发展的关键就是得力于其产业技术的推动。以美国为首的西方国家，为了对付社会主义阵营，采取扶植日本的政策。日本也迅速抓住机遇，通过从西方引进最先进的科学技术，改造、创新国内产业，同时制定了外向型的经济发展战略，积极向外促进出口。应该说到20世纪80年代为止，日本长期实行的以引进、消化、吸收和创新为主线的产业技术政策，是非常成功的。随着冷战的结束，资本主义阵营对抗社会主义阵营的压力大大减小，在日本已经实现经济赶超的情况下，西方对日本的政策从扶持转为制约，并且由于国际竞争空前加剧，美国等西方发达国家都把国家战略的重点转向经济领域，大大加强了对技术转让的控制和知识产权的保护。日本从美国等发达国家获得先进技术（尤其是核心技术）的难度空前加大，再也难以从美国等西方国家引进所需要的尖端技术，原来以引进、消化、吸收、改进为主线的产业政策思路和发展模式，已经无法为日本经济参与国际竞争和实现持续增长提供动力。

从战后日本产业发展的过程中，我们可以获得很多有益的启示。一个国家或地区的经济发展得益于产业创新，而产业创新需要技术尤其是核心技术的支撑。换而言之，核心技术是产业创新的关键，而产业创新的迫切要求也呼唤核心技术的诞生。另外，以引进、消化、吸收、改进为主线的产业政策思路和发展模式在特定的时期可以推动经济发展，但难以长久有效，实现产业创新的根本方式是坚持自主创新。

概而言之，西方对我国的技术出口采取越来越保守的态度，特别是在高新技术领域的封锁遏制政策从来没有改变过。随着跨国公司在华设立企业越来越多地采用独资而不是合资模式，外资企业对我国的技术外溢几乎为零。加上一些干部和企业员工满足于接受外资现成的产品设计和设备，依赖外资搞建设的心理加重，加上外资的收买和贿赂，以上种种成为我国自主创新的障碍。由于国外装备和高新技术产品的大量涌入和普遍不注重吸收消化再创新，我国企业科技成果产业化的空间被一再压缩，并加剧了“产业控制权的旁落、利润的外流”。这实际上已严重阻碍了我国产业结构的优化升级。

以高铁为例，铁道部称中国高铁具有自主知识产权，然而，业内人士透露，高铁运行所需的关键零部件，如车轮、车轴、轴承基本需要进口。现在引进的高速动车组技术中，国外核心技术仍然不可替代。尤其是那些器件里包含软件的软硬件结合技术，始终无法解密。……看得见的部分，外方会给中方设计图纸，这些中方都可以仿造，但一旦涉及软件和核心部件，外方是不会轻易泄露的。更为揪心的是，为了能够跟外方的技术平台衔接，一些原本非核心的部件也需要付出比国产同类产品大得多的代价。南车时代电气公司某工程师透露：“一个车上的显示器，国产的才 2 万元，但是从三菱那儿买就得 14 万元。国产的用不了，必须要用它的，因为国产的没法跟整个系统衔接。”这些购买的元器件占到成本的一半左右。大笔的钱花下去了，但核心技术并未掌握。5 年之后，新出厂的机车都需要大修。届时，一些关键元器件如果需要换新的话，采购的成本将是现在的 6 到 10 倍。

在中国对外开放的政策中，我们强调了用市场换技术的战略，但事实上，我们让出了市场却没能换回技术，特别是核心技术。中国的经济发展就是在一个没有掌握核心技术的前提下获得的。随着中国产业技术水平的提高，某些产业可以通过引进消化实现再创新，但是，在另一些涉及国家综合实力和核心竞争力的产业领域，就很难通过这一模式进行创新，比如在航空领域，我国曾几度与波音和空中客车进行合作，以便引进技术，但最终都失败了，大飞机必须自己造，高性能的飞机发动机也必须自己造。在这些敏感产业，核心技术是不可能买来的。发达国家和跨国公司对敏感产业的核心技术出口有许多限制。

二、中国传统文化有利于技术的原始创新吗？

发达国家一直对基础研究保持高投入，即使经济状况不太好的情况下依然如此。而我们国家的相当一批人还是习惯思维，总想“少花钱、多办事”“四两拨千斤”，总是看到眼前，而没有看到国家的未来。为什么发达国家比我们更愿意把钱投入在基础研究上，而不像我们更追求“实效”？正如程津培说，一是在于文化层面，自古希腊先哲以来的思辨和对事物本质的追索精神已经传承下来成为一种思维和行为习惯，使得他们觉得投资给最能代表思辨和求索传统的基础研究是很自然的事；二是从历史和现实来看，这样做也的确让他们尝到了甜头，靠着系统性、逻辑性而非点状的知识积累和知识引发的产业革命，西方终于实现了对东方大国的超越。①

早在19世纪，著名物理学家、美国物理学会第一任会长罗兰（H. A. Rowland，1848—1901）在谈到中国的火药与原理问题时就深刻地认识到了这一点，然而他的观点并没有引起中国人的注意，当然，那时清政府还没有眼观世界，总以为自己处于世界的“中央”，还是世界的“老大”。1883年8月罗兰在美国科学促进会（AAAS）年会上做了题为“为纯科学呼吁”的演讲。该演讲发表在1883年8月出版的*Science*杂志上，并被誉为“美国科学的独立宣言”，对美国科学的发展有着重大的深远的影响。100多年后，重读罗兰的演讲，深感其见解之伟大：

“我时常被问及这样的问题：纯科学与应用科学究竟哪个对世界更重要。为了应用科学，科学本身必须存在。假如我们停止科学的进步而只留意科学的应用，我们很快就会退化成中国人那样，多少代人以来他们（在科学上）都没有什么进步，因为他们只满足于科学的应用，却从来没有追问过他们所做事情中的原理。这些原理就构成了纯科学。中国人知道火药的应用已经若干世纪，如果他们用正确的方法探索其特殊应用的原理，他们就会在获得众多应用的同时发展出化学，甚至物理学。因为只满足于火药能爆炸的事实，而没有寻根问底，中国人已经远远落后于世界的进步。”

在罗兰看来，中国科学之所以落后，在于中国人不去寻根问底。事实上，中国古代与近代，几乎没有科学，只有经验性技术，更谈不上对科学原理或技术原理的追求。

---

①程津培：《制约我国基础研究的主要短板之一：投入短缺之惑》，载《科学与社会》2017年第4期，第3页。

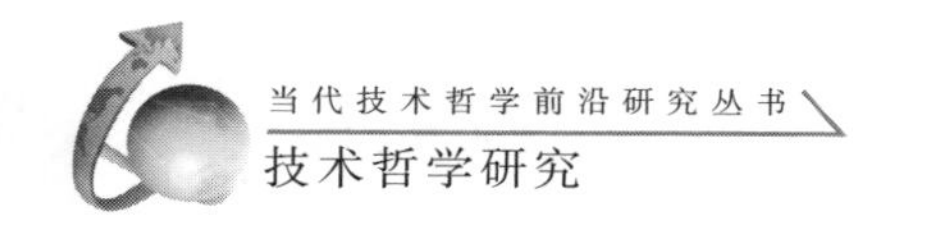

中华人民共和国成立以后，特别是改革开放以来，我国的科学技术尽管取得了很大进步，然而当代中国的科学发展与美国当年依然有许多相似之处。我国科技界和人文社会科学界仍然存在许多急功近利、浮躁浮夸，重技术应用、轻基础科学研究，重自然科学、轻人文社会科学的现象。为此，我们有必要考察一下洋务运动以及日本的明治维新。

19 世纪中叶，西方资本主义扩张世界市场，中日两国被迫打开锁国的大门。为了自救，两国分别进行了洋务运动和明治维新，分别提出了“中体西用”与“和魂洋才”的主导思想。洋务运动启动于 19 世纪 60 年代初，这时第二次鸦片战争已结束。虽然列强尚未发动大规模军事侵华，但是太平天国对清朝统治的直接威胁仍在持续。在这样的情况下，清政府开始了以“中学为体，西学为用”为指导思想的洋务运动，日本进行了以“和魂洋才”为指导思想的明治维新运动，最终日本实现现代化，而清朝则以甲午海战的惨败标志了洋务运动的失败。

“中体西用”与“和魂洋才”有基本相同的涵义。“和魂洋才”源自“东洋道德，西洋艺术”，其中的“东洋道德”又源于中国传入日本的儒家的伦理道德，可见，“中体西用”中的“中体”与“和魂洋才”中的“和魂”都是以儒学为基础的，皆指本土文化中的伦理道德。“西用”和“洋才”则是指西方以科学技术为中心的“富强之术”。[①] 它们都坚持本土文化在融汇中的主体性，以本土文化之“体”或“魂”去主导西方文化之“用”或“才”，以避免本土文化被彻底西化。

“中体西用”与“和魂洋才”的不同在于：

（1）两者的实质不同。“中体”主要是指孔孟儒家学说为代表的中国封建思想文化，体现为封建君主专制制度。“和魂”主要是指构成日本传统文化核心的天皇制下的“忠诚一体”和“大和魂”这一民族精神，它是儒家道德为基础的个人伦理、近代西方道德的社会伦理和国家伦理三者的综合体，已经不是单一的儒家学说，而是借鉴了现代西方文明的积极因素。

（2）对西方先进科学技术的态度不同。“中体西用”论者在吸收西方文化时掌握的尺度较严，“西用”局限于声、光、电、化、理、工、医、农等自然科学，史地、教育、商务等社会科学以及“坚船利炮”等西方科技，而排斥西方的制度（尤其政治制度）和思想。大多数洋务派认为，中国的文武制度仍然是高于西方的，仅是火器不及西方。而“和魂洋才”论者认为，西方不仅有先进的科学技术，而且还有比东方先进的哲学思想和制度等。在吸收西方文化时掌握的尺度较宽，“洋才”不仅学习西方的自然科学和技术，西方的某些政治经济制度、法律形式和思想也得到接受和吸收。

---

①王中江：《严复与福泽谕吉——中日启蒙思想比较》，河南大学出版社 1991 年版，第 98－99 页。

（3）国家的主体文化与“西学”的关系不一样。在“中体西用”中，“中学”是中国古老文明的根本，处于主体地位，“西学”是为“中学”服务的。“中学”与“西学”是“体”与“用”、“道”与“器”、“主”与“辅”的关系。但是，在“和魂洋才”关系中，“和魂”并不是优先的，“洋才”也没有被放在次要位置。“和魂”与“洋才”之间不分主次，二者是平行并重的。日本文化有鲜明的实用取向，于是外来文化在“才”的层面上为日本文化所容纳，而且在“魂”的层面上也影响日本文化。“和魂”中不自觉地受到了“洋魂”的影响。

日本文化缺乏超越性价值体系的约束，以国家或天皇作为最后的终极实在，以实用主义的心态来对待、取舍外来文化，因而其“魂”和“才”的内容又是不断变化的。和魂洋才强调东西思想文化的融合，也并不坚持传统不可变易。可见，和魂洋才的思想纲领对日本的现代化起到重大的推动作用。我们也必须看到，全盘引进西方文化又在相当程度上使日本文化失去了民族特色。虽然日本已成为世界上的经济强国，但是，它仍然要依附以美国为代表的西方世界。

中体西用明显地表达了中国文化的体用关系，即中学为本，西学为用，反映了中国哲学的思维方式。中学与西学从实体与作用，进一步发展到本体（本质）与现象的关系，始终把中学放在根本的、核心的地位。尽管在中华民族的历史上，有过被外族征服的历史（如元朝、清朝），但中学并没有得到认真的反思。

中华民族在长期的发展过程中，形成了“天下国家”和“夷夏之防”的儒家学说的核心价值观，以中国为中心来认识世界，形成了大陆帝国体系和华夷册封体制。在西学输入时，引经据典地论证“中学原来是西学的师祖”，西学有的原来中学早就有了，将西学改变为不中不西的东西。对西学采取排外和保守态度，特别反对西方的政治制度与意识形态，与此相联系的科学文化与人文文化也遭到了反对。即使到了20世纪，五四运动所提出的口号是“科学与民主”，仍然没有把文化的改造作为重中之重。总之，“中体西用”强调中体即纲常名教，强调政治体制不可变易，并将中体和西用割裂开来。

对“中体西用”论的一个基本批评是，它割裂了体与用的关系，然而，我们又不能完全否定“中体西用”可能具有的积极意义，那么，如何才能解决这一问题呢？

仅从中学与西学（外学）两个因素来讨论，要么两者融合，要么两者割裂，显然，又不可能是西学为体，中学为用，应当如何处理呢？在笔者看来，需要引入第三个因素，才能解决这一问题，那就是马克思主义，即“马学”，简言之，以马学为指引来解决中学与西学的关系问题，事实上，自中华人民共和国成立，特别是改革开放以来，中国取得了巨大的经济、社会和科技成就，形成了“中国道路”，这也为马学的指引提供了坚强的经验支撑。

在笔者看来，可以形成这样一种结构——“中学本新，外学辩证，马学指引”。[①] “中学本新”将中华文化与“不忘本来”相结合，指出了中华文化是根本，但仍然需要促进传统文化的创造性转化和创新性发展。“外学辩证”就是指对外来文化（包括科学文化、人文文化等）要采取唯物辩证法的态度，吸收其精华，去除糟粕，以促进中华文化的创造性发展。“马学指引”指的是在中华文化的创造性发展中，始终要以马克思主义为指导，否则，就要失去发展的方向，走向歧路。基于“中学本新，外学辩证，马学指引”的中华文化，形成了一种非常重要的纠错能力，这使得中华文化能够在辩证地吸收外来文化的过程中，借鉴其成功经验，达到“洋为中用”，不断推陈出新，去伪存真，中西互鉴，融会贯通，创造出更加灿烂的中华文明，这必然塑造更加自信的中华文化，并且给世界上那些既希望加快发展又希望保持自身独立性的国家和民族提供全新的选择，为解决人类问题贡献中国智慧和中国方案。

洋务运动不成功的判断标准是甲午海战，在这次战斗中，清政府战败了。从当时的海战来看，清政府拥有亚洲最大的两艘7000吨的铁甲舰，失败的技术原因是清政府没有足够的炮弹，特别是开花弹，更没有日本才拥有的装有烈性炸药的开花弹（当时大清海军使用的炮弹是实心弹和装有炸药的开花弹）。准确地讲，从技术层次来看，在甲午海战中，清政府败在技术上，即败在对技术的认识、理解、使用和发明上，如何才能让技术发挥其功能？技术功能的发挥与人有关吗？与文化有关吗？

于是，我们还有一个因素需要分析，即日本与清政府都在引进技术，为什么日本引进技术成功了，而清政府引进技术却失败了？更不用说，日本在引进先进技术的同时，自己又掌握和创造了先进的科学技术。日本在采取“和魂洋才”指导思想时，同时引进了西方文化，即在引进西方先进科学技术时，同时引进了西方科学技术所需要的文化，否则仅仅引进技术是不可能成功的。

中华人民共和国成立之后，也在引进先进技术，那时，更主要的是在学习和掌握先进科学技术。只有到了改革开放之后，特别是中国确立了市场经济，坚持走中国特色社会主义道路，中国在引进先进科学技术的同时，也大力学习和引进现代西方的管理制度等，借鉴西方现代文化的积极因素。

因此，要掌握和创造先进的科学技术，必须学习与此相适应的现代科技文化。只有这样，才能理解现代科技，以及现代科技在什么条件下才能发挥其正常的功能。

在吴国林提出的要素、意向、结构、功能、环境构成的技术人工物的系统模型（见图3－3）中，当拥有“意向”“要素”与“结构”三个因素之后，技术

①李小平、吴国林：《文化自信的辩证唯物论分析》，载《华南理工大学学报（社会科学版）》2017年第6期，第22－23页。

人工物并不一定能发挥其正常的功能，其正常功能的发挥还必须有“环境”因素，这里的“环境”包括文化、政治、经济、人的思维方式等因素，或者说，除技术人工物之外的所有因素都属于“环境”范围。只有拥有了有利于技术人工物的环境，功能才能得到正常发挥，技术人工物才能真正将技术本身显示出来。如果环境不利于技术人工物发挥其功能时，那么，技术人工物就无法发挥其功能，甚至起负作用。

先进的科学技术必须有相适应的先进文化。先进的科学技术不可能在落后的文化环境中发挥其正常作用。从这一角度来看，甲午海战失败，关键还在于落后的文化，它不能适应西方先进科学技术本性之需要。没有先进文化的引入，不可能真正引进先进的技术。先进技术总是先进文化的技术，而先进技术不可能产生在落后文化中。当先进技术处于落后文化中，先进技术的技术含量将被大打折扣，无法发挥先进技术的先进性。

三、中国哲学及其问题

19 世纪以来，为什么外敌多次入侵中国，侵占中国土地？中国为什么没有造出“坚船利炮”？即使采用了“坚船利炮”，甲午海战中中国也失败了，这是为什么？更早一点的问题是：中国近代科技为什么落后了？

这些问题的反思，都必然会追问到中国文化的深层次问题。一个民族的文化，最核心的思想与思维方式蕴含在哲学之中。因而必然追问到中国哲学，中国哲学是不是“哲学”，这就是中国哲学的“合法性”问题，因为近代以来西方科技的加速发展得益于西方哲学的思想资源和思维方式，而中国哲学能否有利于中国的科技创新呢？

中国哲学被称之为中国哲学，始于 20 世纪初，以胡适为首的一些留学西方的中国学者，按照西方哲学的概念系统梳理了中国古代文献典籍，得到了有关研究成果，这些研究成果是否归于中国哲学，或者属于西方哲学意义上的哲学，历来存在着不同意见。

前有黑格尔，后有德里达。著名哲学家黑格尔认为，真正意义上的哲学从希腊开始，由于东方人的精神还沉浸在实体之中，尚未获得个体性，因而还没有达到精神的自觉或自我意识。所以，所谓中国哲学还不是哲学，不过是一些道德说教而已。黑格尔在他的《哲学史讲演录》（第 1 卷）中提出，中国“只停留在最浅薄的思想里面”，“找不到对于自然力量或精神力量有意义的认识”，“没有概念化，没有被思辨地思考”。[1] 黑格尔甚至说：“为了保持孔子的名声，如果他的书从来不曾有过翻译，那倒是更好的事。”[2]

①黑格尔：《哲学史讲演录》（第 1 卷），三联书店 1956 年版，第 122－123 页。
②黑格尔：《哲学史讲演录》（第 1 卷），三联书店 1956 年版，第 120 页。

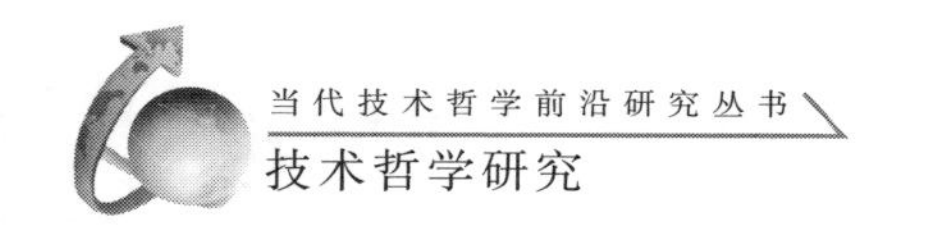

对于黑格尔的问题，胡适在《中国哲学史大纲》的导言中对哲学的定义，什么是哲学史，哲学史的目的，哲学史的史料以及“中国哲学在世界哲学史上的位置”等问题，都做出了明确的回答，奠定了中国哲学史的规模和范式。他将哲学界定为：“凡研究人生切要的问题，从根本上着想，要寻一个根本的解决：这种学问，叫做哲学。”[①] 胡适所讲的人生的切要问题包括许多种，如宇宙论、知识论、伦理学、教育哲学、政治哲学、宗教哲学等。胡适对于哲学史研究的评判还是有道理的，其评判不是主观的，而是客观的，要看其效果。他说：“既知思想的变迁和变迁的原因了，哲学史的责任还没有完，还须要使学者知道各家学说的价值：这便叫做评判。”并不是做哲学史的人的主观评判，而是“‘客观的’评判，要把每一家学说所发生的效果表示出来。这些效果的价值，便是那种学说的价值”。[②] 按照胡适的观点，中国是有哲学的。

2001 年 9 月 11 日访华的法国著名解构主义哲学家德里达，在与王元化的对话中重提“‘中国没有哲学，只有思想’”，这句话一说完，在座的人不禁愕然。他马上作解释，说他的意思并不含有褒贬，而哲学和思想之间也没有高低之分。他说中国没有哲学，只有思想，这话丝毫没有文化霸权主义的意味。他对这种看法做出的解释是：“西方的哲学是一个特定时间和环境的产物，它的源头是希腊。”[③]

截至目前，国内学者也主要有两种观点，一种认为中国有哲学，并论证为什么有哲学，就中国哲学之为哲学提出种种证明。如，中国有抽象思辨的理智的形而上学，中国有爱智慧的哲学品格，等等。另一种认为，中国没有哲学，从狭义上说，中国确实没有西方哲学意义上的哲学，中国本无“哲学”之名；从广义上说，中国哲学、西方哲学、印度哲学都是哲学。

无疑，现在的学科分类、概念系统和知识架构，都是西方的标准。关键是西方的标准是否就是人类的标准、国际的标准？

问题是，现代科学和现代技术都产生于西方，它们开拓了全世界的现代化、全球化道路。客观地讲，现代科学技术的基本理论和主要科学技术成果都发生在西方，甚至可以说，西方取得的自然科学技术研究成果就是全人类的自然科学技术成果，而不仅仅是西方的成果。即使在人文社会科学方面，西方也做出了许多开创性研究并推进其发展。西方人开拓的现代化道路与全球化道路，并不是一个孤立的事件，而是一个巨大的潮流，它是在科学技术的推动下发生的，并不是一

---

①胡适著，肖伊绯整理：《中国哲学史大纲》（卷上，卷中），广西师范大学出版社 2013 年版，第 9 页。

②胡适著，肖伊绯整理：《中国哲学史大纲》（卷上，卷中），广西师范大学出版社 2013 年版，第 11 页。

③王元化、钱文忠：《是哲学，还是思想——王元化谈与德里达对话》，载《中国图书商报》2001 年 12 月 13 日 14 版。

个偶然的事件，而是有其必然性。

在有的人看来，“中国没有哲学”是一种侮辱性的说法，这意味着中国古老的文明无论多么灿烂辉煌，毕竟没有达到比较高的理论思维水平。但事实上，哲学存在了两千多年，什么是哲学还没有取得一个广泛共识。

在笔者看来，我们可以采用广义与狭义的哲学定义。广义而言，中国哲学、印度哲学与西方哲学等等都是哲学。狭义而言，哲学就是西方哲学，中国哲学不属于哲学，可将中国哲学称为“思想”。即是说，中国哲学不能称为哲学，但是有思想、有观点、有方法，而西方哲学采用了现代“哲学”的形式，具有学科的式样，能够在已有研究的基础上不断推进。从另一个角度来看，就哲学所研究的对象和问题而论，中国哲学关注的是人以及人与人的关系，当然属于哲学。但是，就哲学作为一个学科而论，中国哲学则不是哲学。作为学科的哲学，应当随着自然科学和人文社会科学的发展，而创立出新的哲学方法，比如现象学、分析哲学、诠释学等新哲学分支。

严格意义上的哲学是希腊人的创造，经过近代的发展，逐渐成为一门学科。在学科化的过程中，西方哲学形成了特有的概念系统和方法论体系。

西方哲学可以看作是一种思维方式，它通过理性认识把握自然万物的本质和规律，以公理化系统为基本模式，以“是什么”为问题，试图以层层抽象追问最高的普遍性的方式，获得更加普遍的真理（truth）。

举例说，我们可以从许多枝玫瑰花中抽象出“玫瑰花”的属性，从各种各样的花中抽象出“花”的属性，再从花草树木中抽象出“植物”的属性……按照这个思路如此类推，我们最终将抽象到最高的普遍性——“存在”（being）。

西方哲学研究本体论、认识论、价值论和方法论，尤其是本体论或存在论有其特质。西方哲学还有语言哲学、分析哲学等，对语句展开细致的分析。

形而上学或者存在论就是追问存在（或是）的学问。所有存在着的事物都必须以存在为其存在的前提，同理，所有研究存在着的事物的科学都必须以哲学为基础。笛卡尔曾经将人类所有的知识比喻为一棵大树，形而上学是根，物理学（自然哲学）是干，其他科学则是枝叶和果实。在哲学家的心目中，哲学尤其是形而上学在人类知识中具有崇高的地位。

西方哲学是以科学的态度和方法研究哲学问题的典范。近代以来，这种思维方式在自然科学领域结出了硕果，以至于使哲学也踏上了科学的道路，如科学哲学等。

虽然中国哲学也讨论过某些西方哲学关注过的某些问题，但是，的确没有明晰的学科规定，也没有学科性的发展并形成系统化的知识，进而系统地形成知识的增长。在中国思想中，文史哲不分家，在某些学者看来亦具有宗教的性质，有的学者称儒家思想为“儒教”。

海德格尔一次与一位日本学者对话时，对日本学者试图求助于欧洲美学思想从而找到一些必要的概念来把握日本艺术的做法表示不以为然，他并不认为缺少规范和确定性是东方语言的缺陷。海德格尔担忧，引入欧洲美学概念的结果使得“东亚艺术的真正本质被掩盖起来了，而且被贩卖到一个与它格格不入的领域中去了”。[①] 海德格尔谈的是艺术，但是，讨论的也是哲学。语言是存在之家，不同的民族有不同的语言。

但是，我们必须清醒地认识到，文化也是多元的。文化中有先进与落后之分。一个民族要真正屹立于世界民族之林，受到其他民族的尊重，其学习、掌握和创造的文化就必须是面向现代化、面向世界和面向未来的，具有生生不息的、内在的向前的动力，否则这样的文化就会衰落，就会成为古董，成为历史遗产。简而言之，我们推崇的文化应当是先进文化，是应当与先进科学技术相适应的文化。

我们先看一位新加坡学者概括的中国哲学的特质：[②] ①修身。学习和德行培养是同一过程的不同面向。儒家强调德智统一。②理解自我：关系与情境。依中国哲学，个体本质上是由关系构成的情境化的自我。关系与情境在很大程度上决定了个体的价值、思想、信念、动机与行动。中国哲学倾向于设想主体或个体间的相待相依。③和谐。社会的和谐和稳定是头等大事。不同个体、存在者与群体间的关系是不可化约的。④变易。《易经》讲“易”，也就是“变化”，以及变化在不同领域中的影响力。“变化”与“和谐”密切相关。⑤《易经》哲学。《易经》文本有意思的是其背后的隐义：关于世界的预设、世界不同部分之间的关联、事物间的关系、因果联系的复杂性、流变世界中人的位置以及个体行为与反应的重要。《易经》这部书涵括了中国哲学之思的各种要素及概念框架。⑥哲学运思。论说与论辩是中国哲学的显著特点。其一，综合方法是汉代哲学的特点。各派思想家的相互诘难，从诸多不同的学派中吸收洞见。综合的进路不同于分析进路，后者注重理解特定理论背后的假设，认证其基本概念与观念的合理性。其二，中国哲学论说方式在于偏好暗示性与启发式的意象、典范、类比、隐喻及例证。中国哲学的关注点落在观念的阐明、注意挖掘观念隐含的意蕴以及探究它们的实际应用，把解释与理解的重任交给了读者。

按照赖蕴慧的概括，中国哲学似乎不关心理论基础或哲学真理的阐明。正如她自己所说，理论基础或哲学真理“并不是中国思想传统的唯一关怀，而且，对某些中国思想传统来说，它们也不是那么要紧的目标”。[③]

事实上，中国哲学关注人，关注人与人的关系，很少关注自然界本身，关注人与自然的关系。在中国哲学中，无论哪一派都讲“内圣外王之道”。“内圣”

---

①海德格尔：《在通向语言的途中》，商务印书馆1997年版，第76页。
②赖蕴慧：《剑桥中国哲学导论》，世界图书出版公司2013年版，第5－16页。
③赖蕴慧：《剑桥中国哲学导论》，世界图书出版公司2013年版，第16页。

就是以君子为榜样来要求自己，提高内在的德行。“外王”就是将其运用到现实的生活中去。

中国哲学家冯友兰对中国哲学之弱点的评价十分客观。[①] 可以概括为以下几个方面：

一是中国哲学的论证与说明方法有问题。“中国哲学家之哲学，在其论证及说明方面，比西洋及印度哲学家之哲学，大有逊色。”

二是中国哲学家不为知识而求知识，而是追求实用的知识。“盖中国哲学家多未有以知识之自身为自有其好，故不为知识而求知识。不但不为知识而求知识也，即直接能为人增进幸福之知识，中国哲学家亦只愿实行之以增进人之幸福，而不愿空言讨论之。”

三是中国哲学家不重视著书立说，大多为讲话的汇集。“中国人向不十分重视著书立说。‘太上有立德，其次有立功，其次有立言。’中国哲学家，多讲内圣外王之道。‘内圣’即立德，‘外王’即立功。”“故著书立说，中国哲学家视之，乃最倒霉之事，不得已而为之。故在中国哲学史中，精心结撰，首尾贯串之哲学书，比较少数。往往哲学家本人或其门人后学，杂凑平日书札语录，便以成书。”

四是缺乏逻辑，缺乏对辩论本身的方法的研究。“哲学家不辩论则已，辩论必用逻辑。……然以中国哲学家多未竭全力以立言，故除一起即灭之所谓名家者外，亦少人有意识地将思想辩论之程序及方法之自身，提出研究。……逻辑，在中国亦不发达。”

五是中国哲学不关注知识问题。“中国哲学家多注重于人是什么，而不注重人之有什么。”比如，人是圣人，意即没有任何知识的人也是圣人。这就是说，中国人不重视知识。正如冯友兰说：“中国仅有科学萌芽，而无正式的科学。”[②]

六是缺乏对自然本身的研究。“中国哲学家，又以特别注重人事之故，对于宇宙论之研究，亦甚简略。”

探讨中国哲学问题，当然要考察中国哲学对待科学技术的态度。

西方古代科技以希腊科技为代表。希腊科学理性诞生于希腊早期自然哲学的土壤中。自然哲学的核心内容是理论思维形式的出现，对宇宙、自然界的终极关怀。古希腊把万物存在的理由或万物的本原不是归结为神秘因素，而是归结为自然因素，从而在哲学诞生之日便把神秘主义或非理性主义排斥在外。希腊早期的自然哲学关于本原的追问，呈现出一个由“自然解释”，经“数理解释”“逻辑分析”到“理论的探讨”的逻辑演变过程。苏格拉底的弟子柏拉图发展了理性精神。而亚里士多德把哲学的思辨方法演变为分析方法，开创了哲学研究中的“分析的传统”。

---

①冯友兰：《三松堂全集》（第2卷），河南人民出版社2001年版，第249－251页。

②冯友兰：《三松堂全集》（第2卷），河南人民出版社2001年版，第250页。

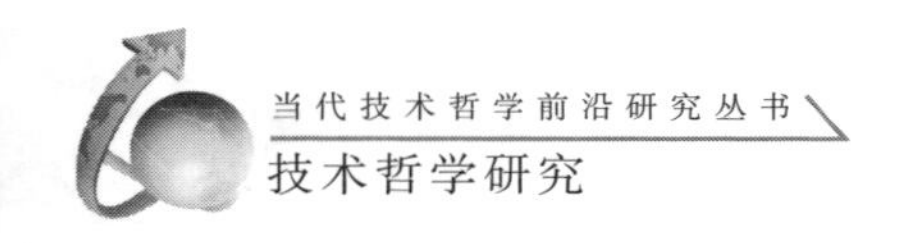

中国诸子百家中的墨家较重视实践，注重对事物观察实验，但却很少进行规律和定律的理论性的归纳总结。比如，虽然做过“小孔成像”实验，留下了光学的8条实验记载，但大多只是定性的现象的记录。墨家以后的学术方向发生了较大的偏转，连实验也很少做。

以孔子为代表的儒家历来轻视生产，鄙视体力劳动。孔子骂学习稼穑的学生为“小人”，他认为只要掌握一套治人的艺术就行，根本不用学习种庄稼。在儒家的眼中，科技不过是“奇技淫巧”。在这种思想的影响下，哲学领域根本容不下科学理性。

宋代理学家程颢、程颐等人虽然提出过带有理性色彩的“格物致知”的口号，但是他们所说的“格物”，并不是对客观事物的观察和实验，而是在寻求“内心之物”，即所谓的“内省”功夫。

明末清初以及其后的唯物主义者王夫之等人把“格物”理解为对客观事物的观察和实践，但他们还是不能对“格物致知”进行深入的阐述，而是列举日常生活的一些例子，并不提倡科学观察和实验。由于中国古代思想家注重直觉的经验因素，而不注重对概念下定义，后人为了理解，不得不糅进自己的体会。一代代学者如此地做注解、考证，使学术思想有很大的随意性和模糊性。

在笔者看来，概而言之，中国哲学的基本特点可以概括为：

（1）中国哲学缺乏概念思维，有关概念没有深入推进。比如，“仁”“道”“理”等基本概念缺乏界定和深入诠释，一代一代的学者无法在原有的研究基础上进行新的研究。中国哲学反对执着于经典文句，提倡体悟精神。比如，《周易·系辞》：“书不尽言，言不尽意。”

（2）中国哲学缺乏哲学方法论，因此没有形成自我创新之路。随着自然科学与人文社会科学的重大进步，中国哲学也没有产生新的哲学方法。到目前为止，中国哲学基本上在原地转圈。而西方哲学19世纪以来，不断产生新的哲学研究方法，如现象学方法、分析哲学方法、诠释学方法、语言学方法等等，这些方法是人们认识和理解人文世界的重要工具。

（3）中国哲学缺乏逻辑推理与形式逻辑。中国哲学的分析大多停留在表面，作类比推理，无法从宏观深入到微观。比如，中医看病是从表面入手，无法清晰地深入到人的内部，到现在为止，中医也没有找到具体办法，只能利用西医这一现代医学了。中国哲学应当像中医一样，正视自己之不足，创新前行。

（4）中国哲学缺乏形而上学，缺乏追问第一原理。形而上学（metaphysics）是西方哲学颇具有特点的研究，简而言之，形而上学的目的在于研究事物的本质，确定存在的意义、结构和原理。形而上学不仅是就具体事物或物质的背后的概念、实在等展开深入的理论分析，而且这种研究也要落在实处，而不是玩文字游戏。比如，古希腊人追问的实在（reality），就是要找到某种实体（entity），而不是某种虚的性质。古希腊之水、原子、火等是万物的本原，数是万物的本原等等。而中国古代的阴阳、五行、气等都难以找到具体的实体或物质。正是因为中国古代哲学所寻找的本原是非实体的东西，因而无法展开具体而深入的研究，也无法对此进行批评。在对自然的追问上，中国古代哲学是空谈和玄想，而古希腊则追求从第一原理出发来展开论证。比如，欧几里得提出的平面几何学，就是从定义加假设（公理）的角度来证明整个平面几何的定理，这就是公理化方法。

（5）中国哲学批评思维严重不足，主要是注解。孔子曰："君子有三畏：畏天命，畏大人，畏圣人之言。小人不知天命而不畏也，狎大人，侮圣人之言。"总以为圣人什么都行，缺乏创新精神。孔子又说："述而不作，信而好古。"显见，孔子的"三畏"，是尊古怕官，不是面向未来，何来知识的创造？

（6）中国古代哲学没有为中国古代科技发展提供思想动力。由于中国哲学是面向人自身的，又是体悟式的，中国哲学对自然没有深入的哲学研究，因而也无法对自然科学的发展提供某些概念、思想或方法启示。

西方哲学有本体论（ontology），本体论是研究存在（being）的学问，它要研究事物是什么，事物的本质，事物如何分类，用什么范畴去描述事物等等。本体论本来是一个纯粹的哲学理论，但是它对计算机科学有很大的启发。1991 年，美国计算机专家尼彻斯（R. Niches）提出了一种构建智能系统方法的新思想，智能系统分为两个部分：一部分是 ontologies（本体），另一部分是"问题求解方法"。ontologies 涉及特定知识领域共有的知识和知识结构，而"问题求解方法"就是使用 Ontologies 中的知识进行动态推理。后来许多学者对 ontology 展开了研究。简言之，计算机科学的 ontology 是借鉴哲学中"本体论"的研究方式，研究世界上的各种事物（物理客体、事件等）以及描述这些事物的范畴（概念、特征等）的形式特性，然后再分类，建立相应的规范。ontologies 就成为共有的知识和知识结构，于是，就不能将 ontologies 翻译为本体论，而是译为"本体"或"存在"更好一些。formal ontology 可译为形式本体或形式存在。比如，木制的床与铁制的床，都有共同的形式。床有床的形式，椅子有椅子的形式，等等，这些形式应当有一些共有的存在，这就是形式存在。

当下中国正在经历千年未有之大变局，正处于从农业文明向工业文明、信息文明转型，从仁爱文化向自由文化转型，从礼治社会向法治社会转型的进程中，既然中国哲学有其不足与优点，西方哲学有其优点与不足，那么，中国哲学要怎么办呢？正如上一节我们提出"中学本新，外学辩证，马学指引"的基本观点，中国哲学需要建立一种世界性视域——个人已不是地域性存在而是世界性存在，树立理性思维，在马克思主义哲学的指引下，辩证地对待外国哲学，推进中国哲学的创造性转化和创新性发展，以文化自觉不断地推动科技创新，在解决人生与社会问题之时，为自然问题、人与自然的关系问题提供解决之道。

第十二章

技术的演化发展

认识技术，我们必须认识技术是如何演化的。技术的演化发展构成了技术哲学研究中的最基本的问题之一。技术作为人类社会这个大系统中一个相对独立的子系统，这就决定了技术发展中多因素相互作用的复杂性。一方面，基于自身的内在矛盾运动，技术有其自身的发展及进化规律；另一方面，它又与社会的经济、政治、军事、科学、文化等诸因素相互影响。本章主要探讨技术发展的动力机制及其一般模式，展示技术演化过程的基本机制。

第一节　技术发展的动力机制

任何形态的技术都是在各种社会环境下孕育和发展起来的，是在内外多重因素的共同作用下发展变化的。一个富有成效的技术发展模式不仅能够合理地解释技术的历史进程，而且能够为我们揭示技术发展的规律性。马克思主义认为，技术的发展是由社会需要、技术目的以及科学进步等多种因素共同推动的。在不同的动力机制作用下，技术体现出以下发展模式：

一、社会需要导向型

马克思主义认为，社会需要是技术发展的基本动力。任何技术，最早都源于人类的需要。正是为了生存发展的需要，人类起初模仿自然，进而进行创造，发明了各种技术。近代以来，不同时期学者关于技术的起源及其发展的观点各不相同，但唯一共通点就是，技术发展的动力来自社会的需求。恩格斯指出："社会一旦有技术上的需要，这种需要就会比10所大学更能把科学推向前进。"①

推动技术发展的社会需要主要指来自经济发展与竞争、军事、市场等领域的

①中共中央编译局：《马克思恩格斯全集》（第8卷），人民出版社2009年版，第188页。

社会要求。人们认为，这些需求在技术发展进程中具有重要的推动力量。人类为了满足自己基本的生活需要不断开发出各种技术手段。人类需要庇护处和防卫，为此他们挖井、拦河筑坝，发展水利技术；人类需要住处和保护，所以建造房屋、堡垒、城池和军事装备；矿井抽水的需要推动了纽可门蒸汽机的出现，进一步促进了蒸汽机的改进。工业所需的关键性原材料的显著短缺，对关键性原材料的需要推动了相关领域的技术革新：一方面，人们通过技术发展提高关键物质的单位产量；另一方面，寻求替代性材料取代现有短缺材料。例如，蒸汽能源的动力燃料主要是煤，20 世纪随着煤的使用量越来越大，煤的价格越来越贵，蒸汽发电厂就提高了能源的利用效率。1900 年，发 1000 瓦的电需要 7 磅煤；而在 1960 年，仅仅需要 0. 9 磅。在前工业时代，人们广泛使用木材作为燃料、建筑材料。16 世纪的英国，已经把木材作为稀缺资源保护起来。社会的需求推动了技术的变革，使得工业开始使用存量更充足的能源，煤逐渐取代木材作为燃料，其他材料如水泥、钢筋也取代木材作为建筑材料。某些全新材料的发明，如合成纤维或塑料就是作为天然材料的替代物。国际经济竞争的需要同样推动了技术的发展，如信息技术、现代通信技术等高技术发展已经被提到各国经济发展的战略高度。

在其他领域的技术发展也向我们揭示了需求对技术发展的推动力量。在晶体三极管被广泛应用到电子技术领域之后，人们对电子设备小型化、轻量化、节能化的要求越来越强烈，人们想象能否像做晶体管那样将组成电路的元件和导线集中到一块半导体基片上。这一需求促进了晶体管技术向集成电路技术的发展，1958 年，这一构想在贝尔实验室变成了现实。在医疗卫生领域，人们对健康与提高生活素质的需求，推动了医学与分子生物技术的发展。

二、科学理论导向型

19 世纪中期以后，科学走到了技术的前面，成为技术发展的理论导向。随着科学的分化发展，来自科学的知识改变了技术发展的经验摸索方式，对技术创造起着规范和指导作用。基于科学理论导向的技术发展模式指的是，科学的基础研究取得突破之后，才能够带来技术问题的突破。换言之，技术的发展需要科学研究为技术解决克服相应的难题。

来自科学的最抽象的理论要获得最实际的应用，首先需要科学与技术的密切结合。以下几个方面的发展，为技术发展获得科学的支持提供了重要的条件：①新的工业革命引进了以科学为基础的技术；②新的产业普遍建立工业实验室或研究与开发（R&D）实验室；③世界上有各种各样的大公司雇用了大批的科学家为技术服务。

在 19 世纪后半叶，技术的发展在很大程度上与科学理论的研究是密切相关的。现代的高技术，就是指建立在科学研究基础上的技术。在技术史的发展中，我们可以看到，有机化学的发展使得大规模的综合整染工艺成为可能，对电和磁的性质的研究为电力技术发展奠定了基础。其中，原子弹的爆炸和原子能的开发就是一个最明显的例子。原子核反应堆和原子弹是依据原子核裂变理论研制成功的，量子力学和核物理的研究解决了原子核的结构问题，放射性元素原子核辐射的应用研究解决了铀 235 发出中子的链式反应问题，随后指导原子弹的技术开发。可以这么说，没有人类对原子、原子核的认识，没有原子核裂变现象的发现，要实现核能利用是根本不可能的。

工业实验室的创立使大量科学家受雇于工业界，促进了科学对技术的推动。随着有机化学在前沿领域研究的拓展，19 世纪 70 ～ 80 年代，第一批工业研究实验室在德国的合成染料生产企业组建起来。专职的化学家开始走进工业实验室，他们研究出可以用于不同色调和色度的新染料，并被大量用于不同织物的染色。大规模地创建工业实验室，发生在美国。1876 年，爱迪生建立了美国第一个从事应用开发工作的工业实验室，组织了一批从事科学研究的专门人才并建成了世界上第一个电力工业体系。由此，开创了工业研究的新时代——科学与技术、科学与生产相结合的新时代。19 世纪 90 年代，通用电气建立了自己的实验室，此后，杜邦、IBM 等公司纷纷建立了自己的实验室，并促进了一系列的技术发明与创造，如 1876 年的电话、1887 年的留声机、1879 年的照相机、1891 年的电影、1903 年的飞机等。工业研究实验室的出现使得科学家能够根据相应的需要，展开相关的基础研究，为科学更好地推动技术发展提供重要支持。

科学的研究在一定程度上影响着实际的应用过程，避免了无谓的劳动，使应用科学家和工程师们能够快速、高效、经济地实现其目标。在现实生活中，由于人类不同活动领域的复杂程度以及相关学科发展的不平衡性，科学对这些领域的规范和指导作用的深度与广度是各不相同的。基于上述认识，我们说科学研究是推动技术发展的重要力量。

虽然科学进步是技术发展的重要推动力，但是这并不意味着新技术完全依赖基础科学的进步。那种认为基础科学进步是技术创新的“主要源泉”的观点，已经不能够对今天技术发展的来源做出完全的说明，来自其他方面的推动力对技术发展同样具有重要意义。

三、现象发现导向型

技术发明并不都是自觉地应用科学理论的结果，机遇和重大现象、事实发现也可以成为技术发展的契机。现实生活中，有许多技术的发明与创新并不来自科学的新发现或科学理论的启示，而是来自经验性或半经验性的发现以及来自技术知识的积累。随着某一事实或现象的发现，它们被转移到技术原理的构思之中，经过艰苦的努力就有可能取得技术发明的成功。这一类型的技术发明一般并不涉及深奥的科学理论，往往直接在现象发现的基础上展开各种相关的实践并带来技术的重要进展。

医学研究中的实例可以支持现象发现导向的技术发展模式，χ射线的发现及其在医学上的应用就属于这一类型。在英国，χ射线发现三天之后，还不知道它是什么东西，在科学上它还是个χ的时候，就已经被美国医院用于透视了。像医学上的用药，如奎宁、可卡因、麻黄素等药物，在对其药理作用开始研究很久以前就被采用了。在中国，大多数的中药，在科学上还没搞清楚它的成分、结构与机理的情况下，也早就被用来治病了。

从现象发现到真正的技术进展，其间并不是简单的线性过程。青霉素的发现以及人工合成氨苄青霉素的技术开发过程可以告诉我们，从发现（包括科学的发现）到技术上实现和经济上可行是一个极为复杂的过程。1928年，弗莱明偶然发现了青霉素。但是，因为他并不懂生化技术，无法提取青霉素，因而限制了它的实际应用。实际上，在当时的技术条件下，提取青霉素也是一大难题，从实验技术到生产技术并不是简单的放大过程。1939年弗洛里和钱恩又开始研究天然抗生素，重新发现了弗莱明提到的青霉素，并证实青霉素能浓缩与提纯。但按实用规模制备此药，存在着很大困难。在弗洛里和钱恩的种种努力和坚持下，由意大利毕彻姆制药集团公司资助，最后终于发现了一组带有取代侧链的新的青霉素衍生物，就是今天我们常用的氨苄青霉素，能够注射和口服，并对那些能抵抗普通青霉素的细菌有效。1942年，青霉素的大规模生产终于成为可能。这项研究工作获得成功之前，毕彻姆公司每年需要耗费约100万镑投入研究。显然，要大规模合成青霉素并生产出一种实用的青霉素药物，主要不是科学问题而是技术问题，而且涉及了复杂的社会经济过程。

所有这些都表明，技术过程本身具有自己的区别于科学的独立生命，已经形成了自身的发展模式和自身的发展规律。

四、日常改进型

技术的发展过程表明它还受到来自技术自身发展不平衡的推动。这一类的技术发展，很多都属于不断改进型的技术。这些技术发展的最终成功并不一定需要科学理论上的重大突破，而主要来自技术自身积累的知识与日常的经验知识。

美国社会学家奥本格就认为，技术发明就是把现存的已知要素组成一种新要素的过程。按照这种观点，每项技术变革都与过去的物质文明有着密不可分的联系，或者说，是在过去及现存技术基础上的改进。像一些重要的产品，例如汽车、电脑或电视，每年从外观到结构上，都有一些修修改改的改进。这些改进主要由技术自己进化的逻辑导致，无需科学的进步来加以促进，只需已有的一些科

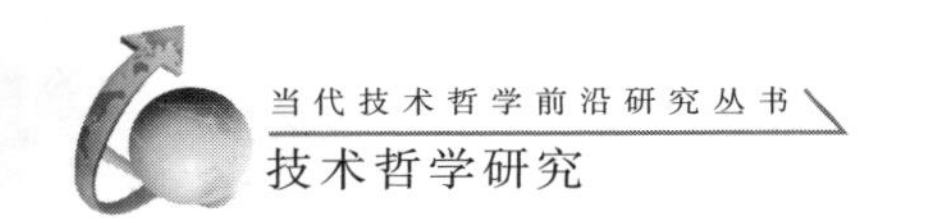

技知识就够用了。司托克斯引用理查兹（S. Richards）的研究报告指出：根据美国国防部的一个统计，“在20种武器系统的几百个关键‘部件’当中，只有不到十分之一源自研究成果，不到百分之一来自不以国防需要为目的的基础研究。大多数武器系统的进步都是在现有技术基础上的改进，或者是意识到现存技术的局限性而产生的结果，而不是以研究为目的的开发活动的结果。”①显然，存在着在原有技术的基础上加以改进的技术发明，这同样也表明了，技术已经发展出自身的独立的规律与知识体系，能够依据自身的技术知识进行技术发明与改进。

综上所述，我们认为，社会需求、技术自身的知识、科学进步、现象发现构成了技术发展的动力体系，仅仅从单一的方面来考虑技术发明的来源是不够的，技术的发展是一个包含了来自外部与内部的因素作用的复杂过程：由科学理论问题的解决引出技术上的应用，在技术的进一步发展中继续需要科学探索的支持；由社会需要推动技术问题的提出和解决，在这个过程的一定阶段上，科学的支持起着重要作用；来自科学家的发现或技术家或其他人的发现能够作为技术开发的出发点；从技术的日常问题开始，可以通过常规的设计改进工艺。根据理查兹的估计，技术开发的社会需要导向型是大量的，但是重大的技术革命大多来自科学理论的推动。

基于技术发展的动力机制，我们也相应地看到技术发展中不同的模式。当然，并不是说一项技术的发展或技术体系的发展只遵循单一的模式。社会需要推动的技术发展，还需要得到科学探索的支持。技术日常的改进，暗示着原有技术或产品不能满足人们的需要。因此，在历史的现实中，上述四种发展模式并非平行发展的，而是相互交叉相互重叠，共同谱写出技术发展的复杂进程。

第二节　技术演化的过程

技术的演化的直接动力来自技术体系的内在矛盾。其演化过程体现出过程的渐进与飞跃相互交织的发展特点。现代技术发展并不是线性发展的，而是体现出技术与科学的协同进化。

一、技术演化的内在动力

技术和技术体系都有其发展变化过程。技术体系发展的内在动力主要来自于技术目的和技术手段之间的矛盾。人类对自然的作用是有目的的行为，这种行为是通过各种技术手段来实现的。可见，技术演化的决定因素是人作用于自然的目的和手段的矛盾运动。

---

①D. E. 司托克斯：《基础科学与技术创新》，周春彦译，科学出版社1999年版，第47页。

所谓技术目的是在技术实践过程中在观念上预先建立的技术结果的主观形象，是技术实践的内在要求，它影响并贯穿技术实践的全过程。马克思曾说过："蜘蛛的活动与织工的活动相似，蜜蜂建筑蜂房的本领使人间的许多建筑师感到惭愧。但是，最蹩脚的建筑师从一开始就比最灵巧的蜜蜂高明的地方，是他在用蜂蜡建筑蜂房以前，已经在自己的头脑中把它建成了。劳动过程结束时得到的结果，在这个过程开始时就已经在劳动者的表象中存在着，即已经观念地存在着。他不仅使自然物发生形式变化，同时他还在自然物中实现自己的目的，这个目的是他所知道的，是作为规律决定着他的活动的方式和方法的，他必须使他的意志服从这个目的。"①技术目的既要考虑社会需要，也要考虑科学技术、社会经济条件的可能性。一般而言，只有当技术发展的内在需要和社会进步的外在需要达到某种合理的耦合时，才能产生最恰当的目的。

技术手段是实现技术目的的中介和保证，它包括为达到技术功能所使用的工具以及应用工具的方式。如要实现数值运算的技术目的，就要有算盘、计算器、计算机等工具和手段，为了实现航天的技术目的，就要有升空气球、飞机或宇宙飞船等技术手段。

技术目的与技术手段是对立统一的，它们是对立统一体中的两个方面，相互依存又相互竞争，它们的矛盾运动，推动着技术的发展。技术手段的作用，只有在技术实践中被有目的地运用才能表现出来。而技术目的的不断实现和发展，也只有依赖于现实的、成熟的技术手段才能圆满完成。在技术领域中，一项技术成果既是前一技术过程所实现了的目的，同时又是另一技术过程实现技术目的的手段。例如，电子计算机的研制和广泛应用，就典型地体现了这一点。一方面，技术目的源自社会需要，社会需要是永恒的，但又不断向技术提出更高的要求；另一方面，任何技术目的的实现都要依赖技术手段，但是已有的技术手段总是有限的，无论是它的经济性、安全性还是它的可靠性、实用性等，都有一定的极限。这样，不断更新变化的技术目的与已有技术手段之间就必然会产生矛盾。为了满足新的技术要求，人们千方百计去改进原有的技术手段或发明新的技术手段。这样，技术目的与技术手段之间的矛盾贯穿了技术发展过程的始终，而新的技术目的与原有技术手段之间的矛盾成了技术发展的内在动力。显然，技术目的和技术手段是对立统一的，它们在时间序列中的矛盾运动和空间范围里的矛盾展开推动着技术的发展。

二、技术演化的一般特征

我们认为，技术的演化体现出过程的渐进性与跃迁性，而并不是一个简单

---

①马克思：《资本论》（第1卷），载中共中央编译局：《马克思恩格斯全集》（第23卷），人民出版社1972年版，第202页。

的、线性累积的过程。一方面，从技术体系的发展来看，它们具有延续性，可以在进化论的基础上得到解释；另一方面，从技术客体设计、制造的基本原理的变化来看，存在着技术体系的延续与飞跃相结合的发展过程。

（1）技术体系演化的延续性。

技术体系的发展呈现出某种延续性。技术体系的延续性可以通过两个方面表现出来：其一，技术客体的产生与技术发明与过去已有的客体与发明之间密切关联，即使在非常激烈的技术变革中，这种持续性也不会丢失；其二，借助行为的学习和语言与样品的传播，技术客体得以模仿、复制与批量生产，从而构成人类物质生活的一种文化传统、技术传统、工艺传统。

巴萨拉为我们提供了人工物延续性的丰富的史料分析。原始的金属锯是模仿石头工具参差不齐的刀口而制成的，惠特尼发明的轧棉机与印度“手纺车”的工作原理是相同的，都是依靠手摇曲柄的两个轧棍做功。即使是蒸汽机的发明也不是突然一下子冒出来的。纽可门蒸汽机发明之前，炉膛、汽缸、活塞、导管、连杆这些东西的发明以及大气压力和蒸汽作用的研究结果早已存在。瓦特蒸汽机是在纽可门矿井蒸汽机的基础上的改进（见图 12－1）。19 世纪早期的转臂电动机的工作方式出现在瓦特摇臂蒸汽机的转动方式上（见图 12－2）。以至于李约瑟说“没一个人可以称为‘蒸汽机之父’，也没一种文明可独揽发明蒸汽机的大功”。[①] 即使是晶体管的出现，也可以追溯到 19 世纪 70 年代的晶体检波器，而真空管则为晶体管的设计定型提供了参照。

图 12－1　瓦特的摇臂蒸汽机（1788）　　图 12－2　19 世纪早期的转臂电动机

（图片来源：乔治·巴萨拉：《技术发展简史》，复旦大学出版社 2000 年版，第 46 页。）

然而，仅从需求与使用方面并不能说明人类所制造的物品为何如此多样。目前，有许多学者尝试用生物进化论来解释技术世界的发展进程。

进化论的开创者达尔文首先将其理论运用于解释技术人工客体的进化，只是

①乔治·巴萨拉：《技术发展简史》，周光发译，复旦大学出版社 2000 年版，第 206 页。

他仅仅用来解释人工生物客体。马克思是第一位将达尔文的进化论用来解释一般人工物的哲学家："达尔文注意到自然技术史，即注意到在动植物的生活中作为生产工具的动植物器官是怎样形成的。社会人的生产器官的形成史，即每一个特殊社会组织的物质基础的形成史，难道不同样值得注意吗？而且，这样一部历史不是更容易写出来吗？因为，如维科所说的那样，人类史同自然史的区别在于，人类史是我们自己创造的，而自然史不是我们自己创造的。"① 其后，波普尔在讨论人类认识与知识发展中，提出了适合于各种复杂系统，包括生命系统、社会文化系统、生态系统的广义进化论的基本原理。哲学家和心理学家唐纳德·坎贝尔将广义进化论的基本原理表述为"盲目的变异与选择的保存原理"（The principle of blind-variation-and-selection-retention）。他认为，"盲目的变异与选择的保存对于所有的归纳成就，对于所有的真正知识增长以及对于所有的系统对环境的适应都是基本的。"② 技术人工客体也无例外地正是按照这个广义进化论原理进化发展的，一切技术的人工物的出现、传播和消失也是依照这个法则而得到解释。1988 年，巴萨拉以丰富的技术史料支持了技术的进化史。

根据技术的进化史，一方面，任何一项技术发明都是由许多因素综合产生的，不是突如其来的，而且这一发展过程是一个由简单到复杂、由单一性到多样性的过程。技术发展是一种建立在许多微小改进基础之上的技术累积的社会过程。一个改进了的人工物的类型是基于原先已存在的物品之上的，从中可以引出一种见解，就是每个人工物都可置于一个序列之中，序列之间是彼此关联的。如果我们追溯过去时间中的某一段，它们就会给我们展现出最早的人类产品的踪迹。工匠无意中的小小改进，往往就促进了技术的进步，由此看来技术进步是延续的。另一方面，技术的发展，如技术创新或技术选择，都是各个社会环境中经济、军事、文化、社会等因素影响的结果。

很多时候，人们往往把技术发明视为是某个发明家或英雄人物的创造，但是如果仔细分析技术谱系，就能够找到相关的证据支持，我们通过下面的例子来加以说明。W. 伯纳德·卡尔森在"发明与进化：爱迪生电话概况的案例"③ 中驳斥了新技术的发明是一个突发的、不连续的、革命的过程。他认为，要说明技术的发展是进化的，就需要对通常所认为的突现过程或者是技术发展的非延续性做出说明。卡尔森在研究了爱迪生、贝尔和格雷发明时绘制的大量草图之后发现，在新设计中可以找到其他技术体系中使用的元件，而这些元件在从一台机器移用

---

①马克思：《资本论》（第 1 卷），载中共中央编译局：《马克思恩格斯全集》（第 23 卷）人民出版社 1972 年版，第 410 页。

②D. T. Cambell：*Evolutionary Epistemology*. In P. A. Schilpp：*The philosophy of karl Popper*, *The Library of Living Philosophers*. Illinois：la salle illinois. 1974，p. 421.

③约翰·齐曼：《技术创新进化论》，孙喜杰等译，上海科技教育出版社 2002 年版，第 149－172 页。

到另外一台机器上时很少进行比较大的修改。而且发明者对某些元件有一定的偏好，会重复地使用这些元件。例如，爱迪生在许多发明中，包括多路电报方案和电影放映机中，就经常使用一种叫做“极化继电器”的特殊装置，卡尔森称之为“机械代表”。卡尔森以此为线索展开研究，得出了爱迪生 1877 年 4—12 月有关压力型电话的研究线路图，并得出如下结论：“……但爱迪生探寻了几条并行路线是因为其间产生了许多新的装置和机械代表，它们可以从一条路线移植到另一条路线上。这些移植很像植物选育人员进行的嫁接，对于爱迪生来说，在任何一个特定的时刻经过研究之后，这些移植通常会使电话的性能得以改进。”[①] 由此可见，虽然工程师发明出来的人工制品给人以突如其来的感觉，但其发明过程与传统器件有着割不断的联系。新旧发明通过“机械代表”使得人们能够在原有或其他技术体系中找到彼此的关联性。这为技术的进化解释提供了很好的支持。

（2）技术体系演化的跃迁性。

技术发展，除了进化的承继性一面，还有其创新性的一面。重大变革的事件总是存在的，急剧的技术变革时期与技术的平缓发展时期是交替发生的。仅仅强调技术发展的连续性，而忽视不同技术体系之间的明显区别与跃迁，就不能够合理地解释技术的发展。正如巴萨拉所指出的那样，即使他更偏重技术发展中的连续性，承认技术发展的平稳时期，同样也接受产生急剧的技术变革时期。

我们认为，只有将技术发展的阶段性连续与飞跃式发展结合起来，才可以更好地解释技术的演化。一方面，存在着大量的技术的渐进发展，技术是通过自身不断地改进和完善来发展的，最为典型的就是技术人工物自身的进化。如在冶炼过程中，把向炉内喷吹煤粉改为喷吹原油就可以达到局部的技术改进；另一方面，存在着一些根本的工作原理的变化，当技术的这些工作原理发生根本变化时，就会发生技术的飞跃式发展。

根据发明问题解决理论（TRIZ 理论），技术的发明创新可以划分为以下几个层次：

①通常的设计问题，或对已有系统的简单改进。这类问题主要凭借设计人员自身的经验即可解决，不需要创新，如通过厚隔热层减少建筑物墙体的热量损失。该类发明创造或发明专利占所有发明创造或发明专利总数的 32 %；

②通过解决一个技术冲突对已有系统进行少量的改进。这类问题的解决主要采用行业中已有的理论、知识、经验和方法即可完成。该类发明创造或发明专利占所有发明创造或发明专利总数的 45 %；

③对已有系统做根本性的改进。这类问题需要采用本行业以外已有的方法和知识加以解决，如汽车上用自动传动系统代替机械传动系统等。该类发明创造或

①约翰·齐曼：《技术创新进化论》，孙喜杰等译，上海科技教育出版社 2002 年版，第 169 页。

发明专利占所有发明创造或发明专利总数的 18 %；

④采用全新的原理完成已有系统基本功能的创新。该类问题的解决主要是从科学的角度，而不是从工程的角度出发，需要运用科学理论与科学的发现来实现新的发明创造，如集成电路的发明、虚拟现实等。该类发明创造或发明专利占所有发明创造或发明专利总数的 4 %；

⑤罕见的科学原理导致一种新系统的发明。该类问题的解决需要依据科学的新发现，如计算机、激光等的首次发明。该类发明创造或发明专利占所有发明创造或发明专利总数的 1% （见表 12 －1）。

表 12 －1　发明创造的等级划分及知识领域

级别	创新的程度	百分比	知识来源	参考解的数目
1	显然的解	32%	个人的知识	10
2	少量的改进	45%	公司内的知识	100
3	根本性的改进	18%	行业内的知识	1000
4	全新的概念	4%	行业以外的知识	100000
5	发明	1%	所有已知的知识	1000000

由此我们发现，①与②的发明是依据技术自身体系的改进得到的；③中的根本性改进来自其他领域的技术原理与规则的应用，其中包含了技术体系中某些原理的调整与变化；而④与⑤的发明创造则需要借助科学的知识以及科学的新发现，从而引发了技术体系的变更。虽然，大部分的发明是利用了技术自身的知识，通过技术系统的改进获得发明的。但是，其中依然存在着技术发明过程中的体系的变化，如③中的部分发明与④与⑤的发明。这类发明中所发生的技术体系的变化，为我们理解技术体系的演化提供了支持。

我们可以通过技术常规设计中的核心知识变化来说明技术体系的变迁。根据文森蒂（W. G. Vincenti）对常规设计的分析表明，设计的基本概念由工作原理与常规构型组成，其中工作原理的变化对设计而言是根本性的，而且往往意味着技术的跃迁发展。[①] 技术史的研究表明，任何根据一定工作原理形成的单个技术和技术体系都有其自身的极限，单纯依靠常规构型和技术的渐进发展是难以逾越的。例如，马车运输技术，运输的速度和容量无论如何改进都是有限的，但是超音速飞机就可以在很短的时间内把几百人送到很远的地方。技术史学者康斯坦特认为，涡轮喷气发动机的革命是名副其实的，因为涡轮喷气发动机是有技术先例而又区别于前者的整体机械系统。一个非常关键的革命性变化发生在涡轮喷气发

①Vincenti W. G：*What Engineers Know and How They Know it*：*Analytical studies from Aeronautical History*. Baltimore：Johns Hopkins University Press. 1990：13.

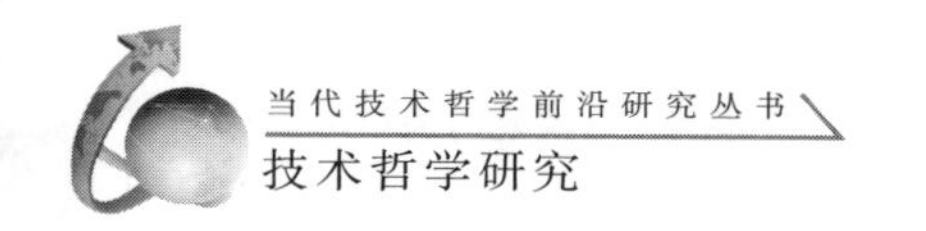

动机的设计并将其运用于飞机上，需要应用空气动力学的先进原理，况且该设计是一群不属于传统航空发动机开发群体开发的，他们由此开创了一种新的技术传统与规范。

从动力机械由蒸汽机到内燃机，再到涡轮喷气发动机的过程来看，巴萨拉并不认为其间发生了不连续的突变。应当指出，巴萨拉是从技术人工物本身来说明技术发展的连续性的，因此强调了技术发展的连续性。如果从技术体系的工作原理、技术核心知识的变化来考察技术的发展，那么存在着由运行原理的根本变化引发的技术体系的飞跃式发展。

综上所述，技术的发展，既存在着技术体系层面的进化阶段，也存在着技术基本原理的根本变化，把技术的渐进发展与飞跃过程结合起来，有助于我们更好地理解技术的发展。

三、技术演化的选择机制

技术客体的现实与潜在的多样性，就会造成过剩的多样性，在发明与需求之间产生矛盾，这就为技术选择提供了可能。在人类设计的各种人工物中，只有那些与特定的社会、经济、文化环境相适应的人工客体的革新与开发能够融入特定文化的发展之中，而另一些由于种种原因被淘汰了，进化正是通过多样性的尝试以及选择与淘汰而得到实现的。

技术的选择受到人工物存在的各个社会环境的约束，是一个由变化的社会经济、文化环境与不是很确定的文化价值因素组合下的社会选择。同时，这一选择还是由具有自由意志的人来实现的公共的选择，这就使得技术选择不像生物进化那样是随机发生的，选择既非决定论的，又非纯随机性的，也非唯意志论的，而是非充分决定（underdetermination）的。

选择是有基本约束条件的而不是任意的。在市场经济中，经济因素在人工客体的设计、开发和选择过程中发挥着持久的作用，往往被看作是选择的第一约束条件。例如，在中世纪已被广泛使用的水轮，曾为欧美工业提供了大部分的能量。在蒸汽机出现后的很长一段时间，水轮仍然被使用了几十年，继续使用这一动力源，存在着经济和技术的原因。蒸汽机、内燃机的使用，铁路运输的兴起等，都说明了经济因素在选择中的作用。

然而，军事的因素有时又是决定性的。20 世纪，许多最令人激动的技术都有军事背景的烙印，其中包括喷气式飞机、飞船、雷达、计算机、数控机床、微电子产品等。如果没有军事需要的紧迫压力就不可能有今天的核动力工业。第二次世界大战期间，为了抢在德国人之前研制出原子弹，美国政府拿出了 20 亿美元，调动各种物质资源、人力资源、智力资源，把链式核反应实验转化为可用的炸弹或反应堆。如果是在和平时期，估计不会有一家公司或政府会为了商业用途开发不完全有把握的原子弹并用其材料进行核发电。毋庸置疑，军事需要是高、新、尖技术被选择的一个重要条件。

然而社会的经济力量与决定它们选取的技术、社会与文化因素交互发生作用，通常需要与一定的文化的、宗教的和其他价值的观点相结合才起到作用。没有一种新产品的选择只是受到来自某一方面的约束。公元8世纪到11世纪，中国先后出现了雕版印刷术和活字印刷术——后者在经济上明显地更有效率，但直到19世纪，活字印刷术在中国都没有得到广泛使用。一个核心的原因是因为它不能像雕版印刷那样保存完美书写的艺术形式。16世纪末，日本的枪炮生产量占世界之冠，可到了18世纪，枪炮被武士们的剑与盾所代替，它们之所以几乎被完全淘汰不是因为其军事效率不高，而是因为剑与盾是武士道精神和英雄主义的体现，而枪炮与日本文化则不具备明显的丰富联系。正如巴萨拉所说："事实一次次地说明，单是生物需要和经济需求都不能决定何物获选。相反，在很大程度上是这两者与意识形态、军事主义、时尚和对好生活的现存看法合起来构成了取舍的基础。"①

与生物进化选择不同，技术选择的执行者是具有不完全信息的人，因此选择在既定的社会经济文化约束条件下给自由意志留下很大的余地。西方人可以选择接受来自中国的印刷术、火药、指南针，并将其很好地融入自身的文化之中。日本人在热情地接受枪炮并极好掌握该技术后却选择放弃了它，转为使用剑与盾，随后在西方火器的压力下，日本又重新开始了火器和大炮的制造。正是人类意志在选择中的作用，使得技术人工客体进化论解释有着非随机的、不充分决定的特点并区别于生物进化的选择。

四、技术与科学的协同进化

基于技术与科学的紧密结合以及现代高技术发展的特点，现代科学与技术的发展是协同进化的。一方面，重大的技术革命多半是由科学理论的重大突破带来的；另一方面，以应用研究为目的的研究推动了基础研究的发展②，技术发展为科学发展提供了重要的条件与工具。

借用科学哲学家亚伯拉罕·卡普兰关于锤子与钉子的比喻，可以帮助我们很好地理解科学发展与技术发展的协同进化关系。在这个朴实的故事里，科学研究机构所寻求的深刻认识，可以比做要制作一把更好的锤子，而这种科学认识所能帮助解决的问题，可以比作利用锤子更有效地打入钉子。要有效地打入钉子，就需要改进锤子，将科学认识从现有的理论基础提高到一个更高的水平，另一方面，锤子的改进就会使得打钉子的工作进行得更为有效，能够更好地促进解决问

①乔治·巴萨拉：《技术发展简史》，周光发译，复旦大学出版社2000年版，第206页。
②D. E. 司托克斯：《基础科学与技术创新》，周春彦译，科学出版社1999年版，第63页。

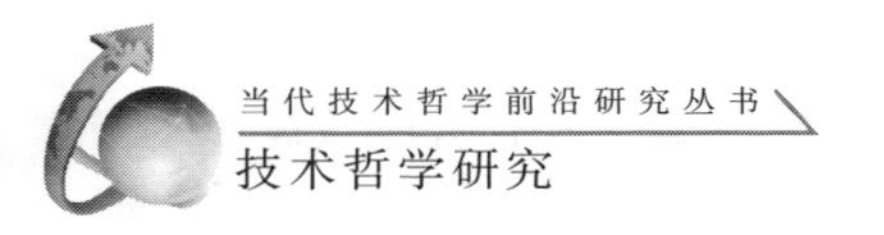

题的工作。

科学理论导向型的技术发展为我们理解科学对技术的推动提供了很好的说明。量子理论和相对论为原子能技术、合成化工技术和半导体技术的发展提供了理论基础；晶体管的发现，诞生了作为信息技术基础的现代半导体技术和计算机技术；DNA 的发现，导致了现代生物技术的产生和广泛应用。来自科学理论研究的突破，为技术问题的解决、技术的发展提供了重要的推动。

技术对科学促进主要来自以下两个方面：其一，技术发明为科学提供可观察材料和实验手段，从而促进了科学的发展。例如，望远镜的发现促进了太阳系学说的提出和发展；显微镜的发明和利用，使人类开辟了微生物学领域的新天地；当代射电望远镜、高能粒子加速器、原子核反应堆、超导超级对撞机、α 质谱仪等大型仪器设备的实验，把人类的感知能力扩展到广泛的领域，推动了相关领域的规律的发现。其二，出于解决技术问题的需要引发了相关的科学研究，从而推动了科学的发展。如各种遗传疾病的治疗困难推动了基因科学的发展。

巴斯德的案例为我们理解基于应用目的引起并促发基础研究及其重大突破提供了很好的说明。当时，里尔地区的一位工业家找到巴斯德，要他解决关于甜菜汁酿酒中的难题。巴斯德访问了一些工厂，提取甜菜汁的样品进行显微测试，发现发酵与微观组织有关，而且这些微观组织能够离开游离态的氧而存在。这一发现为其工业客户提供了一种控制发酵、减少浪费的有效方法。同时，在研究的过程中，他开始形成对一些自然现象的认识，并获得了某些微生物在无氧条件下也能生存的结论。这项工作使他对中世纪就广泛传播的生命自发形成的观点产生了疑问，后来又使他取得了一项极为出色的研究成果——创立疾病病理学。

巴斯德的研究可以用来很好地说明以应用为目的的研究推动了基础研究的发展。根据司托克斯的观点，如果以认识目的与应用目的区分基础研究与应用研究，那么巴斯德的研究既不属于出于追求认识的研究，也不属于追求纯应用的研究，而是一个由应用目的引起的基础研究。正是这一基于应用目的的工作推动了技术与科学的发展。因此，他认为除了纯基础研究和纯应用研究之外，还存在着一个新的象限，他称之为巴斯德象限（见表 11 - 1）。这一象限的构造，可以用来说明基于应用目的引起的基础研究。而这也从另一个侧面告诉我们，现代技术发展与科学发展紧密交织在一起，不仅来自科学理论的突破能够带来技术原理的变化，而且技术发展也能够推动科学的发展。

出于解决技术问题的需要而引起的科学研究，有可能带来基础研究与技术开发的重大进展。我们可以从核聚变技术的开发与等离子体理论发展之间的相互关系来理解科学与技术的协同进化。二战后，人们开始认识到开发核聚变能源的重要性，但是这一技术的发展需要等离子体科学的发展。只有等离子体中的扰动与扰动输运问题得到认识，才有可能为验证现存理论预言做出重大贡献并指导这一领域的工作。显然，磁限制聚变开发的社会需要与潜在前景成为推动等离子体科学理论发展的最大驱动力，同时等离子体科学的研究进展能够为人类利用核聚变开发清洁的可再生能源提供理论上的突破。

正是因为科学与技术之间相互促进的密切联系，里普认为科学与技术之间并非简单的线性关系，而是以“科学与技术共舞”的模式来协同发展。哈维·布鲁克斯把科学与技术发展比喻为两条河流：“将科学与技术的关系看作两个积累的平行的河流更好，两者有许多独立之处和交叉联系，而它们的内在联系比交叉联系更强得多。”

第十三章

认知技术及其哲学探讨

20 世纪后半叶认知科学的创立，标志着心智研究进入到一个新阶段。认知科学涵盖了众多学科，促进了人类对心智及其本质的认识。认知科学不仅涉及自然科学，而且涉及技术，特别是认知技术。认知技术是正在兴起的新技术，它给我们提出了新的哲学问题。

第一节　认知技术概要

一、认知技术的基本涵义

20 世纪 50 年代中期开始的人工智能研究，如今已取得了具有较高实用价值的成果。人工智能在于从功能上模拟人类的智能，实现机器模拟，让机器部分代替人的智能。智能机器具有运用知识解决问题的能力，这有力地支持了把人看作是计算机信息处理系统的观点。这一思想引发了认知科学的诞生。认知科学起源于20 世纪 50 年代，形成于 1970 年代后期，其标志是 1977 年《认知科学》（*Cognitive Science*）杂志的创刊和 1979 年认知科学学会（Cognitive Science Society）的成立。认知科学的创立者之一米勒（Miller）于 2003 年在其回忆文章《认知革命：一种历史的视角》中认为，认知科学至少是由 6 个传统学科交叉联合形成的。这 6 个学科是：哲学、心理学、计算机科学、神经科学、人类学和语言学。这 6 个学科按逆时针方向取第一个字母就构成为：PPCNAL，其中 C 表示计算机科学（见图 13 –1）。

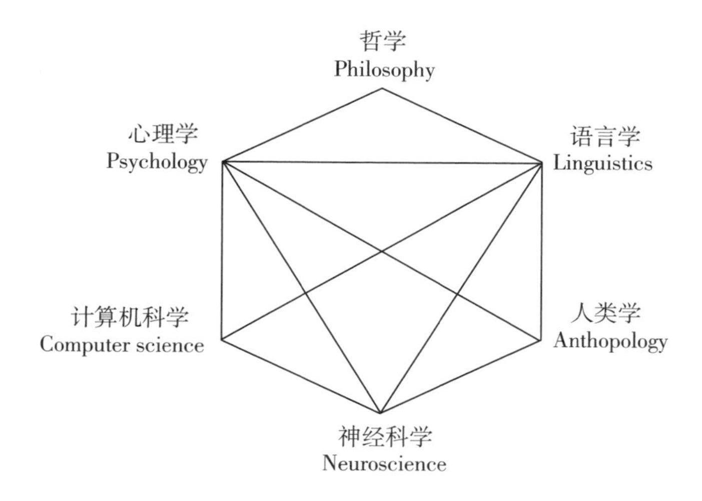

图 13 - 1　认知科学六角形①

从构成认知科学的 6 个学科来看，有人文学科（哲学、人类学）、社会科学（语言学、心理学）还有自然科学（计算机科学、神经科学）等，而计算机科学的关键在于人工智能，人工智能不能简单被看做属于科学，它也属于技术。即是说，认知科学是一个统称，既包括人文学科、社会科学、自然科学，还包括技术。认知科学的 6 个支撑学科相互作用，在一定条件下可以形成技术，这就成为认知技术。当然，认知科学的其中某些部分也属于认知技术。

因此，认知技术一部分直接来自于认知科学，另一部分来自于认知科学的转化，即间接来自于认知科学。

认知科学在原来的 6 个支撑学科的内部产生了 6 个新的发展方向，这就是心智哲学、认知心理学、认知语言学（或称语言与认知）、认知人类学（或称文化、进化与认知）、人工智能和认知神经科学。它们形成了认知科学的 6 大学科分支。这 6 个支撑学科之间互相交叉，又产生出 11 个新兴交叉学科（见图 13 - 2）：①控制论；②神经语言学；③神经心理学；④认知过程仿真；⑤计算语言学；⑥心理语言学；⑦心理哲学；⑧语言哲学；⑨人类学语言学；⑩认知人类学；⑪脑进化。②

①George A. Miller：*The Cognitive Revolution：a Historical Perspective Trends.* Cognitive Sciences，2003，7(3)：141 - 144.

②史忠植：《认知科学》，中国科学技术大学出版社 2008 年版，第 6 页。

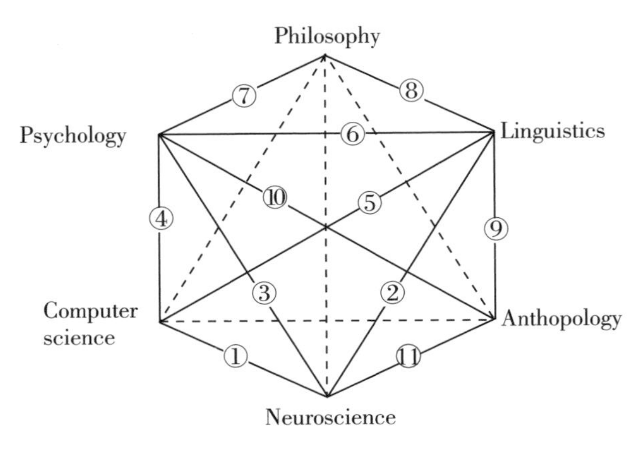

图 13－2　认知科学相关学科关系图

在6个新的发展方向中，人工智能主要属于技术范围。在11个新兴学科中，“认知过程仿真”属于认知技术。因为人工智能（artificial intelligence）属于计算机科学，它研究人类智能活动的规律，研究如何利用计算机的软件、硬件来模拟、延伸和扩展人类智能才能完成的工作，人工智能包括基本理论、方法和技术。它的主要内容包括机器人、语言识别、图像识别、自然语言处理和专家系统等。

2000年，美国国家科学基金会和美国商务部共同资助50多名科学家开展了一个研究计划，该计划形成了一份长达680多页的研究报告——NBICS——纳米技术、生物技术、信息技术、认知科学和社会科学将是新的世纪的带头学科。

研究报告指出：在下个世纪，或者在大约五代人的时间内，一些突破会出现在纳米技术（消弭了自然的和人造的分子系统之间的界限）、信息科学（导向更加自主的、智能的机器）、生物科学和生命科学（通过基因学和蛋白质学来延长人类生命）、认知和神经科学（创造出人工神经网络并破译人类认知）和社会科学（理解文化基因，驾驭集体智商）领域，这些突破被用于加快技术进步的步伐，并可能会再一次改变我们的物种，其深远的意义可以媲美数十万代人以前人类首次学会口头语言知识。NBICS（纳米－生物－信息－认知－社会）的技术综合可能成为人类伟大变革的推进器。①

到目前，认知科学已发展到第二代。第一代认知科学认为，心理与脑本身无关，心智只是独立的程序，通过建立心理过程的计算机模型模拟心智。第二代认知科学回归到脑，走向脑本身。第二代认知科学具有四个特点。第一，具身性；心智是具身的（embodied）。具身心智既是第一人称经验的主观实在现象；同时

①Mihail C. Roco and William Sims Bainbridge：*Converging Technologies for Improving Human Performance*. Virginia：National Science Foundation，Arlington，2002：102.

也是第二人称视点中的客观实在现象；既是生物学的，也是现象学的。机体的认知能力是在身体 - 脑活动的基础上实现的，即不能没有实体，或要以实体为依托。第二，情境性，认知系统是脑、身体和环境三者构成的统一体。人（身和心）是在社会环境当中发育生成的。第三，认知是发展性的，这里的“发展”实际上是一种生成的、动态的含义。生成认知观是第二代认知科学的重要特点。第四，认知是一个动力系统。认知不是头脑中的孤立事件，而是一个系统事件。它所包含的变量或因素相互作用，构成一种非线性因果关系。变量或因素互为因果，相互塑造，彼此是一种对偶关系，而非单向的决定。身体和环境是认知不可或缺的部分。具身性、情境性、认知发展和动力系统四者一起构成了第二代认知科学的观念基础。1999 年罗兰茨明确指出，心灵应该既是具身的又是嵌入世界的（mind as embodied and embedded），应该有这样的形而上学假定：“认知过程并不局限在有机体的体肤之内”“如果我们承认一个认知有机体的心灵至少可部分地由认知过程构成，那么这里核心的形而上学假定就应当是：心灵并不局限在头脑内部。”[①]认知科学的发现可以概括为：我们的理性、心灵、概念推理思维等，都是具身的，即依赖于我们的身体的生理结构。

然而，学界对认知技术的关注和研究不足。伴随认知科学的发展，认知技术变得更加清晰起来。认知技术起源于人工智能，充分利用计算机技术，以便模拟和提升人类的智能。韦勒（Wheeler）从四个方面分析了以具身性和嵌入式为特点的认知技术：第一，在线智能（online intelligence）是智能的首要形式；第二，在线智能生成于大脑 - 身体 - 环境扩展系统的复杂因果互动中；第三，重视生物学感受性的认知作用；第四，采纳动态系统理论的认知建构。[②]

认知科学就是以认知过程及其规律为研究对象的科学。认知涉及学习、记忆、思维、理解以及在认知过程中发生的其他行为。[③]认知科学的重要研究内容是语言和心理、脑和神经。人工智能和认知科学都是认知技术的基础，在此基础上形成认知技术。认知技术作为一类新的技术，旨在探索认知的形成、认知图式以及技术如何传递人的感知等。认知技术立足于认知科学，用以提升和补充人类的知识、思想和某些创造性。认知科学在于探索认知的规律和原理，包括智能实体与环境之间的关系，探索认知为什么如此，它有什么规律。而认知技术根本在于从实践层次，实现认知目的和创造新的认知状态和过程。

达斯卡（Dascal）和多尔（Dror）认为，认知技术就是为了实现认知目的，

①Mark Rowlands：*The Body in Mind*：*Understanding Cognitive Processes*. New York：Cambridge，1999：22 -29.

②M. Wheeler：*Reconstructing the Cognitive World*. Cambridge：MIT Press，2005.

③Ashcraft，Mark H：*Fundamentals of Cognition*. New York：Addison Wesley Longman，Inc.，1998：5.

由人类创造和使用的那些系统的手段。[①]当然，认知技术不仅仅是一种系统的手段，还是一种具有实践意义的特定的知识体系，其根本任务在于实现认知目的。诺尔曼认为，认知科学就是要发现智能的表达和计算的规律，要揭示认知系统的结构、功能和要素的特点。约翰逊·莱昂认为，认知科学的发展促使人们改变原来对智能机器操作方式的看法。[②]有学者将认知技术定义为：认知技术就是研究技术对于人的认知的影响、来自人的心灵的技术的外在化和工具的语用学。[③]

我们将认知技术界定为：认知技术就是为了理解、评价、改变认知和实现认知目的的技术，它包括与认知相联系的技能、手段、方式、方法和特定的知识体系。认知技术为了实现认知目的，包含了认知的状态或者认知过程。随着这些技术被用于我们的认知过程，它们正在从单纯的工具转变为塑造认知过程本身，可以更好地帮助我们理解认知。认知技术有广义与狭义之分。广义地讲，认知技术就是指改善或提高人的认知状态、过程或能力的技术。狭义地讲，认知技术是指直接参与、评价、改善或提高人的认知状态、过程或能力的技术。比如，认知增强技术就是一种认知技术。

直接用于评价和提高人的认知状态的技术，就是认知技术，而不是延展认知在扩展中所包括的技术人工物等。认知科学家为了获得大脑的结构和功能的信息，理解相应的认知活动，需要一些专门的认知科学的仪器来进行测定。下面我们简要地介绍一些用于认知科学研究的仪器，它们属于认知技术。

（1）正电子发射层析摄影术（PET）技术。

通过对正电子的检验来获取大脑活动的信息的技术。将带有放射性标记的液体注入体内，带标记的液体很快聚集在大脑的血管中。通过扫描装置测量放射性液体所产生的正电子数量，就能够获悉认知活动中大脑的兴奋区域。PET 能间接测量有关的神经活动。

（2）磁共振成像（MRI）技术。

MRI 是利用电磁场使大脑中的原子发生兴奋，由此导致的磁场变化被一个巨大的磁体所检测，进而由计算机处理为一幅三维图像。

（3）单细胞记录技术。

它是一种测量单个神经元活动的精细技术。直径约为万分之一毫米的微电极被插入动物大脑，以获得细胞膜外电位的记录。

（4）脑磁图（MEG）技术。

---

①M. Dascal and E. Dror：*The impact of cognitive technologies Towards a pragmatic approach*. Pragmatics & Cognition，2005（3）：452.

②张淑华等：《认知科学基础》，科学出版社 2007 年版，第 1 页。

③M. Beynon C. L. Nehaniv，K. Dautenhahn：*Cognitive Technology*：*Instrument of Mind*. Berlin：Spinger – Verlag. 2001：v.

该技术利用超导量子干扰装置来测量脑电活动的磁场变化。

二、认知增强技术

从古至今，人们都将提高人的认知能力作为一个追求目标。随着认知技术、基因技术、人工智能技术、纳米技术等新兴科学技术的发展，人类不仅在一定程度上理解自身的结构和功能，而且能够在一定程度上操纵和改变自身的结构和功能，使人类具有更强的能力。

认知增强是扩展和提升认知正常者的认知能力的认知技术。玻士壮（N. Bostrom）和森德堡（A. Sandberg）认为，"认知增强可能被定义为通过改善或放大内部或外部的信息处理系统来扩大或延展智力的核心能力"。在一个有机体用来组织信息的过程中，其智力的核心能力包括"获取信息的能力（感知力），选择信息的能力（注意力）、描述信息的能力（理解力）、保存信息的能力（记忆力）以及用信息来指导行为的能力（运动输出的推理和协调能力）。改善认知功能的干预可在这些核心能力的任一方面进行"。[①]这是从信息系统的角度来考察认知能力的增强。对于有认知缺陷的人，认知增强技术可以改进和提高人的认知水平，使那些处于认知劣势的人获得更多的认知优势。比如，利用药物、基因修复等手段删除一些不必要的记忆等。为此，冯烨认为："认知增强可以被定义为，旨在改善和提高人的生活状况、有利于人过好的生活而利用技术手段变更人脑的结构和功能，以提高或增加认知正常者的认知能力的一种医学干预手段。"[②]显而易见，这一定义强调了认知增强的医学干预能力，使不正常的认知能力获得改善的方面。

认知增强技术最初是用来治疗一些如精神分裂症和脑痴呆等严重的精神疾病，后来也用于治疗轻度认知损伤。可见，这些认知增强技术可以改变患有认知功能缺陷的人所遭受的天生不公的厄运，提高他们的认知能力，使他们有机会获得智力上的平等，给认知障碍者更多的机会，有助于实现社会机会平等。

早在1929年，化学家戈登就把安非他明用于医疗。第二次世界大战期间，许多国家让士兵服用各种安非他明药物，以保持清醒与警惕，激发士兵的勇气和战斗力。20世纪40年代，英美科学家专门对服用安非他明的人进行了心理测试，结果发现药物服用者在阅读速度、乘法计算等测试中表现良好。20世纪中叶，这些药物在美国得到广泛使用。

伴随新的生物技术手段的发展，增强人类认知能力的技术有了新的进步。一般来说，认知增强技术主要分为三大类：认知增强药物（"聪明药"）、大脑刺激

---

①Nick Bostrom, Sanders Sandberg: *Cognitive Enhancement: Methods, Ethics, Regulatory Challenges.* Science and Engineering Ethics, 2009, 15: 311－341.

②冯烨：《认知增强及其伦理社会问题探析》，载《自然辩证法研究》2013年第3期，第63页。

与神经技术和遗传基因选择技术。生物电子学领域的生物电子学移入和植入装置，如果这些装置能够获得成功，生物电子学系统就有可能增强人的记忆，改进人的认知能力。基于遗传基因选择技术，通过对基因组的筛选和选择，有可能培育具有高智力特征的基因组，提高人的智力。

认知增强技术主要体现在药物、植入器械、基因干预等方面。

（1）基于药物的认知增强。药物认知增强，是利用药物影响人脑神经元的处理过程，从而使药物使用者的感知、注意力、学习、记忆、语言等认知能力得到增强。这类能够增强人的认知能力的药物被称之为认知增强药。比如，银杏叶的提取物的有效成分能改善脑部的血液循环及脑的细胞代谢，可以增强人的记忆；远志、香蜂花等植物的提取物也具有增强记忆的功效；肌氨酸是一种营养素，也有益于提高整体认知绩效；褪黑激素通过调节睡眠节律提高人的认知能力。

（2）基于植入器械的认知增强。目前，人工耳蜗植入物已得到广泛使用，脑计算机接口等植入物也在研究中。这些植入物主要用于恢复患者的功能，同时也可以将其植入健康的人体从而增强相应的认知功能。在健康人脑中植入神经假肢、嵌入式超微型芯片或传感器等微型化电子器械，能够大大增加人脑接受、储存和处理信息等认知方面的能力。比如利用植入人体的电子元器件访问因特网等。电子信息技术、网络、基因科技、纳米技术等，甚至其他技术人工物直接参与了我们的身体生成，增加了人的认知能力，主体就从原来自足的实体走向了关系性的存在。

（3）基于基因干预的认知增强。研究表明，学习和记忆是基于同时活跃的神经元之间突触强度的改变。我们可以利用分子生物科技来增强相应基因的神经元的突触重合，对有关的基因进行修饰或剪切，或诱导该基因突变，就可能提高或获得新的学习和记忆能力等。唐（Y. P. Tang）等人对大鼠和小鼠所做的试验表明：哺乳类动物的心理和认知属性的基因增强是可行的。①药物增强认知能力，主要是利用药物直接改变相关基因的结构及功能，或引起基因突变，这都属于基因干预范围。

（4）复合性的认知增强。认知增强有可能是药物、植入器械、基因干预等多种认知技术的综合运用，或者用纳米技术、生物技术、信息技术和认知科学等产生的多种认知增加效果。卡梅隆（Cameron）和怀亚特（Wyatt）在开普敦2010大会上所作的《新兴技术和人类未来》的报告中指出，“通过遗传学或纳米技术和控制论，我们将很可能看到增强人类的发展，特别是在认知方面的增强。实际上，通过植入用于记忆、技能或通信的大脑芯片这样的手段，可以将人类与机器

---

①Y. P. Tang, E. Shimizu, G. R. Dube, C. Rampon, G. A. Kerchner, M. Zhuo: *Genetic enhancement of learning and memory in mice.* Nature, 1999, 401 (6748): 63 –69.

结合”。[1]许多研究已集中于人脑的计算机扩增。比如，有较好生物相容性的纳米芯片、生物芯片等可能为脑－机接口提供新的机遇。人工智能技术有可能将一个人的独有信息（甚至先天信息）上载到电脑，这就可能突破人的意识与感觉器官（物质层面）的界限，人的思想意识有可能得到永世流传，克服人的具体的局限性。纳米技术能促进已有认知增强技术的改进，还为认知增强带来新的有效的手段和途径。纳米技术是一种促能技术（enabling technology），它能够与其他技术更紧密地结合，提升这些相结合的技术的能力，从而实现原有技术所不能实现的目标。纳米技术这种优异的中介特性使其得以广泛应用于医学、药学、信息技术、生物技术等领域并突破了这些技术的局限。

三、人工智能技术

人工智能是由机器表达的智能，而不是由人和其他动物表达的智能。当代科学与技术呈现出交叉的趋势，一个学科会呈现复杂的情形。人工智能既属于科学，又更多地属于技术。与此同时，人工智能属于认知技术，但它本身又具有独立的特点。

简单来说，人工智能是研究计算机模仿人类智能的学科，它是相对于自然智能（natural intelligence）而言的。所谓人类智能，是指自然人的自然智能。人工智能的目标，是如何创造和利用计算机模仿和扩展人的智能，实现机器思维，在某种程度上代替人类智能。至于人工智能是否能代替人的智能，这是一个颇有争议性的问题。人工智能既是科学，又是技术；既涉及哲学等人文学科，又涉及自然科学和技术。早期的人工智能属于计算机科学技术，现在人工智能正在独立成为一门学科，它更多地属于技术范围，因为人工智能的目标不是理论，而在于机器的智能实践。

我们可以这样界定，人工智能就是研究人的智能并用机器和软件实现模拟、扩展甚至超越人类智能的一门学科。通俗地讲，人工智能就是一门研究如何用计算机模仿人类进行智能思考活动的学问。人工智能关注如何理解人类的智能。人类的智能主要包括归纳总结和逻辑演绎两大类。当前，最主要有两个学派——符号学派和联结学派，此外还有进化学派、贝叶斯学派、类推学派等。符号学派从哲学、逻辑学和心理学出发，使用预先存在的知识来解决问题，大多数专家系统使用符号学派的方法。联结学派专注于通过神经元之间的连接来推导表示知识，聚焦于物理学和神经科学并相信大脑的逆向工程，他们用反向传播算法来训练人工神经网络以获取结果。

目前，人工智能技术已经发展成了一个比较庞大的学科，它属于科学与技术

---

[1]Nigel Cameron，John Wyatt：*Emerging Technologies and the Human Future*. http://conversation. lausanne. org/zh/resources/details/10761.

交叉与融合的领域。比如，人工智能技术主要有：代替人类实现对问题的求解、效仿人类进行推理和证明、对人类自然语言进行解读、计算机专家系统、机器自主学习、人工神经网络、各种模式识别、机器视觉感知、智能控制、智能决策、智能指挥系统、大数据挖掘、新知识发现、人工生命等。机器人是人工智能技术的一个重要平台。在机器的设计与制造中，人工智能技术有着广泛的用途。通过程序指令展现出来的机器智能，可以完成设计、制造、诊断、参数设定和深度学习等一系列操作，以实现更优质的技术产品。

多年沉寂之后，人工智能话题最近重新引起人们的关注。人工智能有广泛的用途，比如人工智能与自动驾驶、新的工业革命（如德国工业 4.0，中国制造 2025 等）将发生很大的关联。

计算机博弈是人工智能领域的重要分支，我们简要看一下人工智能的代表——阿尔法狗（AlphaGo）的智能能力。

众所周知，我们不容易判断一枚棋子的价值，因为既要考虑棋子在局部的价值，又要考虑它在整个棋面上价值——不但要重视单个棋子的作用，还要看这个棋子对于围棋的形（结构）有什么贡献。围棋涉及逻辑推理、形象思维以及优化选择等多种人类智能，是公认的人工智能领域的重大挑战。围棋是衡量人工智能进步的重要标志。

阿尔法狗是由谷歌（Google）旗下 DeepMind 公司的阿尔法狗团队研究开发的人工智能程序。早在 2014 年，该团队开始了以“测试是否能用深度学习实现围棋的理解与对弈”的专项研究，到 2015 年，阿尔法狗已经成为当时最好的计算机围棋程序。2016 年 3 月，阿尔法狗以 4∶1 战胜了围棋世界冠军李世石九段，引起了国际的广泛关注。目前，阿尔法狗仍在不断提升水平，特别是在价值网络上的提升。阿尔法狗的核心是它的“深度学习”。

围棋以天文数字的状态空间和决策空间被认为是最复杂的智力游戏，为克服这一难题，阿尔法狗向人的思维方式学习和借鉴。职业围棋选手取胜的主要原因有：第一，通过多下棋，培养棋感直觉；第二，对当前盘面的可能变化进行搜索验证。当然，越是高手，其直觉能力越强。阿尔法狗人工智能利用棋感直觉与搜索验证两个方法，从而解决了围棋的复杂性问题，具体包括四个网络技术：策略网络、快速走子网络、价值网络和蒙特卡罗树搜索。蒙特卡罗树搜索则用于把前三个技术联接起来，构成一个完整的系统，具体操作如下：

（1）策略网络，训练落子棋感。策略网络是深度神经网络中的有监督学习，不断学习已有的高水平棋手的对弈棋谱，通过训练获得棋手的棋感。策略网络要根据棋盘各点的棋子的分布、各点气的情况、所有合法点的位置等进行计算；另外，每下一步棋，原有的棋手已给出了落子的位置，这就是标示；通过策略网络的计算的位置与标示进行比较，不断修正策略网络的有关参量，使得计算得到的位置与标示更加接近或相同。通过对大量高手的棋局的学习，策略网络就有了高水平棋手的棋感直觉。

策略网络用的是卷积神经网络的算法，它具有结构简单、训练参数少和适应性强等特点，特别是在计算数量级庞大的围棋问题上，卷积神经网络具有独特的优势。训练的棋谱由十几万份职业棋手和业余高端棋手的棋谱构成。经过落子方式这一层网络的训练，阿尔法狗也获得了围棋盘面的落子棋感。在上述模型下，策略网络预测的正确率可以达到57%，但是，缺点是消耗的时间太多。

为此，阿尔法狗又训练了一个快速走子网络，以提高运算速度。但是，快速走子网络的准确率只有24.2%，其优点是计算时间比策略网络小三个数量级。

（2）强化策略网络的学习。为了提高正确率，还需要改进。阿尔法狗对策略网络进行强化学习。将现有的策略网络与策略网络进行随机对弈，根据对弈的结果对网络进行更新，修改有关参数，形成更可靠的策略网络，与初始策略网络进行对弈，强化的策略网络在80%的比赛中获胜。

（3）通过价值网络，训练胜负棋感。在前面训练的基础上，阿尔法狗训练通道的最后一步就是价值网络的训练和学习。在强化策略网络的基础上，经过3000万盘的自我博弈进行学习，形成相应的棋谱，从而训练在围棋盘面的胜负棋感。价值网络是在策略网络的基础上加入了一个卷积网络层与两个全连接层，经过15层的网络训练之后，价值网络将对盘面的胜负进行预测。

（4）通过蒙特卡罗树搜索，检验（或验证）策略网络的训练结果。下围棋，棋感仅是一个方面，棋感并不能保证百分之百获胜。为此，在棋感的基础上，要通过严格的数学模型和计算方法对棋感直觉进行验证。阿尔法狗采用蒙特卡罗树搜索进行计算验证，以获得更为可靠的结果。对蒙特卡罗树的节点进行动态评估，依据评估的结果来选择搜索树。

阿尔法狗有其独到的核心技术，它采用深度神经网络训练围棋棋感直觉，经过增强型深度学习获得胜负棋感直觉。另外，还使用了成熟的蒙特卡罗树搜索技术，确定围棋落子。可见，阿尔法狗是将深度神经网络与蒙特卡罗树搜索结合起来的新方法。阿尔法狗的一个重要特征是不断地自我学习和探索验证改变有关的参量，获得更为可靠的结果。

深度学习已成为人工智能的关键技术。深度学习技术是基于神经网络的再升级。首先，阿尔法狗通过深度学习技术学习大量的已有的高水平的围棋对局；其次，通过与自己对弈，强化学习更多的棋局；第三，用价值网络评估每一个格局的胜负率；最后，通过蒙特卡洛树搜索技术决定最优落子。

目前，阿尔法狗作为一个人工智能的计算机程序，它能够根据已有的数据进行学习，并与自身对弈进行强化学习，蒙特卡罗树搜索来验证和作出判断，从而提高了计算机的决策的正确性。这里的关键是计算机应当作出何种决定，计算机的编程人员也无法作出预测，这在某种意义上讲，计算机能够自己作出决策，具有相对的独立性。

第二节　认知技术引起的哲学问题

无论在古希腊哲学中，还是在中国古代哲学里，都有关于认知问题的哲学讨论，认知成为哲学思辩的重要课题。在哲学中，有专门的认识论研究。无疑，传统的哲学认识论并不能够完满地解释认识现象，其根本原因在于传统的哲学认识论还缺乏确切的科学基础。随着认知科学的发展，原属哲学探索的认识论课题，将有一部分交给认知科学和认知技术去探索。当然，认知科学和认知技术并不是不需要哲学，而是将哲学作为自己的同盟军，共同探索、理解认知，实现认知目的。

一、技术对认知的影响

认知（cognition）在心理学中是一个十分普通的术语，一般把它理解为认识过程，即与情感、动机、意志等相对的理智活动或认识活动。或者说，一般把认知理解为认识。至今，人们无法对“认知”取得一个共识的理解。

20 世纪中叶以来，研究者们对认知的理解经历了从简单到复杂的过程。比如早期的认知观点，1967 年，赖瑟（Neisser）表示，认知是感觉输入受到转换、简约、加工、存储、提取和使用的全部过程。1982 年，雷德（Read）指出，认知就是知识的获得，它包括模式识别、注意、记忆、视觉表象、言语、问题解决、决策等诸多心理技能。1985 年，格拉斯（Glass）认为，所有的心理能力，如知觉、记忆、推理等等组成一个复杂的系统，它们的综合功能就是认知。①2001 年，弗拉维尔（Flavell）等人明确地强调，认知并不是毫不相干的各认知成分的简单汇集，而是一个由相互作用的成分组成的复杂的有机系统，并且该系统不是静止不动的，而是总处于发展之中。②

但是，上述观点都是把个人和环境作为独立的因素，即认知与环境没有关系，那么人的认知是否如此呢?

到 20 世纪 90 年代，随着电视、计算机、计算机网络等电子科技的迅猛发展，人类许多认知活动越来越依赖于这些认知工具，人们对认知的研究不仅仅关注主体，还关注认知个体、认知对象、认知工具及认知情境，逐步形成了认知分布的思想。

分布式认知（distributed cognition，或称延展认知）是一个包括认知主体和

---

①彭聃龄：《认知心理学》，黑龙江教育出版社 1990 年版。

②J·H·弗拉维尔、P·H·米勒、S·A·米勒：《认知发展》，华东师范大学出版社 2002 年版。

环境的系统，是一种包括所有参与认知的事物的新的分析单元。[①]分布式认知强调认知现象不仅仅局限于一个个体之内，而是指认知分布于个体内、个体间、媒介、环境、文化、社会等等之中（见图 13-3）。简言之，认知现象在认知主体和环境之间进行分布。

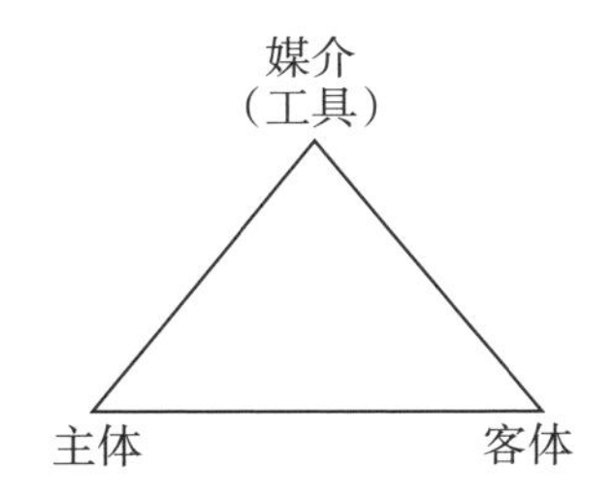

图 13-3　认知在媒介中分布[②]

分布式认知中的“分布”既包括身体的分布、使用语言对思想的分布，也包括对自我的分布，对共同体和社会的分布。分布的身体甚至可以不再有生物条件的限制，身体可以被植入到非生物种类中，也可以嵌入到非生物的外在物和外在环境中。[③]分布式认知在于说明人类活动中的智力如何超越个体的边界。它试图从特定活动中的人与人、人与技术设备之间的交互作用来界定认知。

传统认知关注个体认知，分布式认知从更广的角度研究认知加工机制，而不再局限于个体内部。分布式认知的分析单元不是个体，而是以参与认知加工的各元素间的功能性关系为基础的认知过程。研究表明，把驾驶员座舱这样的功能性系统看作分析单元，能有效地提高工作绩效。

在分布式认知中，技术或技术人工物（人工制品）起一个什么作用呢?

在布索林（Stefano Bussolon）看来，有三种认知分布的类型：一是人们把一些知识经验（即文化）固化到人工制品当中，即认知在文化上分布；[④]二是人们在完成认知任务时，可以把一部分运算任务分给人工制品，从而提高认知效率；三是人们依靠群体动力进行问题解决，认知分布在各个小组成员之间。

人工制品可分为物质的和符号的两种，前者包括工具、参考数据库、计算机、设备等，后者包括心智模式、方法、语言、文化等。人工制品在认知活动中

---

①Editor' s instruction. In G. Salomon: *Distributed cognitions: psychological and educational considerations*. USA: Cambridge University Press, 1993.

②M. Cole and Y. Engestrom: *A cultural historical approach to distributed cognition*. In G. Salomon: *Distributed cognitions: psychological and educational considerations*. USA: Cambridge University Press, 1993.

③Andy Clark Minds: *Brains and Tools* (*with a response by Daniel Dennett*, in Hugh Clapin: *Philosophy of Mental Representation* , Clarendon Press, Oxford, 2002.

④Stefano Bussolon: *Distributed cognition as a framework for web usability*. 2011-05-08. http://www.hyperlabs.net/ergonomia/alpeadria.

有三方面的作用：一是高效地实现认知任务的转载，即把一些简单的、机械的认知任务转载到高级的人工制品（如计算机）上。二是降低工作记忆等认知负荷。人工制品的及时性、过程性和历史性的外在表征形式，可以降低个体在认知过程中的认知负荷。三是对大脑运算结构与方式进行改变。利用人工制品可以转换认知任务的表征方式和运算方式，从而节省脑力劳动和提高运算的可靠性。

可见，技术或技术人工物对分布式认知具有重要作用，它可提升认知的范围与水平。

（1）分布式认知为技术与人的结合，进而改善人的智能，提供了重要依据，即技术可以改变人的智能。分布式认知将认知可以分布在不同类型的智能主体上，认知主体既可以是人本身，也可以是人类有机体与其认知环境中的物理因素共同构成的认知统一体，大大增强和改变了人的认知结构。

（2）嵌入式认知成为可能。技术人工物甚至成为人的认知结构中的一个要素，甚至在某种程度上影响人的认知。分布式认知彻底否定了笛卡尔式的与外部世界隔绝的心灵，肯定了外部的自然或人工环境对认知的重要作用。

对于心灵与世界的关系，20 世纪以来许多哲学家放弃了实体二元论的身心观，发展出了多种心灵的外部论。心灵的内部论者主张，心理内容完全由大脑或身体的物理构成所决定。心灵的外部论反对内部论的主张。比如，克里普克（Saul Kripke）、普特南（Hilary Putnam）等主张语义内容和心理内容不仅仅由个体的大脑和身体的物理构成所决定，而主要是由外部环境决定的。克里普克认为，自然种类和专名的指称部分取决于历史的和外在的因果条件。普特南通过“孪生地球”的思想实验指出意义不局限在头脑中，心理状态的语义内容是与外部世界历史地关联。

爱丁堡大学的哲学系教授克拉克（A. C1ark）和查尔默斯（D. Chalmers）主张积极的外部论，他们认为，“心灵不局限在头脑”“心灵可以延展到世界”，[①]当下参与认知过程的环境因素（如词典、笔记本、计算机、iPhone、语言等）在成功地与大脑连接后，“它们就成为我的一部分”。“iPhone 是我心灵的一部分”。[②]如果外部环境中的各种事物能够与人进行交互作用，并且这些事物所起的作用和人脑一样，那么它们就是人类认知活动的一个部分。比如，电脑、计算器等属于这一范畴。如果这些物品与人交互作用，就形成了一个工作良好的认知系统，克拉克等人称之为“耦合系统”（coupled system）。[③]即是说，作为个人态度复合体

---

①Mark Rowlands：*Extended Cognition and the Mark of the Cognitive.* Philosophical Psychology，2009，22(1)：1－19.

②D. Chalmers：*Foreword*，in A. Clark：*Supersizing the Mind：Embodiment，Action，and Cognitive Extension*. Oxford：Oxford University Press，2008：Ⅸ.

③D. Chalmers and A. Clark：*The extended mind.* Analysis. 1998，58：17.

的耦合系统也具有意向性。在克拉克看来，虽然集体系统与大脑的工作方式完全不同，但它们的功能却完全相同。然而，丛杭青等认为，耦合系统与大脑组织有根本的区别：集体系统包含了交流和理解的模块，这在大脑中是不存在的。[①]

对于延展认知，刘晓力认为，延展的只能是人的情境、认知载体和认知能力，并不能因此取消肉体的心灵和外部认知技术同等功能的界限。在她看来，心灵有以下两种涵义：一是指与物理世界相区分的心理世界；二是指人的心智能力。心智能力是指感知、记忆、推理、做决定等求解问题的能力。人的认知就是有机体在环境中为了有效生存与环境的交互作用，是运用心智能力的过程。除了意向性、感受性之外，人类心灵还有一个人所独有的重要特征——意识的主体性。她认为，延展心灵论题不仅混淆了认知内容（如记忆、信念等）和内容载体的区分，更抹杀了有机体的心智能力与其外化物的界限。大脑和身体的统一体毕竟是人类具有各种心理属性和运用各种认知能力和心智能力的先决条件，与外部环境交互作用的人这个有机体也必定是心灵可以延展的物理限制。克拉克设想，延展的身体甚至可以不再有生物条件的限制，身体可以被植入到非生物种类中，也可以嵌入到非生物的外在物和外在环境中去的说法只能是指非人类的心灵。因此，所谓“延展心灵”延展的只能是人的认知情境、认知载体及认知能力。[②]

我们知道，头脑中的意识资源可以随时调用，它对我们的认知起着决定作用，或者说是内因；而对于技术制品等外部资源，如笔记本电脑、手机等，它们需要某些上载条件才能被调用，外部资源是外因。幼小的动物，无论如何不能被训练为具有人的认知能力，而人在一定的外部条件下就能获得正常的认知能力。人的心灵具有独特性，对认知起一个内在根本因素的作用，而外在的事物对认知起到一个扩展的作用，并不能改变认知的本质。因此，认知技术对认知能力的影响，必须在人的心灵的内在根据的基础之上，而不能夸大认知技术对人的认知能力的作用。

当代认知技术正在扩展人的身心和感觉器官。虚拟实在、虚拟复原、现实增强等虚拟技术，能够在一定程度上对认知对象和认知环境进行模仿和建构，给予人以新的感知觉经验，从而正在改变着人的身体图式。

通过认知技术手段，人的主体能接受到层次更加丰富的信息。一些以前无法被人直接感知的信息变得可直接感知、直接体验。在虚拟现实技术中，人们获得沉浸感和代入感，使人的“正在感觉”与“真实”的世界发生交互作用。比如，在一些电子游戏中，玩游戏者会完全被代入到“他者”的角色中，用角色的身体图像去接触环境和感受情绪。电子游戏越真实，玩游戏者越能体验游戏的真实，

---

①丛杭青、戚陈炯：《集体意向性：个体主义与整体主义之争》，载《哲学研究》2007 年第 6 期，第 56 页。

②刘晓力：《延展认知与延展心灵论辨析》，载《中国社会科学》2010 年第 1 期，第 53－55 页。

以为自己就在那样的现实世界中操作。显然，这种身体图式的转化是通过外在的技术工具实现的，而玩游戏者的身体图像也的确发生了明显的改变。

当主体借助认知技术去实实在在地感受外在对象时，却不会思考外在对象的具体存在，而是将外在对象“遗忘”，当下的主体处于一种海德格尔所称的“上手状态”。外在对象的确存在，却意识不到它的存在，但是当外在对象出现问题，主体马上就意识到外在对象的存在。比如，当我们非常熟练地打羽毛球时，我们就没有意识到羽毛球拍和线的存在，但是当羽毛球拍上的线断了或拍断了，我们立即意识到羽毛球拍与线的存在。在某种情形下，人与认知技术之间的关系，就会成为“上手状态”，人与认知技术结合在一起并没有意识到认知技术的存在。

可见，认知技术能改变人的身体图式和认知图式。认知技术正在将外在经验转化为内在经验，将外部技术内化到人的身体，技术成为人的认知的一部分。更不用说，现实增强技术和感知觉技术将增强人的运动能力和感知觉能力。

二、技术对认知对象的影响

虚拟现实技术的出现，自然会提出一个问题：虚拟世界能够发生的东西，是不是真实的？虚拟世界的“物”是技术人工物吗？一个真实的技术人工物具有现实的结构与功能，而且具有相应的要素，这些是虚拟对象所不具有的，但虚拟对象能够提供认知主体的感知性。比如，通过虚拟现实技术，微观世界的原子、电子，宇宙中的各种星系，都能以直观的形式再现于虚拟显示屏中，供给于主体认知者。于是，对象世界仿佛成了一个可把控的、可操作的电子沙盘。认知技术加强了受控的对象与认知主体之间的互动关系。

描述主体对对象的知觉用什么概念来表达呢？

吉布森（J. J. Gibson）的生态心理学有一个重要的可供性（affordance）概念，后经过吉布森学派的发展成为一套理论。20 世纪 90 年代认知科学家诺曼（Donald Arthur Norman）进一步发展了可供性概念。吉布森认为，人的知觉是由环境生态形成的。他提出“可供性”这一概念，以说明生物体与其所处环境之间的互补（complementarity）关系。[①]可供性是从“可知觉的”的角度来界定的，但互补关系是客观存在的。这种关联性和互补性是一种生态信息，可特异化为能量的运动构型、形态、结构等为人所直接感知。[②]

吉布森认为，人知觉到的内容是事物提供的行为或功能可能，而不是事物的性质。比如，人们能知觉到自己手里握着一个苹果，并不是因为苹果的形状大小、重量以及与手的摩擦等物理因素，而是苹果具有可被人握住的功能性质。苹果被手握住的功能性质，就是可供性。在人机交互领域中，有的学者更加强调一

---

①J. J. Gibson：*The ecological approach to visual perception*. Boston：Houghton－Mifflin，1979：129.

②J. J. Gibson：*The ecological approach to visual perception*. Boston：Houghton－Mifflin，1979：73－76.

定情境下可以被知觉到的可供性。这是人在和环境的交互中直接知觉到的。对对象或环境直接感知的可供性，既不像属于客观的物理属性，也不是属于主观臆测。可供性超越了主客观的二分的界限，它既是物理的又是心理的。

从生态心理学来看，认知主体对感知对象的认知，可以由感知对象的可供性程度来反映，即可供性反映了环境与认知主体互动适应性的程度。经过认知技术的作用，将会增加感知对象与人交互的功能可供性。

目前，虚拟现实技术已不再是模仿再现。虚拟世界可以实现在真实世界中不能违反的物理定律、逻辑公理。它能够进行时光倒流或快进，使时间不连续、冻结和割裂。

三、身体、自我与身份问题

人与机器的关系总是受到人们的关注。“赛博格（cyborg）”源于20世纪五六十年代美国科学家的太空飞行试验研究。人体内植入器械就是赛博格的一种方式。曼菲德·克莱恩斯（Manfred Clynes）与克莱因（Nathan Kline）在纽约罗克兰州立医院（Rockland State Hospital）做人体适应太空旅行的研究。他们在一只小白鼠身上安装了一个渗透泵的自动装置，它能自动把化学物质注射进老鼠，以控制它的生化反应。在他们的论文中，老鼠就是赛博格。赛博格是“控制论的”（cybernetic）与“有机生物体”（organism）两个词语的组合，即是“自动调整的有机生物体”，是自动控制的机器与生物体的结合。

哈拉维（Donna Haraway）提出“我宁愿成为一个‘赛博格’，而不是女神!”的著名宣言，引起了人们对人与技术的关系的深思。1985年，哈拉维在其论文《赛博格宣言：20世纪晚期的科学、技术和社会主义的女性主义》中提出了著名的“赛博格思想”。赛博格将无机体机器与生物体结合起来，形成了人与技术的新的存在方式。比如，安装了假牙、假肢、心脏起搏器等的身体，这些身体模糊了人类与动物、有机体与机器、物质与非物质的界限，都可被称为赛博格。赛博格还以游走于现实和虚拟之间的方式成为个体的人的生存方式。

认知技术与人结合在一起，人还是其自身吗？人有没有改变？人有没有人自身？当代认知技术正在改变我们的身体图式，我们正在变得越来越像是半机器人、半电子人时，带给人的自我认同感正在弱化。这里有一个身份认同的问题，被认知增强之后，你还是原来的你吗？赛博格身体打破了“自我”与“他者”的静态边界，那么，身份如何得到认同呢？

就身份认同来说，大致有四类观点：个体认同、集体认同、自我认同和社会认同。第一，个体身份认同是指个体与特定文化的认同。只要个体和特定文化认同了，那么，该个体的身份也就被认同了。这需要个体积极参与相应的文化实践活动。第二，集体身份认同是指主体被某一文化群体认同，而被另一文化群体所排斥。比如，两个互相排斥的宗教文化或意识形态文化之间，就具有这样的情形，一种文化接受，另一种文化反对。第三，自我身份认同（self－identity），以自我为核心，强调自我的心理和身体体验。不同哲学对自我往往有不同的分析。比如，自我就是启蒙哲学、现象学和存在主义哲学的研究对象。第四，社会身份认同（social identity），以社会为核心，强调人的社会属性。社会身份是社会学、文化人类学等的研究对象。个体身份认同与集体身份认同可纳入社会身份认同。

在笔者看来，人的身份认同要从身体的历史和现实的统一来审查。比如从身体、记忆（历史）和认知的综合角度来审查。

哈拉维从赛博格的角度质疑了亚里士多德的实体论身体观，提出了一种联结性、伴生性的身体观念。事实上，基因科技出现之后，科技改变了生物体线性的遗传模式，强力干预生物体基因的遗传与表达、生长与繁殖特性，生物体是自然与科技力量混合建构的结果。

身体已经跨越了人工与自然的界限。笛卡尔所建立的主体自我与客体的清晰区分已发生变化，人类与动物、有机体与机器、物质与非物质的界限已经模糊。正如哈拉维所说："女人不是仅仅与她的产品相异（alienated from her product），从更深层的意义来说并不是作为主体而存在的，哪怕是潜在的主体。"① 随着主客体二分的消失，原本完整自足的主体身份被打破，主体与客体已经联接在一起。

科学技术让人与网络世界联接起来，主体在改变自身，主体自我与网络关系也在发生变化。"超媒体自我（hypermediated self）是一个不断变化的联盟关系的网络……这一网络自我（networked self）连续地制造联系并使之破裂，宣布联合及利益，然后再放弃它。"②

就记忆来看，通过认知技术手段有望实现记忆移植、重组、清除等，这无疑否定了记忆作为自我认同依据的合理性。如果在认知技术的帮助下，大脑是可以被完全理解的，而且我们可以将大脑存储的知识、人格、性格特征、习惯等运行机制和数据结构复制下来，甚至将其下载到新的硬件上，即可以做人的大脑的一个完整的备份，当然，这是大脑的一个表征。如果能实现的话，那么，大脑是否可以摆脱肉体的束缚呢？显然，这里有一个假设，大脑可以被完全理解，而且其运行机制与特征数据可以被复制。这里还有一个问题，大脑的表征是什么？当心灵也被技术化，心灵何在？

那么，人的认知能力能否承担身份认同的重任呢？

---

①D. Haraway, A Cyborg Manifesto: *Science, Technology, and Socialist—Feminism in the Late 20th Century*. Netherlands: Springer, 2006: 126.

②J. Bolter, & G. R. Remediation: *Understanding New Media*. Cambridge, MA: The MIT Press, 1999: 34.

认知科学研究表明，理性并不是与身体无关的，而是产生于我们的大脑、身体和身体经验的本性。心智的边界延展到身体之外，物质环境和社会环境成为其不可分割的构成部分。技术人工物或技术制品将提升人的认知能力。可见，想通过认知能力是否具有不变性来判断人的身份同一性，看来是有问题的。

当然，从一个自然人的DNA来看，DNA可以决定一个人的身份。但是，当技术人工物与人体相结合，DNA是否能做为同一个人的标准就会有问题了。比如，一个人的头部以下身体都是正常的，但是，该人（称之为“旧人”）的大脑受到严重损害，假设现在的认知技术可以制造一个人工智能的大脑，人工智能的大脑与人体非常好地结合起来了（称之为“新人”），那么，新人的身份应当是谁呢？假如人工智能的大脑开始并没有旧人的有关记忆与社交信息等，然而在相关人员的帮助下，新人的大脑获得了几乎与旧人的大脑非常相近的信息和认知能力，那么新人是否与旧人有同样的身份呢？显然，这里有许多问题需要研究。一个简单的做法是，法律可以认定新人与旧人有同样的法律地位。这就意味着人的认知对人的身份的认同有重要意义。

人工智能技术正在模糊机器和人的分割界限。从延展认知来看，技术将改变物理和社会环境，因而技术将改变心智。认知主体到底是具有心智的“我”，还是与技术联姻后的赛博格，或者是具有编码解码能力的智能程序体？看来认知主体正在发生变化，正从亚里士多德与笛卡尔所构想的独一无二“自我”性质，转向关系性、动态性与生成性的，但是在关系之中，主体仍然有“自我”，它不同于“他者”，即主体具有内在特性，它是意识的根本性质所决定的，而不同于由技术、文化等环境所延展的认知特性。事实上，在所有动物中，只有人和高级灵长类动物如大猩猩才具有认知自身的能力，即自我意识。除此之外，人还具有并且创造能够反映这种自我意识的、能够自指的语言。自我意识和自指的语言，是人类区别于其他动物的根本标志之一。

四、认知增强技术带来的伦理问题

认知增强技术有利于增强人的认知能力，人为地干预了人的原有自然状态。其引发的伦理问题仍然需要讨论。

（1）社会公正问题。

认知增强技术不仅可以改善有认知损伤的人、治疗认知功能障碍者，缩小他们与正常人之间的认知差距，从而获得平等的竞争机会参与正常生活。认知技术可以使有认知障碍的人获得认知能力的平等。

认知增强技术还可以提高正常人的注意力、记忆力等认知功能，即用于非治疗目的。这会导致两个方面的问题：第一，会造成富人与穷人之间的不平等。认知增强技术的获得与贫富有密切的关系。认知增强技术在其没有普及之前，常常

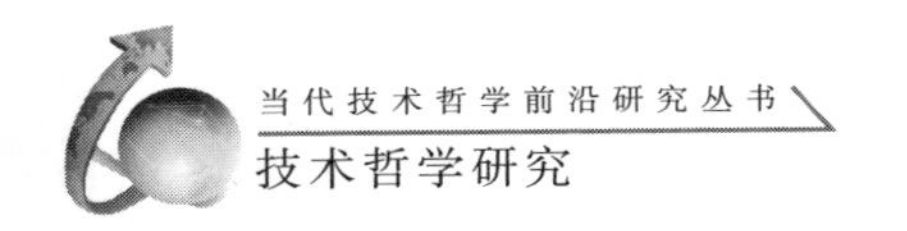

较为昂贵，它就不可能公平地分配给每个社会成员，于是，只有经济地位高的人才能享受，这会加剧穷人和富人之间的不平等，使穷人在卫生保健中处于不利的地位。第二，认知增强技术可以使正常人获得更强的认知能力，这会扩大认知功能正常者与认知功能障碍者在认知能力方面的差距。认知能力正常者占用的认知技术资源越多，认知功能障碍者占用的资源就会越少，造成公共健康资源在医疗卫生领域内的分配不公。

认知增强技术可能造成代际的不公正，其包括三个方面的涵义：一是父辈使用认知增强技术的不平等，可能导致后代具有不同的认知能力；二是父母根据自己的意愿使用认知增强技术，这可能导致对后代自主权的侵犯；三是穷人缺乏获得认知增强技术的财富能力，就无法为后代的出生使用这项技术；富人更有能力获得认知增强技术，使自己的后代更加聪明，具有更强的竞争力。当然，认知能力的公平只能是机会平等，而不是绝对平等。任何一个国家或社会只能向其公民提供一个基本的教育和认知公平。不同的受教育者，由于其财产能力或智力差别，进入著名大学或公司的只能是少数人，而大多数的受教育者都是做为社会的普通一员为社会做贡献，不可能一个社会中的每个人都是天才，而没有一般的劳动者。

（2）安全与风险问题。

“不伤害”是生命伦理的基本要求。“不伤害”可以理解为避免身体和精神上的伤害，即是说，要保证安全。在现阶段，认知增强技术还不成熟，虽然某些认知增强技术已经取得了比较明显的效果，但是它还有安全上的隐患，主要包括技术风险和可能引发的副作用。比如，经颅磁刺激技术能提高学习效果，但有触发癫痫病发作的风险。

智力的遗传研究表明，大量的基因变异将影响个体智力，但是，每种变异只能说明个体差异非常小的部分（<1%）。[①]如果直接插入一些有益的等位基因的智力增强，其增强效果就不可能太大。另外，还存在这样一种风险：通过基因干预增强个体的认知，该个体是否会发生自我变化，是否会产生一个新特征的个体。如果有一个新的特征的个体，那么，该个体是不是“同一个人”？

（3）自主选择与强制问题。

认知增强技术涉及个人的自主性问题。自主性是人的一个基本性质，它肯定了人是自己的主人，要求人们对生命有很强的责任意识。香农认为，自主选择是个人行为自由的一种方式，人们按其来确定符合自己选择计划的行为过程。[②]但是，在现实生活中，人不可能完全按照自己的意愿来实现，总是有违背自主性的

---

①I. Craig, & R. Plomin: *Quantitative trait loci for IQ and other complex traits: Single – nucleotide polymorphism genotyping using pooled DNA and microarrays.* Genes Brain and Behavior, 2006, (5): 32 – 37.

②托马斯·A·香农：《生命伦理学导论》，肖巍译，黑龙江人民出版社2004年版，第12页。

情况出现：一种是直接强制，另一种是间接强制。为完成工作任务，必须使用某种认知增强技术，属于直接强制情形。对于一些特殊领域的从业人员，为了更好地完成维护社会安全和社会利益，他们被迫接受认知增强技术，比如宇航员、军队特种作战人员等。为了提升竞争优势，并不是工作所必需而使用认知增强技术，这属于间接强制情形。比如，服用某种药物，以获得更好的考试或比赛成绩。是否可以服用这些认知增强的药物呢？我们需要考察认知增强技术所处的社会环境和文化环境，关键是不能破坏社会的公平合理的竞争氛围。

也有学者建议普遍使用认知增强技术，并认为这可以有效地避免不公平问题。比如，在考试的时候，学校为所有学生免费提供认知增强技术，认知增强技术就与计算器一样。当然，普遍使用认知增强技术就会导致强制问题，如有的学生可能会不愿使用或拒绝使用认知增强技术。这里还有一个问题，认知增强技术使用者是否会对他们的认知能力造成损害，并没有得出一个明确的结论。认知增强技术大多处于试验阶段，可能会导致健康与安全、平等和公正、自主和尊严以及如何评估风险与收益、如何监管等诸多伦理的、社会的和法律的问题。

利用认知增强技术来进行选择，这将会使父母将孩子视为产品，根据认知能力标准来评估孩子，而不是给孩子提供无条件的爱。那些经过纳米认知增强的孩子，意味着父母将自己的观点强加于孩子，这无疑伤害了孩子的自主和尊严。如果将纳米芯片嵌入普通人身体内，这就可能在其毫无觉察的情况下窃取他人隐私，获取不正当的信息和掌控他人的行为，破坏了他人的自我的完整性。

五、深度学习人工智能的方法论意义

起源于中国的围棋，一向被认为是世界上最复杂的棋盘游戏。当阿尔法狗（AlphaGo）战胜多位围棋高手之后，围棋界遭受了巨大的打击——不同于国际象棋，围棋一直被认为是人工智能无法突破的领域。

阿尔法狗的成功，神经网络发挥了重要作用。神经网络由一个输入层、一个或多个隐含层（多到10多层）和一个输出层构成。每一层由一定数量的神经元构成。如同人的神经细胞一样，神经元之间发生相互作用。神经网络的结构如图13－4所示。在各隐含层之间，神经元之间的联系还有一定的参数，这些参数也可以通过学习不断改变。

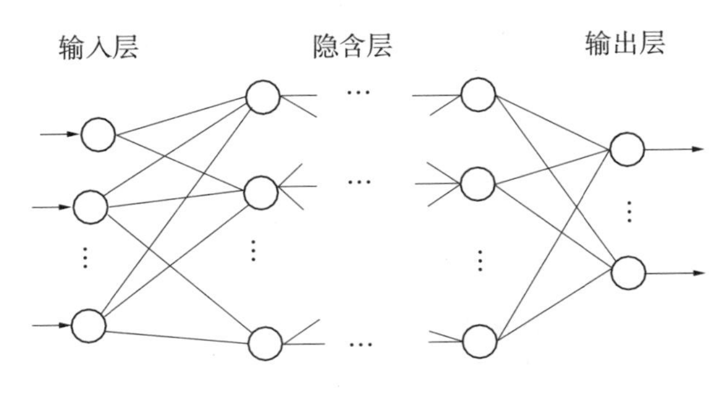

图 13－4　神经网络结构示意图

简言之，神经网络就如黑箱，仅知道输入和输出，而黑箱内部的机制人们并不清楚。神经网络是大量的节点（或称神经元）相互联接构成一种运算模型，其关键特点是具有自学习功能。只要将有关数据输入到神经网络，网络就会自学习。深度学习模型是一个包含多个隐藏层的神经网络，目前主要有卷积神经网络、深度置信神经网络、循环神经网络等。

传统计算机只能快速运算，并没有学习能力。阿尔法狗战胜了职业围棋大师，这意味着它具有极强的学习能力。原来认为仅有人才有的学习能力，现在人工智能也具有了深度学习能力，机器与人之间的界限似乎正在消失。深度学习是人工智能、图像建模、模式识别、神经网络、最优化理论和信号处理等领域的交叉学科，主要构建和模拟人脑进行分析学习。从方法论来看，深度学习的人工智能具有重要启示。

原先的计算机只能重复死记硬背的预定动作。阿尔法狗通过对已有高水平的棋局的学习以及自我的强化学习，具有了超强的围棋能力。这就意味着，对于深度学习的人工智能来说，只要给定高水平的数据等学习资料，深度学习就能够通过对输入数据（示例）的分析，使深度学习这一人工智能具有判断和推理能力——即根据新的输入，作出相应的推理，得到相应的结果。正如人工智能时代的领军人物、斯坦福大学著名人工智能专家卡普兰（J. Kaplan）所说，现在的神经网络或机器学习“正变得越来越聪明，而它们的聪明程度和接触到的示例数量成正比”。[①] “对于机器学习系统最好的理解就是，它们发展出自己的直觉力，然后用直觉来行动，这种以前的谣言——它们‘只能按照编好的程序工作’，可大不同。”[②] 深度学习在很大程度上已具有自我进化的能力。

比如，利用深度学习，我们只需要将高水平的中医医师的治疗经验通过数据输入到深度学习人工智能，那么，经过学习和强化学习，人工智能就能够达到相

①J. 卡普兰：《人工智能时代》，浙江人民出版社 2016 年版，第 30 页。
②J. 卡普兰：《人工智能时代》，浙江人民出版社 2016 年版，第 31 页。

当高的中医医师的水平，而且一般的医师也可以通过深度学习来提高判断和治疗疾病的水平。这样，原来属于经验技术的中医——虽然人们没有搞清楚中医的治病原理——利用已有高水平中医师的经验，就能够对有关疾病进行较为可靠的治疗。深度学习也为中医学打开了新的通向世界的一扇门。

可以利用人工智能的深度学习对医疗影像进行准确判断和辅助医疗。人脑的记忆是有限的，而人工智能能不断地通过深度学习，为医生诊断和治疗提出参考意见，降低误诊率。

从方法论来看，科学方法逻辑性最强的是演绎法，它具有逻辑必然性；归纳法具有经验性，但不具有逻辑必然性。而人工智能时代的黑箱方法将会产生重要的方法论意义。

在控制论时代，黑箱方法是只知道输入和输出，而不知道系统的内部结构的新的认识论方法。所谓黑箱，就是指内部结构不清楚，而具有某种功能的系统。人们只能从外部间接地认识黑箱。人类的认识过程，一般是从黑箱到白箱。所谓白箱，就是内部结构和功能都清楚的系统。所谓黑箱方法，是指不直接研究系统的内部结构，而是通过系统的外部分析，研究黑箱的输入与输出的关系及其动态变化，用以研究黑箱的功能和性质的科学方法。事实上，任何事物在一定程度上都属于黑箱。

在控制论中，黑箱方法具有广泛的意义，原因在于：一，复杂系统的要素、结构和功能非常复杂，很难用简单的方法描述复杂系统，比如，人的大脑、社会系统等。用黑箱方法研究其输入输出的相互关系及整体功能特征，是一种现实的途径。二是有些系统不允许用现有手段打开。如果打开了这类系统，原有的功能和结构关系就会发生变化。三是在现有科学技术条件下，用现有手段尚不能够直接打开的系统。现代医学对人的内部结构是较为清楚的，但对人体所患的许多疾病并不清楚。人体仍然处于某种程度的黑箱状态。

在控制论中，黑箱方法的目标在于通过输入与输出的关系分析，最终是要探索黑箱的结构，让黑箱更得白一些。然而，深度学习人工智能的出现，使得我们对黑箱的认识产生新的意义。

在人工智能时代，利用深度学习，人们可以不用追求黑箱的内部结构，而是人工智能的深度学习，对大量已有示例（数据与信息）进行学习和自我学习，深度学习基本上可以承担黑箱所具有的功能，即输入某种信息，深度学习将在很大程度上可靠地输出黑箱应该输出的信息。这就是说，深度学习能够可靠地承担黑箱的功能，且不用知道黑箱的结构。可见，只要尽可能多地获得黑箱的输入信息与输出信息，并让深度学习进行强化学习，那么，深度学习就可以相当可靠地实现黑箱的功能。

深度学习人工智能的出现，是否就意味着人们就没有必要研究黑箱的内部结

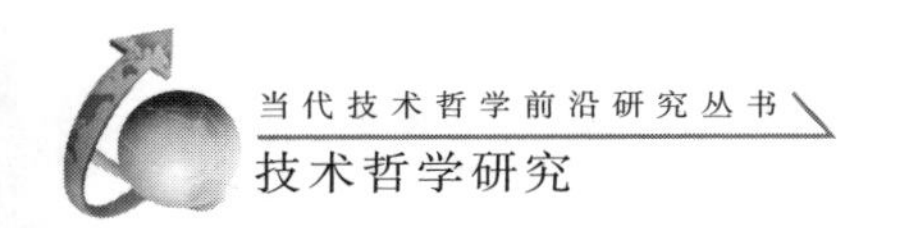

构呢？显然不是。事实上，深度学习算法的建立，是基于神经网络系统的研究。

大脑就是由神经元相互作用形成的神经网络，其中有大约 10^{12} 个神经元，不同的联结方式至少有 6×10^{13} 种以上。人工智能的神经网络，即人工神经网络，它是对人和动物神经网络（生物神经网络）的某种结构和功能模拟。正是对生物神经网络机制的学习和模仿，才创造了神经网络算法。没有神经网络算法，又何来人工智能的深度学习？

事实上，阿尔法狗不仅仅是一个算法，而是人机交互的巨大耦合体。即使阿尔法狗做出了决策，但是，它不能给出理由，为何要做出这样的决策，当然它也不能了解做出那样的决策有何意义。与人相比，阿尔法狗无疑具有一定的智能，但是，它本身缺乏自由性和能动性，从根本上讲它的运行来自于外部的驱动。

第十四章

量子信息技术及其意义

人类最早接触、使用和创造的技术是经典技术，有的具有较强的经验性，有的需要以科学和技术作为基础。当代最前沿的技术——量子信息技术建立在量子力学和量子信息理论基础之上。本章将探讨它的基本涵义和它带来的意义，其中包括量子信息技术的本质、能否消除量子世界的不确定性、量子信息文明是否来临、世界的复杂性是否是客观的等问题。

第一节　量子信息技术的涵义

计算机是20世纪最重要的技术发明。冯·诺依曼结构是计算机的基本结构。从这一结构出发，有许多种方案在竞争。有一个不容忽视的问题，随着芯片的体积变小和集成度的提高，计算机的能耗对芯片有越来越大的影响。20世纪60年代，IBM公司的朗道尔（Rolf Landauer）提出，能耗产生于计算过程的不可逆操作。我们知道，按照热力学第二定律，必然会产生热量，从而使过程不可逆。从物理原理来讲，如果能使不可逆过程变为可逆的，那么就可能实现无能耗的操作。于是，人们想到如果利用量子力学的规律来实现可逆操作，就有可能形成量子可逆计算机。量子可逆计算机是利用量子力学语言来表达的经典计算机，还没有真正利用量子力学的根本性质，如量子叠加、量子纠缠等性质。1994年，肖尔（Shor）发现了大数质因子分解的量子算法，可以将指数时间转变为多项式时间，即克服了指数时间复杂性。由此，更多的学者被吸引到量子计算机领域，即用量子力学的根本性质或规律来超越经典计算机的性质。对量子计算技术的研究，又产生了许多新的应用领域，除了计算之外，还利用量子力学的性质进入信息领域，信息因此从经典信息进入到了量子信息领域。

自20世纪20年代量子力学建立以来，量子力学的有关理论不断直接或间接地应用到技术发明中，创造出了量子技术人工物（以下简称“量子人工物”）。

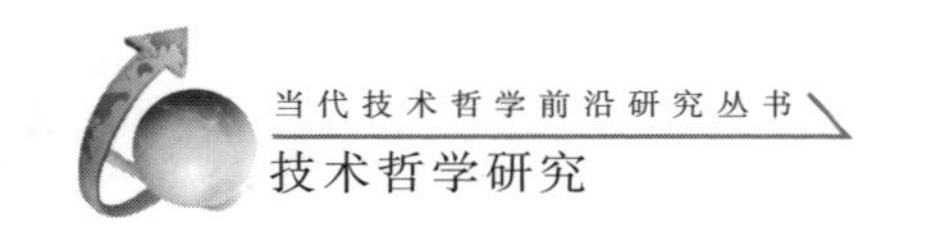

比如，激光器、晶体管与扫描隧道显微镜（STM）等。但是，这些量子人工物只是量子理论对量子技术的某种程度的应用，它们并没有带来大规模的量子技术的广泛应用，形成相应的量子产业。

然而，只有当量子力学与信息科学的结合产生了量子信息理论，才产生了直接的量子信息技术。量子信息技术为量子技术的应用开辟了广阔的前景。量子纠缠现象从佯谬到科学事实的转变是量子技术发生突变的分界判据，也是量子信息技术真正开始的标志。量子信息技术属于量子技术的更为前沿的技术。

量子纠缠从概念到科学事实的确认，是量子技术成立的重要基础。著名物理学家阿斯派克特认为："不夸大地说，纠缠的重要性与单体描述被澄清已经成为第二次量子革命之根。"①量子技术正在形成一个高技术群。道林（Jonathan P. Dowling）和密尔本（Gerard J. Milburn）将量子技术分为五大类：量子信息技术、量子电机系统、相干量子电动学、量子光学和相干物质技术等级。量子信息技术包括量子算法、量子密码学、量子信息论等。② 从道林等关于量子技术的划分来看，量子信息技术是量子技术的一个部分。量子隐形传态属于典型的量子信息技术。比如，戴葵等学者将量子隐形传态归入量子信息技术。③自 20 世纪量子力学诞生以来，特别是 20 世纪后半期量子计算、量子密钥分配算法和量子纠错编码等三种基本量子信息技术的出现，标志着以量子力学为基础的量子信息理论的基本形成，促进了当代量子信息技术的发展。

第一次量子革命形成了量子力学的基本理论，主要是检验量子力学是否正确和完备，仅有少量的基于量子力学的量子技术产品的问世；第二次量子革命起始于 20 世纪末，以量子力学的有关规律和原理为基础，创立新的量子信息理论，发展出新的量子信息技术。量子信息技术在于利用量子力学和量子信息学等量子科学技术的规律来组织和调控微观量子系统。量子信息技术就是建立在量子力学和量子信息论基础之上的新型前沿技术。戴葵等学者认为，量子信息技术是物理学研究成果和信息处理技术相结合的产物。④

量子信息技术直接利用了下述的一个或几个量子性质：①量子叠加性。如果量子操作满足量子力学的态叠加原理，那么，如果一个量子事件能够用两个或更多可分离的方式来实现，则系统的态就是每一可能方式的同时叠加。②量子相干性。微观事物都具有波动性，它们可以用量子态来描述。这些量子态之间可以发生相互干涉，这就是量子相干性。③量子隧道效应。在违反经典力学存在粒子的

---

①A. Aspect：*John Bell and the second quantum revolution*. In J. S. Bell：*Speakable and Unspeakable in Quantum Mechanics*. Cambridge：Cambridge University Press. 1988：xix.

②Jonathan P. Dowling，Gerard J. Milburn：*Quantum technology*：*the second quantum revolution*. Philosophical Transactions：Mathematical，Physical and Engineering Sciences，2003，361（1809）：1655－1674.

③戴葵等：《量子信息技术引论》，国防科技大学出版社 2001 年版，第 60－69 页。

④戴葵等：《量子信息技术引论》，国防科技大学出版社 2001 年版，前言，第 3 页。

区域，微观粒子因为可能在此区域被发现。在经典力学中可以存在粒子的区域，微观粒子量子效应可能在此区域不被发现。④量子纠缠性。量子纠缠是指两个（或多个）量子系统的态之间具有超距的关联性，也是一种超空间的相关性，就是一种非定域的关联。量子纠缠是存在于多子系统的量子系统中的一种非常奇妙的现象，即对一个子系统的测量结果无法独立于其他子系统的测量参数。

上述这些量子性质中的一个或几个直接应用到现行或正在出现的技术之中，就成为量子信息技术。量子信息技术不同于一般的量子技术，在于量子信息技术强调的是对量子信息的处理和控制。

量子信息技术形成的标志是大规模的、各种类型或性质的量子器件的生产成为可能，标志着量子产业正在形成。大规模的量子信息技术的开发与使用离不开量子控制技术。无疑，量子信息技术与经典信息技术都描述技术的不同层面，它们是相互联系的。量子信息技术的处理也离不开经典信息技术，量子信息技术必须要有经典信息技术作为辅助手段，即量子技术中总有从微观到经典的转换过程。但是，量子信息技术与经典信息技术有着本质的区别：第一，两者依据的科学理论不一样。量子信息技术一定依赖于量子理论和信息理论的指导，而经典技术依赖于经典科学理论，甚至不依赖科学理论也可以创造经典技术。第二，信息技术总是要涉及信息的处理，两者的信息处理方式不一样。经典信息技术处理的是经典信息，量子信息技术一定要处理量子信息。量子信息具有相干性和纠缠性；经典信息可以完全克隆，而量子信息不可克隆；经典信息可以完全删除，而量子信息不可以完全删除；经典信息在四维时空中进行，速度不快于光速，而量子信息则在内部空间中进行，量子信息的变换可大大快于经典信息。[①]第三，两者控制的方式不一样，控制的对象不一样。经典控制的对象是经典系统，量子控制的对象是量子系统。虽然经典的方式与量子的方式有一些相同的控制方式，但量子控制有自己特有的相干控制等。相干控制利用了微观粒子波函数的叠加性和相干性，它是量子系统所特有的。

第二节　量子信息技术的本质

探讨量子信息技术的本质，实质上也就是探讨它的存在。量子信息技术以何种方式存在，也必然揭示它的本质。早在古希腊的巴门尼德论述存在时，就表达了这一思想。

巴门尼德认为有两条基本的思想道路，一条是通向真理的道路，一条是完全不可思议的道路。他说："一条路，存在（或是），非存在（或非是）不可能，

---

①吴国林：《量子信息的本质探究》，载《科学技术与辩证法》2005 年第 6 期，第 32－35 页。

它是说服之路（因为有真理相随）。一条路，不存在（或不是），非存在（或非是）是当然的，我告诉你这是条完全不可思议的路。因为不存在你既不能认识（因为这不可能），也不能言说。因为对于思想和对于存在是同一件事。”①巴门尼德的“存在”意味着一种普遍性和客观性，它说明了“存在”不仅仅是对事物有没有的判定，更是对事物自身的揭示。“存在”就是对事物真理状态的揭示。事实上，当我们说一个事物存在，必然包含了对该事物之所是的断定。比如，当我们说“这里有一张椅子”，它意味着，不仅仅说有一张椅子在这里，这是一个当下的真理，而且还说这张椅子是其所是地在这里，说明了这张椅子是什么，显示它的本质，这是一个永恒的真理。本质的真理无法否定，因为我们不可能说“这里不是有一张椅子。”即椅子以何种方式存在，就揭示了它的本质。“是什么”是思维对事物的存在的把握。当我们说一个事物存在，实质上也在对此事物进行断定，判定其为真，对该事物进行肯定，说该事物是什么。当我们说一个事物是什么，也就在肯定它的存在。如果一个事物是什么得不到肯定，那么，它的存在就是可疑的。这表明，存在与是在真理的内在意义上是统一的。

量子信息技术不同于经典技术，量子信息技术的本质当然不同于经典技术的本质。下面我们讨论量子信息技术的本质。

对于量子信息技术来说，虽然有量子信息技术的知识与经验，但是，归根结底，量子信息技术的存在，最终将表现为一定的器物——量子人工物，这也是量子信息技术将要达到的专有目的。量子人工物可以分为两类：一类是具有量子特性的经典人工物；另一类是具有量子特性的微观人工物（如纳米尺度的量子人工物）。前一种量子人工物看起来像经典人工物，但是它具有不同于经典人工物的物理特性。比如，现在中国正在运行的“墨子号”量子科学实验卫星，就是以天地空间尺度进行检验量子通信性质的实验。后一种量子人工物是具有纳米或更小尺度的人工物，在微观领域发挥更重要的作用，而这些作用是经典技术人工物不可能做到的，也是不可能想象的。

从技术人工物系统模型来看，意向、要素、结构和功能相互作用，构成了技术人工物系统。② 在技术人工物的设计过程中，意向直接作用于技术人工物的要素、结构与功能，而在其制造过程中，意向隐退了，物质性的要素、结构与功能被制造出来。只有当技术人工物被成功地制造出来，它才能称为技术人工物。一旦被制造出来，它就进入使用过程，只剩下要素、结构和功能了，其中要素、结构与功能都是技术实在的，这里的要素实在与结构实在是受到功能实在制约的技术实在。没有技术人工物的功能的正常发挥，技术人工物就不具有技术实在性。

---

①巴门尼德的这段话，有多种翻译，笔者采用这一翻译。聂敏里：《论巴门尼德的“存有”》，载《中国人民大学学报》2002 年第 1 期第 47 页。

②吴国林：《论分析技术哲学的可能进路》，载《中国社会科学》2016 年第 10 期。

这里有一个问题，技术人工物成功制造出来之前与被制造出来之后，两者的本质是相同的吗？换言之，在技术人工物从设计、制造到制成品的过程中，技术人工物的本质是否发生变化？无疑，当技术人工物没有被成功制造出来，它就不是技术人工物，它不具有技术实在性，也必然不具有技术意义上的本质，最多只能说它潜在地部分具有技术的本质。只有当技术人工物被成功制造，而且进入了使用环节，它才完全真正成为技术人工物，技术人工物的本质就从潜在变为显在，或者说，技术人工物才拥有了技术意义上的本质。可见，从设计、制造、制成品到使用品的过程中，其本质发生了变化，其本质是一个从潜在到显在的过程。只有当技术人工物成为使用品之后，它才具有完整的本质。

由于在技术人工物的系统模型中，意向是一个基本因素，没有意向，就不可能有技术人工物的产生。那么，意向是否成为技术人工物的一个实在因素呢？我们可以提一个问题，意向能否直接地作用于要素、结构或功能呢？显然不能。人的意向，只能借助于工具、机器或设备作用于要素、结构或功能。比如，我们的意向是要设计一个漂亮的小汽车，这种意向只能通过设计师的手或电脑将其意图表达（如画图）出来。当然，要有一个现实的漂亮的小汽车，不仅要有设计，而且还要有相应的材料（要素）和结构的生产制造能力，并经过生产制造过程，最后才成功制造出技术人工物，并实现相应的技术功能。即使当人的大脑植入了生物芯片，人的意向的作用也是通过生物芯片来进行作用的。

无疑，不同的意向所采用的技术人工物的要素、结构与功能都是有差异的，而且生产制造它们的机器、设备也会有区别，从而最终形成的技术人工物的技术实在也会有差别。由此，我们可以认为，意向成为构成技术实在的一个必不可少的潜在因素，而通过要素、结构与功能直观地显示出来。

技术人工物的一个基本构成因素是质料即要素。质料是事物生成的基础和前提。比如，我们打造一个银盘时，银是质料。银盘制作成功之后，质料还留存于生成物之中，质料不存在生成和消灭。从微观层面来看，在银盘的制作过程中，作为质料的银是不变的。在制作木椅的过程中，作为质料的木材是不变的。但是，当这些质料继续向下分解，如银、木材等一层一层地往下分解，可以到达分子或原子等更基本的微观粒子层次。

原子再向下分，就是原子核与核外电子，原子核还可以分为质子、中子，质子与中子可以分为夸克等等。原子核、质子、中子与夸克等都是微观之物（量子场），而且是质料，并且具有结构，同时还具有客观实在性。即是说，随着质料往下分，还是由不同的结构与不同的质料构成的。那么，质料能否分到纯粹的形式（结构）呢？这显然是不可能的。因为质料具有物质性，物质性的东西不可能来自于没有物质性的纯形式。

同样，人的意向性在设计量子技术人工物中居于重要地位，但是一旦量子人

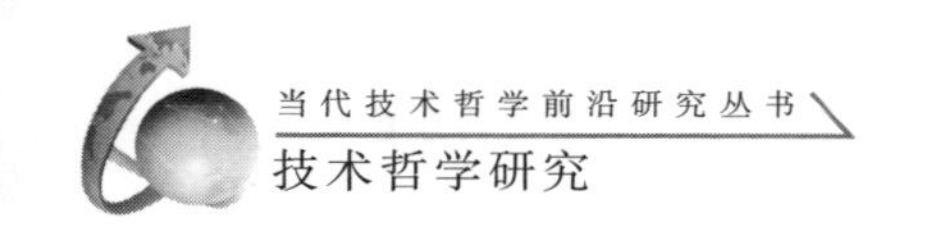

工物被制造出来，人的意向就隐退了。人的意向主要反映在量子人工物的功能之中，也部分地反映在量子人工物的量子要素和量子结构之中。

之所以用“量子结构”，在于量子结构是微观物质的要素（量子要素）的稳定联系，它们不同于经典物质的联系。比如，两个能级构成一个比特的量子系统，这就是一种量子结构，它们满足态的叠加原理。量子结构的要素之间的联系是量子力学的联系方式，它可能具有非定域的、整体的或者拓扑的等性质。

因此，量子结构除了纯粹的量子结构之外，还包括由一部分经典要素形成的经典结构。既然需要必要的经典结构，也就有构成经典结构的经典要素。这里的经典要素与量子要素共同形成了量子人工物的核心要素，进而形成核心的量子结构。量子结构必定是量子人工物的核心结构。在量子人工物中，量子信息起什么作用呢？经过量子信息和经典信息的作用，才能形成有效的量子结构和经典结构，最终形成有效的量子人工物。量子要素、量子结构都是量子人工物所特有的，它构成了量子人工物的核心，进而形成量子人工物的专有功能。

可见，量子人工物的量子要素、量子结构与专有功能揭示了量子人工物的存在，该存在也揭示了量子人工物之所是。量子人工物的本质，即量子信息技术的本质，是量子要素、量子结构与专有功能的统一。而一般技术人工物的本质是核心要素、核心结构和专有功能的统一。量子信息技术的本质也显示出不同于经典技术的本质，两者的根本区别在于量子信息技术具有经典技术所没有的量子性质。

第三节　能否消除量子世界的不确定性？

1927 年德国物理学家海森堡提出了“不确定性原理”。①该原理认为，在一个量子力学系统中，一个粒子的两个不可对易的力学量 R 与 S（比如位置和动量），不可能同时被确定，可以表达为：$\Delta R \cdot \Delta S \geqslant \hbar/2$。基于不确定关系，海森堡从操作层次做出解释：不确定性原理给出了观测仪器测量精度的下限，这种限制是自然界本身所设定的限制。哥本哈根学派的领头人玻尔则认为，不确定性的原因是波粒二象性，并以互补原理来解释不确定关系——两大类经典物理概念如粒子和波、位置和动量、时间和能量等互斥互补，不能同时准确使用。

可见，在哥本哈根学派看来，量子力学体系是一种完备的理论，量子世界具有天生的、固有的不确定性。而坚信决定论观念的爱因斯坦等著名物理学家从因果决定论或定域实在论的立场出发，对量子力学的完备性等问题提出了诘难。爱因斯坦、波多尔斯基与罗森 1935 年提出的 EPR 佯谬认为：如果 AB 两个微观粒

---

①W. Heisenberg：*über den anschaulichen Inhalt der quantentheoretischen Kinematik und Mechanik*. Z. Phys. 1927，43：172 - 198.

子是量子纠缠的，就可以同时准确测量 A 的位置和 B 的动量，从 B 的动量又可以推出 A 的动量，等价地说，可以同时确定 A 粒子的位置和动量。进而爱因斯坦等人以此来质疑量子力学的完备性。[①]

按照海森堡不确定性原理，量子世界本身应该是不确定的，真是这样吗？

我们知道，通常的不确定关系是 1929 年罗伯逊（Robertson）获得的：[②]

$$\Delta_{\psi}A\Delta_{\psi}B \geqslant \frac{1}{2}\left| < [A, B] >_{\psi} \right|$$

是依赖于量子态 ψ 的。

依据 p，q 的分布，1983 年，多依奇（Deutsch）提出了熵的关系：[③]

$$H(p) + H(q) \geqslant 2\ln\frac{1}{2}(1 + c)$$

其中 $c = \max_{j,k} |<a_j|b_k>|$，这里的 $\{|a_i>\}$ 和 $\{|b_j>\}$（$i,j = 1,\cdots,N$）分别表示 p，q 归一化的本征矢的完备集。

近年，克劳斯（Kraus）猜想，[④]该关系又被改进到关于两个量的熵的不确定关系：[⑤]

$$H(R) + H(S) \geqslant \log_2 \frac{1}{c}$$

上式的优点是上式的右边是独立于系统的量子态。这里的 $H(R)$ 表示，当力学量 R 被测量时，其结果的概率分布的香农熵。$H(S)$ 也表示力学量 S 被测量时其结果分布的香农熵。$\frac{1}{c}$ 定量表示了观测量之间的互补性。

新近贝塔（M. Berta）等人对不确定性原理做出了开拓性研究，给出了定量描述，[⑥]在观测者拥有被测粒子"量子信息"的情况下，被测粒子测量结果的不确定度，依赖于被测粒子与观测者所拥有的另一个粒子（存储有量子信息）的纠缠度的大小。原来的海森堡不确定性原理将不再成立，当两个粒子处于最大纠缠态时，两个不对易的力学量可以同时被准确确定，由此得到基于熵的不确定性原理，此理论被称为新的海森堡不确定性原理。具体表达式为：

$$H(R|B) + H(S|B) \geqslant \log_2 \frac{1}{c} + H(A|B)$$

①A. Einstein, B. Podolsky and N. Rosen: *Can Quantum – Mechanical Description of Physical Reality Be Considered Complete*? Phys. Rev. 1935, 47: 777 – 780.

②H. P. Robertson: *The Uncertainty Principle*, Phys. Rev. 1929, 34: 163 – 164.

③D. Deutsch: *Uncertainty in quantum measurements.* Phys. Rev. Lett. 1983, 50: 631 – 633.

④Kraus, K: *Complementary observables and uncertainty relations*, Phys. Rev. D. 1987, 35: 3070 – 3075.

⑤Maassen, H. & Uffink, J. B: *Generalized entropic uncertainty relations.* Physical Review Lett. 1988, 60: 1103 – 1106.

⑥M. Berta, M. Christandl, R. Colbeck:. *The uncertainty principle in the presence of quantum memory.* Nat. Phys., 2010, 6: 659 – 662.

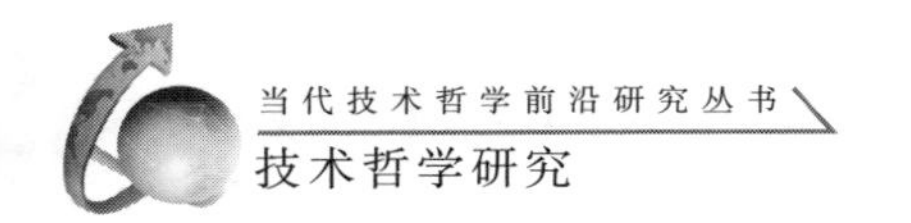

其中 $H(R|B)$ 和 $H(S|B)$ 是条件冯·诺依曼熵，表示在 B 所存储的信息辅助下，分别测量两个力学量 R 和 S 所得到的结果的不确定度。$H(A|B)$ 是 A 与 B 之间的条件冯·诺依曼熵，它表示了在粒子 A 和量子记忆 B 之间的纠缠量（the amount of entanglement），c 是 R 和 S 的本征态的重叠量。请注意，R 和 S 都是同一个微观粒子 A 的两个力学量（如一个粒子的位置与动量，或一个粒子两个不同自旋方向等）。

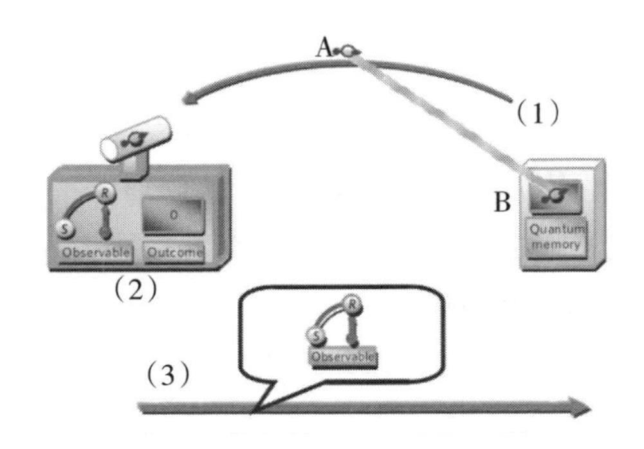

图 14－1　不确定性的一个解释①

如图 14－1 所示，将测量分为如下三步：（1）Bob 发送一个粒子 A 给 Alice，通常，这个粒子 A 与另一粒子 B（存储有量子信息）有量子纠缠；（2）Alice 测量力学量 R 或 S，并记录其结果；（3）Alice 将其测量的选择告诉 Bob。

熵的不确定性原理已经在光学系统中得到验证。②原有的不确定性原理（称为旧不确定性原理）与量子纠缠没有联系，但是，当量子纠缠引入后，就可以同时在一定程度上确定一个粒子的不对易的力学量。当两个粒子处于最大纠缠度时，被测粒子的两个力学量可以同时被准确确定。

在经典力学中，一个力学系统是由坐标与动量（或广义坐标与广义动量，两者统称为正则变量，或称之为状态参量）来描述的。然而在量子力学中，坐标与动量之间是不对易的，或者它们之间有不确定关系，它们不可能同时由坐标与动量来描述。可见，由旧不确定关系描述的量子世界就是一个不确定的世界，不可对易的力学量不可能同时具有确定值。但是基于熵的不确定性原理则表明，利用量子纠缠可以将不对易的力学量同时准确确定。由于量子纠缠的纠缠度可以通过量子技术进行调节，即通过控制纠缠度的大小，人们还可以控制不可对易的力学量被确定的准确度。这说明，量子世界的不确定是相对的，而不是绝对的。

①M. Berta，M. Christandl，R. Colbeck：*The uncertainty principle in the presence of quantum memory*. Nat. Phys.，2010，6：660.

②Li C. F，Xu J. S，Xu X. Y：*Experimental investigation of the entanglement assisted entropic uncertainty principle*. Nat. Phys.，2011，7：752－756.

量子世界的确定性可来自于量子技术的控制。量子控制理论告诉我们，描述微观粒子状态的波函数，也可以受到算法的控制。量子控制就是要在有限时间内，使被控制的物理系统达到某种期望的量子状态。而在量子力学研究范围内，量子系统的量子态并不是被控制的物理对象，甚至被看作是一种数学态。由于量子技术，特别是量子控制，量子态已经可以被量子技术控制了。[①]基于量子纠缠的量子技术还具有远程或类空控制特点。在爱因斯坦的狭义相对论看来，信息的传递是不能超过光速的，即不是类空的。由于量子纠缠中的两个微观粒子可以处于类空距离，因此借助量子纠缠可以实现经典控制所不能达到的远程控制或类空控制。比如，基于量子隐形传态的特点，陈宗海等学者提出了利用量子隐形传态实现的量子反馈控制方案。[②]

因此，量子世界是确定性与不确定性的统一。量子世界的不确定性可以受到量子技术的控制。实际上，薛定谔波动方程揭示，波函数的演化是因果决定性的，这种因果决定性也就是一种确定性。而且，量子世界的各种力学量都可以用数学给予严格定义，这也是一种确定性。

第四节　量子信息文明正在来临

人类文明经过了原始文明、农业文明和工业文明，现在正在进入信息文明。信息文明是工业文明之后的文明新形态。科学技术是推动文明的根本因素，其中技术是直接推动者。从技术革命来看，农业文明来自于低技术的推动，主要是前现代技术，其标志是用于农业生产的技术，都是简单的机械技术，其能源来自于天然的初级能源，如日光、煤炭、植物等，信息传递的速度慢、范围小。工业文明则来自于第一次和第二次技术革命的推动，其标志性技术是蒸汽机技术和电力技术，其能量形式发生了转变，如从热能转变为机械能、机械能转变为电能等，能量传递的距离变长；相应的信息传递的速度加快、范围增大，如电报、电话等。第一、第二次技术革命的发生，都离不开科学规律的根本作用。

而信息文明的诞生来自于电子计算机技术的推动。20 世纪 40 年代，第一代电子计算机诞生，1956 年美国首先出现白领工人人数超过蓝领工人，1957 年苏联第一颗人造地球卫星上天，这意味着世界进入了信息文明时代。在信息文明时代，信息传递的速度更快、范围更大，现代信息在天地之间、整个地球上快速传递，并且进行高速的信息处理。我们可以把 1956 或 1957 年作为信息文明时代到来的标志。借助于信息技术的迅速发展，人类社会信息化的进程不断加快。可

①吴国林：《波函数的实在性分析》，载《哲学研究》2012 年第 7 期。

②陈宗海、董道毅、张陈斌：《基于量子信息的量子控制》，载《第 25 届中国控制会议论文集》，北京航空航天大学出版社 2006 年版，第 2121－2126 页。

见，信息文明是以现代信息技术为基础的最新型人类文明。

上述的描述，信息文明是与信息社会、信息产业相似的，而且其核心是一致的。信息文明、信息社会和信息产业都强调的是信息，其关键描述词是“信息”，从而标志了不同于过去的农业文明、工业文明，农业社会、工业社会，农业产业和工业产业。在“信息文明”的词组中，“信息”标志了不同于“农业”“工业”的涵义。信息文明指称的是工业社会充分发达之后的社会，而且信息产业成为社会的主要产业，信息的处理和交换极为频繁。信息文明的基本意义在于，信息改变了人类的生活方式和工作方式。信息化是标志信息文明的文明程度的一个重要指标。

上述或通常的信息文明的讨论和描述，都是以经典信息为基础的。尽管20世纪初量子力学已诞生，但是，直到20世纪90年代之前，量子力学的有关理论并没有直接对信息处理（如计算机的信息处理等）产生重要影响，没有相应的量子信息理论，而且也没有大规模的量子人工物在日常生活中得到应用。这次量子力学可以称为第一次量子革命，相对应的信息技术是经典信息技术，所处理的信息是经典信息。但是，20世纪90年代，发生了第二次量子革命，基于量子纠缠、量子密码等的量子信息技术开始产生，这次信息技术属于量子信息技术，所依据和处理的信息是量子信息。基于量子信息的信息文明（简称“量子信息文明”）不同于基于经典信息的信息文明（简称“经典信息文明”）。信息文明的决定性因素不是信息，而是信息科学和信息技术，特别是量子信息科学和量子信息技术，它们根本不同于经典信息科学和经典信息技术。

信息文明有广度与深度之分。就广度而言，信息文明借助于经典信息和经典信息技术，使信息的处理和传递等在宏观层次的范围越来越大。就深度而言，信息文明将超越经典信息文明，深入到量子信息文明，从而解决原来经典信息文明所无法克服的某些难题。目前，世界发达国家都在加紧对量子计算机等量子通信技术的研究。2016年8月16日中国成功发射世界首颗量子科学实验卫星“墨子号”，2017年卫星交付使用。“墨子号”量子卫星将配合多个地面站，在国际上率先实现星地高速量子密钥分发、星地双向量子纠缠分发及空间尺度量子非定域性检验、地星量子隐形传态，以及探索广域量子密钥组网等实验。①正如中科院院长白春礼所说，科学家已经能够对单粒子和量子态进行调控，开始从“观测时代”走向“调控时代”。量子通信、量子计算机等将产生变革性突破。②基于当前因特网的广泛使用、量子科学实验卫星的发射成功，因此，我们有理由认为，可以将2016年作为量子信息文明来临的开端。这就意味着信息文明将从表观的经

①彭承志、潘建伟：《量子科学实验卫星——“墨子号”》，载《中国科学院院刊》2016年第9期。

②李金磊：《中科院正研制中国首台量子计算机 已能调控单粒子》。http://tech.cnr.cn/techgd/20170411/t20170411_523701546.shtml

典信息，深入到量子信息，从宏观深入到微观。与量子人工物相联系的前沿技术还有纳米技术、分子生物技术等。当生物芯片、量子生物芯片等被制造出来，人本身将与芯片相联系，芯片将成为人的一部分，那时，人、芯片与网络都会被联系在一起，而且人的认知能力得到提升，成为延展认知，即技术人工物、量子人工物等成为认知的一部分。这就是说，信息文明将从人的外部显示，转变为将人的外部与内部结合起来，形成量子社会。信息文明的程度真正达到了使人成为自由而全面发展的人，而且人的文明程度也将通过量子人工物深入到人脑这一微观程度，甚至形成“量子意识”，产生“量子人”。所谓“量子人”，就是借助于量子信息技术实现人与人之间的交往与联系、具有量子关联的方式，而不仅仅是经典关联方式。

对于工业文明之后人类社会的走向问题，有学者认为，工业文明之后将走向生态文明，那么，生态文明与信息文明是否协调，量子信息技术能否承担起推动生态文明的重任呢?

无疑，生态文明需要的是生态技术，那么，量子信息技术是生态技术吗?

什么是生态技术呢?有学者认为，生态技术是一切有利于人与自然和谐相处的技术的总称。凡是有助于减少污染、降低消耗、治理污染或改善生态的技术都可以纳入生态技术的范畴。[①] 事实上，生态技术是一个相对概念，也是历史的概念，它具有很强的兼容性。生态技术并不是抛弃传统的工业技术，也可以是对传统工业技术的改善。当然，生态技术可以在全新的技术平台上构建新的技术模式，更有利于节约能源、节约资源、降低污染、增进人与自然的友善关系。当然，我们可以从人具有生态观念、人与人的关系、人与社会的关系等多角度、多层次讨论生态技术,[②] 但是，从本质上讲，生态技术是促进人与自然和谐相处的技术。因为人与自然的和谐和协调发展，是基础和基石，离开了这一基础，其他都将成为空中楼阁。

从协调人与自然的关系这一角度来看，量子信息技术当然属于生态技术。一是量子信息技术能够调控量子态，量子态成为一种新的资源，开发新资源就是对旧资源的节约。二是量子信息技术改变了原有经典技术所不能完成的某些任务，节约时间、空间和资源。比如，基于量子力学和量子信息论的某些量子算法（如肖尔算法、格罗夫算法等），能够克服原来经典计算所不能的经典复杂性（见后文论述），具有强大的计算能力，从而节约计算资源。三是量子信息技术能够节约能源。现实的计算都是一个物理过程，计算的不可逆过程将产生能耗。如果能将不可逆过程转变为可逆过程，那么，就有可能避免能耗。量子力学告诉我们，孤立的量子系统的演化是可逆变化，这就是说，当我们能够用幺正变换来描述量

---

①毛明芳：《生态技术本质的多维审视》，载《武汉理工大学学报（社会科学版）》2009 年第 5 期。

②吴国林、李君亮：《生态技术的哲学分析》，载《科学技术哲学研究》2014 年第 2 期。

子系统的变化，就是一个无能耗的过程。当然，量子态的制备与测量等需要能耗。

在大多数情况下，生态技术是对传统工业技术的修正和完善，发展生态技术并不必然要求舍弃常规技术。而量子信息技术是一个革命性的技术，是对传统技术的革命，它是真正意义上的生态技术。量子信息技术既是生态文明的推动者，又是信息文明的核心推动因素。从这一意义上来看，生态文明的文明程度可以通过信息文明来显示，生态文明的水平是通过信息文明来表征的。

第五节　世界的复杂性是客观与主观的统一

在信息文明时代，世界变得更加复杂。世界的复杂性究竟是本体论的，还是认识论的？或者说，世界的复杂性是客观的，还是主观的？技术能否改变事物的复杂性？我们考察一下计算复杂性。

从计算机科学来看，计算都有一个物理的运行过程，完成这一过程需要基本的运行时间和运行空间。计算复杂性分为时间复杂性与空间复杂性。计算复杂性是由算法的复杂性决定的。时间复杂性与空间复杂性告诉我们，时间和空间是计算最基本的物理限制因素，计算时间与空间都是有限的，且与人类的活动的合理的时间与空间尺度密切相关。如果超出这一合理时空尺度，计算就是不现实的，也是不可能的。比如，计算时间长达几年或几十年，其计算就不现实，而且还不能保证在计算期间，计算机本身是否不出现新的问题。

一个问题是否可计算或不可计算，涉及图灵（A. M. Turing）机模型，它是图灵 1936 年提出的一个计算模型。图灵机模型具有结构简单、计算能力强等优点。目前，人们已公认图灵机能否计算一个问题，是评价该问题能否被计算的标准。一个算法是由一系列规则确定的，一个精确的机械方式就是按照这些规则来进行操作。图灵把计算关注的重点从规则转移到人在执行它的时候所进行的实际操作。这里的操作是对实际操作的一个本质的把握。图灵机的核心概念可以概括为三个：一条带子、一个带头（读写头）和一个控制装置。带子分为许多格子，每个格子存储一位数，带头受控于控制装置，以一小格为移动量相对于带子左右移动，或读小格中的数，或写符号在小格中。可以将程序和数据以数码的形式存储于带子上，这就是“通用图灵机”原理。于是，图灵在不考虑硬件的前提下，严格描述了计算机的逻辑结构，从理论上解决了通用数字计算机的可行性。从操作容易角度来看，由于带头要对带子进行读或写，因此二进制 0 与 1 最简单，在带子上打孔或不打孔表示 0 或 1，就非常容易。

普适图灵机的性质，引起了英国逻辑学家丘奇（A. Church）作出一个假说：任何能行（或有效）可计算的函数都是普适图灵机可计算的。这就是著名的丘奇－图灵（Church-Turing）论题，这一论题已被广泛接受了。

不仅时间与空间的现实合理尺度构成了计算复杂性，而且丘奇－图灵论题深刻揭示了存在不可计算问题。丘奇－图灵论题可表述为：直观可计算的函数类就是图灵机以及任何与图灵机等价的计算模型可计算的函数类。不可计算问题的存在，意味着世界本身是复杂的，其复杂性远远超过了时间复杂性与空间复杂性，因为时间复杂性与空间复杂性表明人类理性是可能把握的，只是其运行时间与所占空间超过了人类运行它的合理尺度，但是不可计算问题从根本上否定了人类对某些问题的任何可计算性。

我们认为，目前有关计算复杂性的定义是操作性和现象性的，并没有揭示计算复杂性的本质。因为从经典计算理论来看，只有多项式时间算法是可计算的，而指数时间算法是不可能克服的。复杂程度与算法有关。①

经典计算复杂性分类对于量子信息技术失去绝对性。量子计算机有可能把 NP 问题转化为易解的 P 类问题。但目前仍不能从一般意义上肯定这种推论的正确性。但是，量子计算理论表明，某些经典的指数时间算法是可以转化为量子多项式时间算法，即经典时间复杂性得到克服。比如，肖尔（Peter Shor）算法就是这样的量子算法。

1994 年，AT&T 公司的肖尔博士在他的一篇论文中提出了一种利用量子计算机解决一项重要数论问题——大数分解问题的方法，这个算法被称为“Shor 大数质因子化”的量子算法。经典因子分解与量子因子分解的根本区别在于：肖尔利用量子力学所固有的性质，构造了量子傅里叶变换（QFT）。通过量子傅里叶变换，肖尔证明，基于 2^n 的量子傅里叶仅用 $n(n+1)/2$ 个量子门就可实现。这就是量子傅里叶变换所需要进行的运算与位数是多项式关系而不是指数关系，从而使肖尔的量子算法是一个多项式算法，是一个有效算法。这一算法的实际应用，将会使现行的计算机上使用的公共安全加密系统的安全性受到极大威胁。

已发现一些量子算法（如 Grover 算法）比经典算法可以更快地求解问题。但这种加速不是把指数算法变成多项式算法，而是把一个需要 N 步的算法变成需要 $\sqrt{N}$ 步的算法。虽然这种算法不是指数加速，但是，加速效果仍然相当可观。②

为什么量子算法（也就是一种量子信息技术）能克服经典算法所不能克服的某些经典复杂性呢？我们可以从两个不同的角度来认识：

角度一：量子计算机是一个复杂系统，量子计算所具有的复杂程度不低于求解问题的复杂程度，即以复杂性克服复杂性。比如，肖尔找到的分解大数质因子的快速算法，使得量子计算机把一个 NP 类问题转化为 P 类问题，尽管还没有证

---

①赵瑞清、孙宗智：《计算复杂性概论》，气象出版社 1989 年版。

②吴国林：《量子技术哲学》，华南理工大学出版社 2016 年版。

明分解大数质因子是 NP 类问题，但是，很多人相信它是 NP 类的。

从定性来看，经典算法具有有限性和离散性，经典计算机的计算是逐次计算和部分性计算，而计算问题具有无限性和整体性，因此，必然存在经典计算机无法完成的计算问题。而作为一个复杂系统的量子计算机，其计算具有并行性与整体性，因而，量子计算机就可能克服经典计算的复杂性。

角度二：计算复杂性表现为花费巨大的计算时间和计算空间，这里的计算时间和计算空间都是经典的，而不是量子时间和量子空间。这里有一个问题：时间和空间是什么？

在经典物理或计算看来，计算需要一定的时间或空间，但在量子力学或量子计算看来，其经典时间或经典空间并不具有量子意义，原来的经典时间或经典空间在量子力学或量子计算看来，其量子时间或量子空间可能变为很小或很大，这取决于在量子计算过程中所进行的是何种性质的量子物理过程。

量子力学中有一个非常重要的不确定关系，以位置与动量的不确定关系来说，当微观粒子的动量是确定的，那么，其位置就不确定，即是说，其位置的变化很大，或其空间就有一个很大的变化。从能量与时间的不确定关系来看，当微观粒子的能量是确定的，那么，其时间就不确定，就是说，其时间有一个很大的变化。上述两个情况表明，当微观粒子的动量确定时，其空间是不确定的，变化很大；当其能量确定时，其时间是不确定的，变化很大。

那么，依据不确定关系，原来经典意义上的很大的时间和空间（当然这也是客观的)，都可以由于量子力学的不确定关系，在不同的性质的量子测量条件下，经典的时间和空间在微观粒子的运动面前就可以变得非常小了，这是由于时间或空间的不确定。换言之，由于量子力学的不确定关系，微观粒子可以很快（甚至超光速地）穿越经典的空间或花费极少的经典时间。

在笔者看来，经典时间和经典空间、量子时间和量子空间都是感性的时间和感性的空间，都是更本真的时间和空间的表现形式。在哲学家康德看来，时间与空间是感性形式，是给经验的东西做基础的。时间是内感觉的形式，空间是外感觉的形式。笔者认为，时间与空间是物质存在的感性方式，它们是物质存在的基本性质。时间和空间都具有客观性，但是它们在不同的技术条件下将会有不同的显示。

下面要讨论的是世界的复杂性是客观的，还是主观的。上述讨论表明，经典计算的某些指数复杂性可以转变为量子计算的多项式复杂性，从而原来的经典复杂性得到了克服。经典复杂性和量子复杂性都属于数学的复杂性，这里的问题是，数学的复杂性就是先天的（apriori)、固有的、客观的，是不可改变的吗？

一般认为，数学世界是一个具有高度自主性、客观性的世界。一个问题是否有解，是由数学的客观性决定的。原来有的计算问题没有经典算法解，而现在却有量子算法解，说明该计算问题是认识复杂性，而不是客观复杂性。经典计算的指数复杂性，是一个认识复杂性问题，而不是客观复杂性，其解取决于人的认识能力和人创造的工具的水平。

这里会产生这样一个问题：有没有离开认识条件的客观对象？如果客观对象是固定的、不变的、刚硬的，那么，人们是无法认识客观对象的，因为客观对象在各种技术手段的作用下都没有任何变化，客观对象就是不可知的。

我们可以这样看，世界是客观存在的，这是不以人的意志为转移的，但是，这个“客观存在是什么”，却依赖于人们的理论和实践的认识，或者依赖认识条件。即是说，客观世界是存在的，但是当人们言说客观世界时，就已经渗透了理论或语言，或者说是认识条件。这里的认识条件包括科学理论和技术水平。言说客观世界，总是与理论和技术有关。或者说，表达出来的客观世界，总是与人们认识能力（理论、技术和语言等）有关。按照上述观点，世界的复杂性是客观的，但是其客观的复杂性如何表现则取决于主体的科学理论和技术的水平。

第十五章

技术与人的关系

技术不会自动地从大自然中产生出来。技术是人有目的、有意识地创造的，技术与人发生着极为密切的关系。技术是人类在自身有目的的意志的指导下，有计划地与存在于自身之外的自然物发生相互作用而产生的结果，技术与人类和自然界有着密切的联系。本章将讨论技术是如何现实生成，以及如何影响或决定人的存在。

第一节　对技术现实生成与存在的考察

一、“技术”的四种类型

从“技术”一词的演变来看（详见第四章），难以精确地给技术下一个非历史的定义，但它内在包含着的三种含义却是清晰的。

一是指客观实在的技术人工物，属于实体性的技术（T_1），一般也称为“硬件”，它具有双重身份，它既作为人类技术活动过程产生的结果而存在，满足人类的目的、服务于人类的需要，又作为人类达成某一技术活动目的而使用的物质手段或工具而存在。

二是操作或使用器具时所需的技艺或规则，它是人类肢体或器官与实体性技术之间的有效的相互作用，在古代和近代强调实际操作中的经验积累，在现代强调对科学方法和科学知识的掌握，属于经验性和知识性的技术（T_2），一般也称为“软件”，它不仅依赖于实体性的技术人工物（在人类活动早期，一般为自然物，只要人类活动稍有发展，一般都是技术人工物）和有活动能力的人类肢体或器官，凝结在作为技术活动结果的产品上。

三是指加工和制作对象性客体时的工艺，它是实体性技术与经验性或知识性技术在加工和制作过程中的有效结合，即陈昌曙教授所说的，它要利用物质手段去对对象性客体进行加工处理，它既不等同于知识性和经验性技术，也不等同于实体性技术，它是它们二者的结合，是“工具、机器、设备等技术客体与知识、经验、技能等技术主体要素组合而形成的过程和方法”，是技术主客体要素在加工中的结合。① 这里称它为过程性技术（T_3）。

以上三个层面的技术依次属于米切姆所称的作为物体的、知识的和活动的三种技术类型。在米切姆看来，这三种技术类型是从工程角度来划分的，在人文角度，还有第四种技术类型，或者说技术还有第四层含义，即“作为意志的技术”或技术意志（T_4），包括与技术的生成和存在密切相关的人类意愿、动力、动机、渴望、意图和抉择，影响着技术行动的采取、技术手段的选择以及技术目标的实现，几乎主导着技术活动的整个过程，因而，前三种技术类型的产生在一定程度上都是以某种意志化了的自我实现为基础的，同时，它们又受它的支配②。

概而言之，技术包含着四个方面，而且它们相互依存，互为前提和基础，同时，它的内涵与人类的认识世界和改造世界的实践活动密切相关，并随着人类实践活动范围的深入和拓展而不断演变，历史阶段不同，它的内涵也不同。

二、技术现实生成与存在的一般过程

如前所述，技术内在地包含着作为实体性技术的技术实体或技术人工物（T_1）、作为经验性和知识性技术的操作技艺和规则（T_2）以及作为过程性技术的加工制作工艺（T_3）。鉴于 T_2 是肢体与 T_1 的相互结合，T_3 是掌握 T_2 的技术主体与 T_1 的结合，某一技术人工物（A_2）的现实生成与存在是 A_1、T_2 与 T_3 的结合。这里，以 A_2 为视角，来探讨技术现实生成与存在的一般过程。

1. 技术行为或行动的动因：内心的需求或愿望

正如不同历史阶段的哲学家所阐明的，技术因人类某种需求和愿望的满足或为某一目的的达成而存在。例如，苏格拉底认为，技艺是为满足某一欲望，为它的使用者提供利益；③ 柏拉图认为，技术或是为了满足人的意见和欲望，或是为了事物的产生和制造；亚里士多德阐述了技术的目的因，认为因技术而存在的事物为人的目的或意图服务；马克思和恩格斯从历史唯物主义的角度阐明，人类为满足自身生存和发展的需要而从事包括技术活动在内的物质生产活动；④ 德绍尔认为技术以目的为导向；巴萨拉认为，“绝大部分的人造物都是充满幻想、渴望和欲望的心灵的产物”，⑤ 等等。对技术活动而言，需求、愿望和目的是技术行

①陈昌曙：《技术哲学引论》，科学出版社 1999 年版，第 101 页。

②卡尔·米切姆：《通过技术思考——工程与哲学之间的道路》，辽宁人民出版社 2008 年版，第 338－345 页。

③《柏拉图全集》（第 2 卷），王晓朝译，人民出版社 2003 年版，第 236，300 页。

④《马克思恩格斯选集》（第 1 卷），人民出版社 1995 年版，第 79 页。

⑤巴萨拉：《技术发展简史》，周光发译，复旦大学出版社 2002 年版，第 16 页。

动或行为的动因，驱使主体充分地将自身自然蕴藏着的潜力发挥出来，并作为规律决定着主体的技术活动方式和方法，作为注意力表现出来的主体意志以及体力和智力都服从它。

首先，正如恩格斯所指出的，“推动人去从事活动的一切，都要通过人的头脑”，人的需要或愿望对人类行动或活动的影响表现在人的头脑中，它们反映在头脑中，成为感觉、思想、动机和意志等，总之，成为“理想的意图”，并转变为“理想的力量”，从而推动人们采取相关的行动或行为。[①] 在神经生理学角度，这些行动或行为是需要或愿望被大脑知觉后，由大脑皮层的运动中枢发起的。基于此，技术活动“始”于人类的需求或愿望需要采取技术行为或行动来加以实现而转化为需要主体解决的实际技术问题和实现的目标，反映在主体的头脑中，被心灵所知觉而成为他的“思想、动机和意志”，成为“理想的意图和力量”，[②] 主导着技术活动的整个过程，影响着方案或模型的构思设计以及材料和工艺的选择。为解决问题，实现既定目标，主体在有目的意志的主导下采取相应的技术行为，直到现实地达成预定目的。

其次，波普尔将人类的目的或目标纳入他所称的“抽象意义的世界”范畴中，认为它通过影响人类的心灵状态，从而影响人类的行为，即它借心灵对身体系统起作用，简称“意义”对“行为”的影响，[③] 建构了一种适用于技术活动的目的→心灵→行为模式。基于此，目的对于技术活动的意义在于，它会刺激心灵中的自我意识，作为反馈，主体的潜能会受到激发，心灵会相应地产生有目的的意志，继而采取适应目的达成的手段有计划地作用于对象，直到目标实现。目标越明确，心灵对身体系统起的作用就越大。

2. *虚拟建构：在思维中构想和设计模型*

大脑皮层的联络区具有基于想象和思考的先见能力，它使人类能有意识、有计划地发起行动或行为。在技术活动中，这一先见能力的具体表现如马克思在《资本论》中指出的，活动结束时要得到的结果，在开始时就已经在主体的想象中存在着了，即“已经观念地存在着”了。[④] 这就是说，为了现实地解决技术问题，达成既定目的，活动主体采取的第一技术行动就是在脑海中预先想象和构思甚至设计可供现实建构参考的模型或模版。这一模型，苏格拉底称之为“型”，柏拉图称之为“理念”，亚里士多德称之为“外在形式”。然而，它只是构想中的虚拟型构，是主体思维活动创造的精神产物，还不具有人们所要求或期望的功能，目的还没有现实地达成。只有客观实在的现实技术人工物才能服务于人的

①《马克思恩格斯选集》（第4卷），人民出版社1995年版，第232页。
②《马克思恩格斯选集》（第4卷），人民出版社1995年版，第232页。
③卡尔·波普尔：《客观的知识》，舒伟光等译，中国美术学院出版社2003年版，第231－237页。
④《马克思恩格斯选集》（第2卷），人民出版社1995年版，第178页。

目的。

3. 现实建构：借助人工手段将脑海中构想的模型加以现实化

能实现给定功能的技术人工物是以自然物为物质基础现实建构的，它是具有物理结构的技术实体。因此，主体采取的第二个技术行动就是按照脑海中构想的模型，将自然物加工制作成具有给定功能的现实技术人工物，从而使主体能够"在对自身生活有用的形式上占有自然物质"。[①] 为了实现这一"占有"，主体"使他自身的自然力——头和手、臂和腿运动起来"，并依照自己的目的有计划地"将这些运动作用于他身外的自然物"，[②] 直到自然物的形式转变为满足主体需要或愿望的形式，即现实地生成技术人工物，主体的运动或活动才会停止。由于主体能够控制这些运动的方向和活动的方式，因而，正常情况下，受到这种力的作用的自然物都能够按照主体的预定目标发生改变。如此，在一定程度上，技术人工物的现实生成实质上是作为活动主体的人与作为对象性客体的自然物之间的相互作用过程，是主体以自身肢体或器官的运动或活动产生的力量来中介、调整、控制的物质和能量的转变过程，即人类活动着的肢体或器官（P）⇔ 自然物（M） = = 技术人工物（A）。

这里，作为活动主体的人类在有目的有计划地加工自然物时，即 P ⇔ M，一般都会借助物或物的综合体来传导自己的活动或运动，即 P + 物或物的综合体（S）⇔ M。S 一般具有机械的、物理的和化学的属性，它作为主体传导自身自然力和发挥力量的手段，加到或联结到主体自身活动的肢体或器官上，成为主体延长了的活动的肢体或器官。如此，P ⇔ M = = A 就演变为了：P + S ⇔ M = = A。

在人类社会早期的技术活动中，被主体用来传导自身活动的 S，一开始是自然物（M），只要活动稍有发展，它们就已经是人造物了，即经人类加工过的技术人工物（A）。如此，A 现实生成过程中物质与能量的转变过程可以用以下的关系式来描述：

$$P \Leftrightarrow M == A \qquad (15-1)$$

$$P + S \Leftrightarrow M == A \qquad (15-2)$$

由于 S = M 或 A，因此（15 - 2）又演变为：

$$P + M_1 \Leftrightarrow M_2 == A \qquad (15-3)$$

$$P + A_1 \Leftrightarrow M == A_2 \qquad (15-4)$$

4. 技术的现实生成与存在

可见，只要技术活动稍有发展，技术人工物的现实生成就可以用（15 - 4）

①《马克思恩格斯选集》（第 2 卷），人民出版社 1995 年版，第 177 页。
②《马克思恩格斯选集》（第 2 卷），人民出版社 1995 年版，第 177 页。

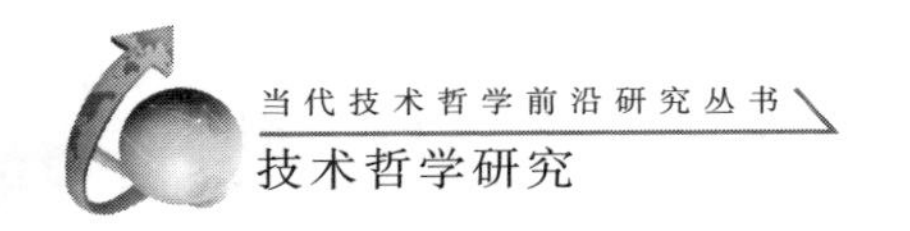

式来描述，即：$P+A_1 \Leftrightarrow M==A_2$。如此，$A_2$ 现实生成所需的基本条件也清晰可见：

①起导向作用的人的需求和愿望；

②人脑对模型的构想；

③作为活动或运动源头的 P；

④作为传导活动和发挥力量之物质手段的 A_1；

⑤引起 M 朝着既定方向发生改变的动力源 $P+A_1$；

⑥作为对象性客体的 M；

⑦作为工艺流程的 $P+A_1 \Leftrightarrow M$。

由于④又是 T_1，⑤是 T_2，⑦则是 T_3。因而，在 A_2（T_1）得以现实生成与存在的过程中，T_2 和 T_3 也现实地产生了。

第二节　技术与人脑思维（能力）的关系

从前面的分析可知，技术现实生成与存在离不开人脑对作为虚拟型构的技术模型的构思设计。解剖学的证据表明，人类在有目的的意志指导下的有计划的技术行为归因于完全进化了的人类大脑机能，因而，技术与人的关系，首先由技术与人脑思维（能力）的关系阐释。

一、技术的起源

技术和存在于世界上的其他事物一样，有一个从无到有的产生过程，鉴于不同历史时期的（技术）哲学家和技术史学家不约而同地把人类的本质和起源与技术紧密地联系在一起，如富兰克林把“人”定义为“a tool－making animal”，即“制造工具的动物”；[①] 布鲁诺·雅科米把“工具的出现”视为“与生命有关的不可辩驳的人类”的唯一标准，并认为应该从以下两个方面来区别人和动物，一是直立行走和人手的解放，二是人造工具的使用；[②] 辛格认为，人第一次成为人的标志是“用石头、骨头和木头制作武器或工具”；[③]奥特加则认为“人的确是一种技术存在”。[④]从起源上看，甚至可以说，人是在制造和使用工具的过程中成了人，这正如勒鲁瓦·古兰所言，“工具，即技术发明了人，而非相反，人发明工具”，或者说是“人在发明工具的同时在技术中自我发明”。[⑤]

---

①《马克思恩格斯选集》（第 2 卷），人民出版社 1995 年版，第 179 页。

②布鲁诺·雅科米：《技术史》，蔓君译，北京大学出版社 2000 年版，第 12 页。

③查尔斯·辛格：《技术史》（第 1 卷），王前译，上海科技教育出版社 2004 年版，第 83 页。

④米切姆：《通过技术思考——工程与哲学之间的道路》，辽宁人民出版社 2008 年版，第 61 页。

⑤贝尔纳·斯蒂格勒：《技术与时间——爱比米修斯的过失》，裴程译，译林出版社 2000 年版，第 171 页。

简言之，技术的起源与人类的起源有着不解之缘，人类的猿类祖先（类人猿）在进化为人的过程中，形成了技术，而技术在其形成的过程中又反过来促进了类人猿的肢体和器官向人类肢体和器官的转化。在这一意义上，技术的起源与人脑思维器官的进化具有历史的同一性。

1. 技术的生物学基础及其萌芽：手脚的分化以及手对自然物的操作

从进化论的角度，人类是一种由单个卵细胞分化而来的最复杂的有机体，由类似于猴子的祖先（这里称为“人猿”，是人科动物的一种）进化而来。具体而言，具备适当化学的先决条件后，最初的有生命的原生质即完全没有结构的蛋白质形成了，生命的一切主要机能，包括消化、排泄、运动、收缩、对刺激的反应以及繁殖都由它执行；当核和膜在原生质中形成时，第一个细胞产生了，由此，整个有机界也具有了它自身形态形成的基础；这些细胞继而又发展出了无数种形态的原生生物，最初的植物和动物从进一步的发展中分化出来，动物的进一步分化，又产生出了具有神经系统的脊椎动物，最后发展出了具有自我意识的高等动物。人类的祖先人猿就是其中的一种高度发展的人科动物，在与自然环境长期相互作用的过程中，发育出了适应环境的合适的持物器官，如善于抓握东西的爪子或手，继承了一些本能的意向，如寻找合适的食物和饮料，甚至探险等。

对形成中的技术而言，在人猿向人进化的过程中，具有决定性意义的一步是人猿手脚的分化，这为技术提供了生物学基础。受生活方式的影响，人猿的手逐渐从爬行的功能中解放出来，从事与脚不同的活动，如采摘果实、拿取食物、摆弄物体等，同时脚也渐渐地能摆脱手的辅助开始直立行走，手和脚分化了。手之所以为手就在于它“打开了技艺、人为、技术之门”；而脚之所以为脚，就在于它除了“承担全身的重量”之外，还解放了手，使其能够执行手的使命，使操作成为可能。①例如，由于直立行走，双手自由了，它们可以用石块作投掷物，用树枝或动物的长骨头作棍棒。这些被使用的自然物便是最初的工具或武器，手对它们的操作便是最初形态的技术。据考察，在“始石器时代”，双手获得自由了的南方古猿和上新世人科动物偶尔会使用简易工具和武器。②

可以说，技术起始于人猿的手对外在于身体之外的物体的操作，这发生在人猿由树栖生活转为地上生活后。③ 工具（包括武器）可以认为是手和牙齿之功能的延伸和扩展，它依赖于肢体或器官，又可与之分离的附属物。据考察，在第三纪早期，人猿仍过着树栖生活，它们善于抓握的手整日忙于攀援和进食，还没有必要也没有机会使用外在于他们肢体的物体；在中新世时期前后，在地上生活的

---

①贝尔纳·斯蒂格勒：《技术与时间——爱比米修斯的过失》，裴程译，译林出版社2000年版，第133页。

②查尔斯·辛格：《技术史》（第1卷），王前译，上海科技教育出版社2004年版，第14页。

③查尔斯·辛格：《技术史》（第1卷），王前译，上海科技教育出版社2004年版，第9页。

他们才能腾出双手，适时摆弄物体。[①]对身外物体的摆弄，一开始可能仅仅是出于好奇或对闲暇时间的打发，后来为了适应某种特殊情形，变成了为满足某种需求的有目的的行为。这些物体一般是自然物，如枝桠、木条或者是石块，用来作为他们的肢体在功能上的延伸，如石头用来敲打牙齿咬不动的坚果，木条用作延长了的手，去采取高处的果实等。外在物体的使用意味着手对它们的操作，被操作的物体就是工具或器具，[②] 同时，有效的操作又需要相应的技艺和技巧，技术由此萌芽了。

2. 技术萌芽过程中语言、思维器官及其服务器官的进化

根据达尔文进化论中的相关律，“一个有机生物的个别部分的特定形态，总是和其他部分的某些形态相联系的”。[③] 基于此，手和脚的逐渐分化及其分工的日益明确不是孤立的，它只是人猿整个有机体中肢体部分的进化，凡是有利于促进肢体进化的活动，也有利于身体其他器官的进化，而且是同时进行的。如此，人猿的栖息之地由树上转到地上后，不仅工具的使用成为可能，还为语言、大脑和其他感觉器官的发展提供了空间。

语言是与工具相联系的，[④] 伴随着工具的使用，语言有了进化和发展。当然，正如马克思和恩格斯所揭示的，人类的语言产生于群体中个体间相互交流和合作的需要，它是物质交往活动的产物，[⑤]因此，语言的进化过程需要群体中个体间的配合，即群居生活习性的形成，才能发展。具体而言，在人猿向人的转变过程中，手的运用不断地得到加强，视觉、听觉和大脑的使用也相应地变得频繁。由此，解放了的双手在探索外部世界的同时，视觉和听觉对外部事物的辨别能力也提高了。同时，随着双手的解放和感觉器官的发展，人猿的活动范围不断扩展，有些活动需要成员间的互相帮助和共同协作才能完成，或完成得会更好，这些正在形成的人，相互间合作和交往的日益密切，“已经到了彼此间有些什么非说不可的地步了”，[⑥]具有发声能力的声带、喉部、舌部及唇部肌肉都在实践活动中得到了进化和发展。根据恩格斯的考察，人猿在活动中能够发出抑扬顿挫的音调，随着这种音调的增加，人猿不发达的喉头得到了改造，口部的器官也能发出清晰的音节。[⑦]由于工具的使用，“是以智力行为和至少是一些语言中表达出来的原始

①查尔斯·辛格：《技术史》（第1卷），王前译，上海科技教育出版社2004年版，第9页。

②贝尔纳·斯蒂格勒：《技术与时间——爱比米修斯的过失》，裴程译，译林出版社2000年版，第133页。

③恩格斯：《自然辩证法》，人民出版社1971年版，第151.

④查尔斯·辛格：《技术史》（第1卷），王前译，上海科技教育出版社2004年版，第4－5页。

⑤《马克思恩格斯选集》（第1卷），人民出版社1995年版，第72，81页。

⑥恩格斯：《自然辩证法》，人民出版社1971年版，第152页。

⑦恩格斯：《自然辩证法》，人民出版社1971年版，第152页。

概念的存在为先决条件的”，[1]因而，直到人猿开始摆弄外在物体或学习如何有效地操作工具时，它们也开始使用某种形式的语言。

其次是大脑和所有服务它的感觉器官的发展。较之于哺乳动物依赖于嗅觉在地面生活，人猿在树上生活一是依赖于其敏锐的视觉、触觉和听觉，尤其是敏锐的视觉，它与攀援能力共存，二是依赖于其大脑皮层的组织结构或中枢神经系统所具有的协调感官印象的能力或功能，在树上的生活，又使它的手进化为了持物器官和重要的感觉器官。[2] 大脑对感官印象的协调能力的进化和发展，使后来人类熟练的手工活动成为可能。[3] 猿手摆弄或学习如何有效操作自然物就是得益于大脑皮质的一层特化的神经细胞接收和分类了来自感觉器官（视觉、触觉和听觉）的冲动。[4] 人猿的栖息之地由树上转到地上后，为它肢体和器官的进一步发展提供了空间。

最后，在语言、大脑和感觉器官的共同作用下，正在形成中的人的自我意识、抽象能力和推理能力也相应地得到了发展，并反过来促进它们活动和语言的发展。

3. 石制器具的制造与人脑皮层组织的完全进化：技术与人类的产生

肢体、语言和器官的发展使正在形成中的人越来越有能力适应自然界并对其进行反作用，它们获取食物的区域不断扩大或迁移，食物也越来越多样，身体吸收的营养元素变得更为多元，直到它们有能力从自然界选取材料制造工具来获取肉类食物，它们吃的食物也由只吃植物转变为既吃植物又吃肉类，生存活动由最初的采集向狩猎发展。肉类食物的意义在于，它“几乎现成地包含着为身体新陈代谢所必需的最重要的材料”，[5] 不仅有利于增强正在形成中的人的体力和独立性，而且能够促进身体机体组织结构尤其是大脑的进一步发展和完善，类人猿向人的转变又迈出了重要的一步。考古学的证据表明，人类从一开始就是食肉的，旧石器时代早期的人类是狩猎者。[6]

同时，获取肉类食物的狩猎活动是以人造工具的使用为前提和基础的，在这一意义上，辛格认为，工具制造是从食肉的饮食习惯中产生的，这也一定是工具制造传统的起源。[7]在旧石器时代，还没有种植植物和驯化动物的技术，肉类一般以水中捕获的鱼和山中捕获的野生动物为主，为了获得肉类，早期人类就要有能力进行捕鱼和打猎活动，而且借助自然物已经不能达到预期目的，到了必须对自

①查尔斯·辛格：《技术史》（第1卷），王前译，上海科技教育出版社2004年版，第57页。
②查尔斯·辛格：《技术史》（第1卷），王前译，上海科技教育出版社2004年版，第57页。
③查尔斯·辛格：《技术史》（第1卷），王前译，上海科技教育出版社2004年版，第5页。
④查尔斯·辛格：《技术史》（第1卷），王前译，上海科技教育出版社2004年版，第4页。
⑤恩格斯：《自然辩证法》，人民出版社1971年版，第155页。
⑥查尔斯·辛格：《技术史》（第1卷），王前译，上海科技教育出版社2004年版，第12页。
⑦查尔斯·辛格：《技术史》（第1卷），王前译，上海科技教育出版社2004年版，第13页。

然物进行适当的加工，目的才能达成，于是产生了人造物或人造器具。

考古发现，迄今发现的人类最古老的工具就是经过打磨的石制工具和石器，换句话说，把石头加工成能达成某一目的的器具，即石制器具的制造标志着人类的诞生和人类技术活动的开始，这也是被马克思和恩格斯认为是人类真正劳动的开始，旧石器时代因而成为人类历史的开端，攀树的人猿完成了向制造工具的人的完全转变，完全形成的人出现了，攀树的猿群进入了人类社会。

在非洲各地的更新世早期遗址中已经发现了定型的石器，这表明，大概在一百万年以前的上新时期，至少是在更新世早期，早期人类大脑的发展已经达到了典型的人类水平，工具的制造已经是某种长久性的需要。[①]考古学的证据表明，在旧石器时代早期的最原始工艺中，有了最初级的专业化工具，最具代表性的是如下四种：①用来制作石片工具的锤石；②用来切割兽皮的石片；③用来劈骨头或木头的粗糙的砍砸器；④可以用来刺穿、劈砍、刮削的尖状手斧。到旧石器时代中期，工具的制作不仅有了明显的标准化，而且能设计和制作出实现各种功能的专业化工具，还找到了更多适合制造工具的原材料，除石头外，还有“骨头和木头，甚至还包括少量牛角、鹿角和象牙”。[②]在旧石器晚期，在对原材料的掌握上具有了较高的工艺，出现了形状较为复杂的手工制品。例如，通过锯、劈、磨、擦等方式，将骨头、鹿角或象牙等材料加工制作出复合型人造物，还有了居住的房屋和掩体的“衣物”。到新石器时代，有了种植植物和驯化动物的技术，随着这些食物生产技术的形成和发展，人类社会由狩猎阶段转向文明阶段的发展。

二、完全进化了的人脑具有的能力

能使用工具的动物，除了人，还有蚂蚁和蜜蜂等；能制造工具的灵长目动物，除了人，还有类人猿。但有计划地制造工具的，却只有完全进化了的人。人之所做到这一点，首先和主要的是由于手，其次是由于随着手的发展而进一步发展起来的作为思维器官的大脑中枢神经系统，特别是大脑皮层各区域的特殊组织的发展，它能够联结手和中枢神经系统，正如恩格斯所指出的，如果人脑没有随着手的发展而相应地发展起来，单凭人手是制造不出蒸汽机的。[③]善于协调的大脑皮层的进化，开始于东非人和新人之间，终结于新人之后，[④]大脑皮层完全进化后，获得了充分的组织复杂性，较之类人猿，他有特殊的组织结构和与之相适应的生理机能，使人类有计划地制造各种形式的工具成为可能。

---

①查尔斯·辛格：《技术史》（第1卷），王前译，上海科技教育出版社2004年版，第12页。

②查尔斯·辛格：《技术史》（第1卷），王前译，上海科技教育出版社2004年版，第83页。

③恩格斯：《自然辩证法》，人民出版社1971年版，第19页。

④贝尔纳·斯蒂格勒：《技术与时间——爱比米修斯的过失》，裴程译，译林出版社2000年版，第168页。

1. 大脑皮层的联络区：具有先见能力，是有意识、有计划行为的起源

1913—1917 年的研究表明，由于类人猿既缺乏对过去和未来的创见，又缺乏说话这一宝贵技能的辅助，同时在思想成分即所谓的“想象”上存在很大的局限性，因而，尽管它们会制造工具，但这只是一种即兴行为，是“为了看得见的回报”，并不能“为了想象中可能发生的事情而去考虑修整整个物体的有用性”。① 而人类为了做出适应某一特定用途的工具，他会在脑海中不停地想象或构想出这个工具的模样，直到现实地把它制作出来。也就是说，在“涉及不在面前的物体之间的关系”时，人类具有人猿所缺乏的想象和思考能力，这是类人猿和最原始人类之间的主要区别。辛格把人类具有的这一能力称为“先见能力”，斯蒂格勒则称之为“超前意识”，并认为它是有计划地制造和发展工具的条件，没有它，就不可能制造和发展工具。②马克思认为最蹩脚的建筑师都比最灵巧的蜜蜂高明，正是鉴于前者“在用蜂蜡建筑蜂房之前”，就“已经在头脑中把它建成了”。③

先见能力是人类大脑皮层的“联络区”具有的一个功能，它能够将过去和现在的信息进行协调并进行推理，从而产生行动，人类在文明开端之际就具有这一心智。早在旧石器时代，某一工具的制作往往都是为了制作出另一工具。例如，在制作手斧前，往往已经制作好了石锤，在削尖木制的矛前，往往已经制作好了石片等。可以说，石器时代最早制作的石制器具尽管很粗糙，但也显示了早期人类相当程度的先见能力。这一先见能力来源于完全进化了的大脑皮层对个体以往经验的记录的充分利用。具体而言，大脑皮层中有一个类似于计算机内电子元件的神经元，它能组织起来接收感觉器官获取的信息，包括过去经验所留下的活动模式和当下所获取的信息，再经由一个类似于计算机中的计算机制的过程来解决问题，然后由运动细胞和控制肌肉的神经来调动适当的身体运动。④

由于联络区中存储着某些过去行为的模式，当它们作为记忆被唤醒时，它们便成为思想的起源，并因此成为有意识、有计划的行为的起源。⑤

2. 大脑皮层的扩展区：具有概念思维能力，是常规工具制造的基本要素

概念思维，即抽象化的能力是一种“从一系列的观察中分离出某一种特性的能力”，如在一堆极端混杂的物体中挑选出具有相同色调的物体，归功于“人脑中与综合能力有关的大脑皮层部分的扩展”，构成制造常规性工具的基本要素。解剖学的证据表明，较之于猿类，人脑（图 15 - 1）一是有较大的额叶和颞叶，二是有较为重要的运动神经元区域，这一区域集中在从顶部延伸到左右大脑中部

---

①查尔斯·辛格：《技术史》（第 1 卷），王前译，上海科技教育出版社 2004 年版，第 9 页。

②贝尔纳·斯蒂格勒：《技术与时间——爱比米修斯的过失》，裴程译，译林出版社 2000 年版，第 180 - 181 页。

③《马克思恩格斯选集》（第 2 卷），人民出版社 1995 年版，第 178 页。

④查尔斯·辛格：《技术史》（第 1 卷），王前译，上海科技教育出版社 2004 年版，第 10 页。

⑤查尔斯·辛格：《技术史》（第 1 卷），王前译，上海科技教育出版社 2004 年版，第 11 页。

的地带，它包括了额叶的后部，可以与接受触觉感应的顶叶的前部边缘相接。[①]正是这两个独特之处使概念思维成为可能。

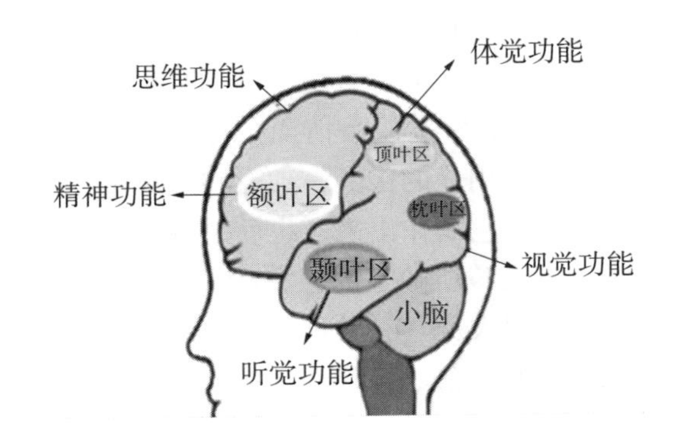

图 15－1　大脑的区域分布与功能

3. 大脑皮层的运动区：具有运动能力，是技能行为的组织基础

有目的或有意识的运动能力，这完全是由大脑皮层的运动区发起的。解剖学的证据表明，这一运动区域的很大一部分控制手的运动，手工技能的发展与这一运动区域的进化与有着密切的联系。[②] 具体表现在，在进化过程中，人脑皮层的这一运动区同与其相接的联络区一起，使人脑控制运动功能的程度越来越大，与之相适应，人类对所有运动的意识能力也越强，人类因此而获得了在技能行为上受教育的能力和吸取以往经验的能力。[③] 大脑的这一运动区域一旦受损，相应的运动器官会瘫痪，技能行为也会因此受到影响，如果未被彻底损坏，经过充分长的时间，某些功能可以得到一些恢复，但手的功能恢复要慢于足，且不彻底。

4. 联络区与运动区的整合：概念思维能力和逻辑思维能力的综合，是发明语言和有计划制造工具的必要条件

尽管截至目前，我们对人类语言的起源无从而知，但是某些形式的语言与人类本身的历史一样久远且与工具联系密切，却是毋庸置疑的。据考察，至少在更新世的初期就出现了某种形式的语言。而且，语言和工具依靠大脑中的同一运行机制，它们二者的可能性几乎也是同时产生的，因而，二者也无疑共同构成了人类之所以是人类的两大因素。[④]

概括地讲，人类语言与动物的声音、信号或姿势有着本质的区别。动物的“语言”是物种的特性，几乎是与生俱来的，而且它们一般是不分音节的整体，

①查尔斯·辛格：《技术史》（第 1 卷），王前译，上海科技教育出版社 2004 年版，第 11 页。
②查尔斯·辛格：《技术史》（第 1 卷），王前译，上海科技教育出版社 2004 年版，第 11 页。
③查尔斯·辛格：《技术史》（第 1 卷），王前译，上海科技教育出版社 2004 年版，第 11 页。
④贝尔纳·斯蒂格勒：《技术与时间——爱比米修斯的过失》，裴程译，译林出版社 2000 年版，第 183 页。

无法分解成语词，仅限于表达特殊的场合，对于一般事物，则无法表达；[①] 人类的语言是分音节的，而且可以分解成词语，具有给事物以及感觉命名的功能，并以一定的词序将它们表达出来，这是概念思维和逻辑思维所发挥的功能，只有人类的大脑才具有。[②]因此，人类不仅是工具的制造者，还是词语的创造者。

要特别强调的是，人类的祖先在发明语言之前，也和动物一样，把一系列事件看成是一个整体，发明语言之后，才把它们看成是一个一个有名称或符号的单个事件。当事物有了名字或某种形式的符号，人类的大脑不仅可以把事物看成是一系列连续事件的一部分，而且还可以对它们进行分离和重组。而对记忆进行选择且同时能够对它们进行分离和重组进而提供想法的能力，是人类进行技术发明或有计划地制造工具的必要条件。[③]

具体地讲，语言的形式包括手势、符号、口语或言语、文字。其中的口语作为语言的一种形式，它首先是技术性的辅助手段，是人类发明的一种工具，有了口语后，人才具有了逻辑思维能力。在这一层面上，古兰认为，技术和逻辑（逻格斯）、语言是一个属性的两个方面；辛格认为，有了言语或等价的符号的使用，有效的思考、计划或发明才成为了可能，否则，“即使不是不可能实现，也会非常困难”；辛格甚至做出了这样的推断，在工具制造过程中，如果原始人的大脑具备了预先设计的能力，那么，大脑在功能上也进化到了具备说话的能力。[④]如此，口语或等价符号的发明和使用是人类使用和有计划地制造工具的先决条件。

这也就是说，作为面部语言的口语，也即作为面部运动的说话，与手的活动（包括手势和手对身体之外的物体的操作）有着密切的关系，这一关系以大脑皮层各区域之间的联合为基础，归因于各区域的功能整合。神经外科的实验表明，大脑皮层中的运动区域既能协调手和面部的活动，还参与了声音和图案符号的创造。[⑤]解剖学的证据表明，这些区域包括具有支配能力的脑半球（多半是左半球）侧面、视区的前部、听区和运动区的下部；以大脑皮层为中介，各区域紧密地相连在一起，由于外周神经系统中的神经纤维能够通过大脑皮层联结到脑干，于是右手，或者说身体的右部由脑的左部控制，身体的左部由右脑控制，由于绝大多数个体的语言联系建立在控制身体右部的大脑左半球的皮层之上，[⑥] 由此，说话与手的活动建立起了密切联系，如果这些区域发生损失，不仅会影响听、说、

①查尔斯·辛格：《技术史》（第1卷），王前译，上海科技教育出版社2004年版，第57页。

②查尔斯·辛格：《技术史》（第1卷），王前译，上海科技教育出版社2004年版，第11页。

③查尔斯·辛格：《技术史》（第1卷），王前译，上海科技教育出版社2004年版，第11页。

④查尔斯·辛格：《技术史》（第1卷），王前译，上海科技教育出版社2004年版，第11页。

⑤贝尔纳·斯蒂格勒：《技术与时间——爱比米修斯的过失》，裴程译，译林出版社2000年版，第175页。

⑥查尔斯·辛格：《技术史》（第1卷），王前译，上海科技教育出版社2004年版，第12页。

读，还会影响写和手的其他活动（图 15 －2）。

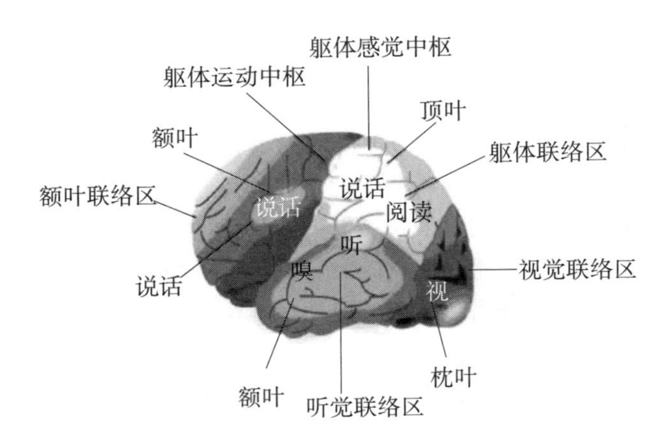

图 15 －2　大脑功能分区

同时，工具的制作和使用又反过来推动语言的发展。正如辛格依据考古学的证据所做出的推断，在旧石器时代的数十万年里，原始语言体系的特征可能并没有发生质的变化；到新石器时代，人类学会了以栽培植物和驯养动物来生产食物，这一技术革命，推进语言体系的变化；到约公元前 3500 年，城市文明的兴起，更加加速了这一变化，最显著的就是，这一期间，发明了文字。①

综合上述，基于神经系统的外周及中枢部分对体内和体外信息的感受（感受器）、传导（传入纤维）及加工处理（感觉中枢），中枢神经系统中大脑皮层整合了既不属于感觉传入进行直接处理、也不属于运动性或植物性中枢活动的神经过程，成为人类的知觉、语言、学习、记忆和思维基础的神经元性机理，成为思想、意识和有计划的技术行为的起源，技术模型的构思设计就是这一技术行为的表现。

第三节　技术与人类实践能力的关系

从前面对技术现实生成与存在的分析来看，虚拟型构的现实建构离不开现实的实践活动，更直接地说，虚拟型构要通过现实的建造活动才能转变为服务人类特定目的的现实技术客体，因而技术与人的关系还要从技术与人类实践能力的关系来阐释。

①查尔斯·辛格：《技术史》（第 1 卷），王前译，上海科技教育出版社 2004 年版，第 64 －65 页。

一、实践活动与人的类本质特性之间

首先，在马克思看来，一个种的全部特性，也即种的类特性在于其生命活动的性质，人的类特性就在于自由的有意识的生产活动，即劳动，也即感性的对象性的改造自然的实践活动。也就是说，人类进行的生产活动被马克思称为劳动，它是改造自然的实践活动，即对象性活动。在马克思看来，人通过生产劳动的实践活动改造无机界、创造对象世界，从而证明自己是类存在物，也就是这样一种存在物，它把类看作自己的本质，或者说，把自身看作类存在物。

在《1844年经济学哲学手稿》中马克思指出，动物也会生产和建造，如蜜蜂和蚂蚁，但它们只在直接的肉体需要的支配下生产它自己或其幼崽直接所需的东西，只按照它们所属的那个种的尺度和需要为自己建造（巢穴或住所），也就是说，它们只生产它们自身；而人的生产不仅可以不受肉体需要的支配来进行，而且懂得按照自然界任何一个种的尺度来进行，甚至懂得把内在的尺度运用到对象上、按照美的规律来进行，也就是说，人可以生产整个自然界，可以自由地对待他自己的产品，由此，人的生产是自由而全面的。而且，在马克思看来，有且只有不受肉体需要的支配而进行的生产，才称得上是真正意义上的生产，在这一意义上，人进行的生产是真正的生产。

综上，可以看出，动物和其生命活动是直接同一的，动物不把自己的生命活动与自己相分离，它就是生命活动。人与其生命活动则不然。人使自己的生命活动本身变成自己的意志和意识的对象，也就是说，人的生命活动是有意识的、自由的，他自己的活动对他而言是对象，正是在这一意义上，人才成为类存在物。

其次，在恩格斯看来，由习惯群居的类人猿到人类和社会的转变中，首先是以手的灵活性为基础的劳动，最初只是动物性的本能活动，然后是语言和劳动一起，与手、发音器官、大脑和感觉器官持续不断地发生相互作用，最终产生了具有清晰思维意识和抽象思维能力的人类及其社会[①]。也就是说，在恩格斯看来，劳动不仅创造了人类这一能思维的存在物，还创造了人类社会，或者说，进化中的类人猿在自然界获取满足自身需要的物质资料的过程中将自己进化为了人，属于人的社会在人群间的相互支持和共同协作过程中得以形成，因而，人是一种能思维的社会存在物，人的劳动是一种有意识的社会生产活动，劳动不仅是人与动物的最本质的区别，也是人类社会与动物世界的唯一的也是最基本的区别。

在恩格斯看来，由于手、发音器官和大脑在个人和社会发生共同作用，人手的灵活性和技能相应地增强，人的劳动更为多样和多面，层次越来越高。例如，从原始的捕鱼和打猎，到畜牧和农业，到纺织、制陶、冶金和航行，到科学和艺

---

①《马克思恩格斯选集》（第4卷），人民出版社1995年版，第377－378页。

术、法和政治、民族和国家等等①。也就是说，在劳动发展的过程中，人类文明迅速发展起来，人越来越远离动物性，对自然界的支配能力就越强，恩格斯把这一切都归功于人脑，归功于脑的发展和思维活动，是人的需要和愿望反映在头脑中，进入能思维的意识中，人在意识的指导下进行物质性和精神性的生产生活活动，为自己的目标服务。因而，人的劳动又是由自身的需要和愿望引起的、有意识有计划的行动。

而且，恩格斯认为，人离动物性越远，人引起自然界发生变化的行动就越带有如下三个特征：①经过事先思考；②有计划；③以事先知道的一定目标为取向。恩格斯指出，他并不否认一些动物的行动也是经过事先考虑的，是有计划的，但能支配自然界并在它身上烙上自己的意志的印记的，只有人的行动才能做到，动物只是简单地从自然界搜集材料②。

二、人的类本质力量在技术的现实存在中得以确证

在马克思和恩格斯看来，生产物质生活本身，即为满足吃、喝、住和穿的需要而进行的物质质料的生产活动是人类生存的第一个前提，也是人类的第一个历史活动。然而，满足这些需要而进行的生产活动一般要有工具的辅助才能达到预期目的，工具意味着人所特有的活动，意味着人对自然界进行改造的反作用，也就是说，意味着生产，这些工具最初是从自然界直接获取的自然物，但只要活动稍有发展，这些工具就是经过人手加工的人工物，即人类在作为工具的人工物的辅助下进行满足基本生活需要的生产活动。基于此，马克思指出，劳动资料的使用和创造是人类劳动过程独有的特征，并赞同富兰克林关于人是制造工具的动物的观点，恩格斯指出，劳动是从制造工具开始的，当然，制造工具的材料是以自然界提供的自然物为基础的，或者说，这些人工物（T_1）是从自然物转变而来的，而 T_1 的生成与存在，是与 T_2，T_3 和 T_4 的生成与存在互为前提和基础的。这里作为活动结果的 T_1 与 T_2，T_3 和 T_4 一起服务于人类其他物质资料的生产活动，其本质上，这一物质资料的生产过程也是新的技术人工物的产生过程。其过程是相同的，只是采取了不同的技术形式，以及技术形式在其中的角色发生了变化，即作为活动结果的 T_1 变成了活动过程中使用的工具或手段。可以用如下式子来描述：

$$P \Leftrightarrow M = = A_1$$

$$P + A_1 \Leftrightarrow M = = A_2$$

由人的劳动或者说物质生产活动引起的这一“物－物”转变过程实质上是人与自然物之间相互作用的过程，是人在有目的的意志的指导下有计划地以自身的

①《马克思恩格斯选集》（第4卷），人民出版社1995年版，第380－381页。

②《马克思恩格斯选集》（第4卷），人民出版社1995年版，第382页。

活动来中介、调控和控制人与自然之间的物质、能量和信息的交换过程。在这一过程中，人自身作为一种与自然物相对立的自然力而存在，这一自然力由活动中的人的臂和腿、头和手的运动所产生，也就是说，为了达成预期目的，作为活动主体的人会发挥蕴藏在自身中的潜能，由于产生这一自然力的运动受主体自己的控制，因而，当主体通过这种力作用于他身外的自然物时，自然物会朝着主体预定的方向发生形式上的改变。由于人脑思维先天地具有预先设计方案的能力，因而，活动结束时要得到的产物在活动开始时就已经存在于活动主体的脑海中了，这一目的的达成，可以说是人类使脑海中的构想得以现实化了。这一构想的实现除了需要体力和智力以及作为注意力表现出来的意志，概而言之，即需要能思维的人的类本质力量，还有作为对象性客体的自然物。

鉴于马克思和恩格斯在不同角度将劳动视为人的类本质特性，而劳动在某种程度上就是人类在有目的的意志的指导下，运用自身具有的本质力量，在已有技术的辅助下对作为对象性客体的自然物进行加工和制造，产生新的技术人工物，如此，作为活动主体的人的类本质力量也在对象中得到了确证。

第十六章

技术负载价值的哲学分析

分析技术哲学的奠基之处，就是用分析哲学的方法澄清技术哲学的有关概念。“技术负载价值”就是概念之一。技术价值论是技术哲学的重要构成部分，甚至是人文主义技术哲学传统的主干或核心部分，如卡尔·米切姆就认为，价值研究已经成为未来技术哲学研究的一个趋向。技术价值论的一个核心命题，就是“技术负载价值”，或称为“技术的价值负载论”，它与“技术的价值中立论”相区别甚至对立。但对于这个技术哲学的核心命题，长期以来并没有一种语义清晰的界定，也没有基于语境的具体分析。显然，要进一步推进技术哲学的深入研究，有必要对这一基础性的问题加以“补课”式的研究。

本章所采取的是分析技术哲学的方法。分析技术哲学是源于国外而近年来兴起于国内的一种技术哲学范式，它主要是从语义乃至语用上澄清技术哲学的有关概念，使其含义得以明晰，用法得以语境化。本文就是从这一维度对“技术的价值”进而“技术负载价值”的概念进行哲学分析，从而搞清楚它们的真实含义及复杂用法，从而形成一幅尽可能全面的“技术负载价值”的清晰图景，这在一定程度上通向了技术认识论的问题。如果说技术认识论成为技术哲学的核心领域是随着荷兰的技术哲学家提出“技术哲学经验转向”后促成的，那么当他们近期又提出技术哲学的价值论转向时[1]，则进一步表明技术价值论和技术认识论是可以交互的，或技术的经验转向与价值论转向是可以“合流”的，这就是用经验转向（分析技术哲学）来研究价值转向，在本文就表现为基于经验和分析的视角打开“技术价值”的黑箱，看看技术哲学中的“技术负载价值”究竟说的是什么以及应该说什么。

---

①P. Kroes，W. M. Meijers：*Toward an Axiological Turn in the Philosophy of Technology*；in M. Franssen：*Philosophy of Technology after the Empirical Turn*，Springer International Publishing Switzerland，2016：11 - 30.

第一节 什么叫技术的价值负载？

通常的技术负载价值的说法中，“价值”这个词是笼统的、模糊的，要界定技术的价值负载，首先要搞清楚技术所负载的是什么价值？

“价值”在学术上出现频率最多的是经济学和哲学领域，而经济学的价值又分为交换价值和使用价值，技术哲学所说的技术负载价值显然并不是指技术所包含的交换价值，那么它是否指的是技术所包含的使用价值？显然也不是。因为使用价值是指物品的有用性，从哲学上说技术负载价值并不是在说技术具有有用性，而技术的有用性是不言自明的，人发明和创造技术，就是为了用其满足自己特定的需要，它是技术成其为技术的一个必备条件，也是技术发明家所致力完成的任务，而并不成其为一个哲学问题。因此哲学意义上的技术负载价值，不是指技术具有这样或那样的有用的属性，不是指它所具有的经济学意义上的价值。

作为技术哲学核心命题的“技术负载价值”，其“价值”应该是哲学意义上的价值。哲学意义上的价值是一种主客体关系，即主体对客体的一种评价关系：主体就客体对于自身的意义所进行的评价，如好坏、善恶、幸福与不幸、快乐与痛苦等等。如果说经济学的使用价值带有较大的客观性的话，那么哲学的价值作为意见、评价等就带有较大的主观性，如转基因食物被不同的人食用后，在生理上的效果是客观的，反映了其使用价值的客观一致性；但在“挺转”和“反转”人士那里的评价则是不同的，所反映的是哲学价值评价的主观差异性。当然，哲学的价值评价也与经济学意义上的使用价值有关，如通常主体会把那些对自己有用的、能满足自己需要的客体评价为好的、善的、造福的、令人愉悦的，而把那些对自己无用或有害的客体评价为坏的、恶的、有害的、令人痛苦的。但这里无疑是对有用性的进一步评价，而不仅仅是对有用性的事实描述。因此，关于技术的价值问题从哲学意义上来看就是指技术带给人好处或坏处的问题，更准确地说是评价者认为技术给自己带来的是好处还是坏处的问题。由于不同的人对同一技术的感受和认知也有可能是不同的，因此对技术的价值评价也可能不同，于是技术的价值问题就进一步演变为技术针对不同的人，利弊好坏也不同的问题，亦即技术在价值上的偏向问题，从而就是技术在评价者视域中的非中（立）性问题。这样，当我们说武器能杀人时，并不是哲学意义上的技术负载价值，而是经济学意义上的技术具有价值，即该技术所具有的使用价值或功能；而当我们说武器能杀坏人或武器主要是用来杀坏人时，就是哲学意义上的武器负载价值——也是一种对武器进行的哲学意义上的价值评价——它具有为我们生产武器进行正当性辩护的作用。

芬伯格将技术的价值分为内在价值和现实价值，认为技术的内在价值是指决

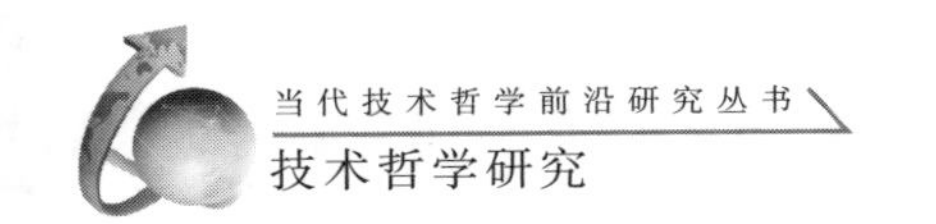

定着客体自然属性的具有产生某种效应的性能、功能或能量，是客体具有的作用于主体产生某种效应的内在的可能性；他认为技术的现实价值是指现实社会条件下客体作用于主体从而对主体产生的实际效应，现实价值决定着客体的社会属性。可以说，他的内在价值更多的是指技术的使用价值，带有经济学的意味，而非哲学的价值；它的现实价值则更接近于哲学意义上的价值，因为技术对人的实际效应就存在着好坏、善恶、正负等等的区别，即价值偏向上的差异。

由此可见，哲学意义上的技术负载价值，是指技术的善恶不对称、技术的好坏不平衡，即针对不同的人群、不同的阶级、不同的利益集团，技术所带来的利益是不同的，所产生的“有用性效果”是不同的——即有利于某些人而不利于另一些人，只对一部分人有用和有益而对另一部分人无用和有害。从这个意义上看，如果一种技术对所有人带来的有用性效果是一样的，不存在利弊上的偏向性，则这种技术就是不负载价值的，或者如同马克斯·韦伯所说的“价值中性”或“价值无涉”①，此时我们对该技术就无需做“价值判断”或“价值承诺”。

更通俗地说，技术负载价值就是“技术有偏心眼”，它不是指一般意义上由于主体性的介入而使技术形成认识论意义上的差异，如技术水平或创新层次上的差异，即不是“技术”或“科学”问题，而是指技术（在设计或使用时）的“立场”问题，即该技术为谁服务的问题：它对一些人产生好的效果，为其“尽心尽职”地服务，而对另一些人产生坏的效果，损害他们的利益，带给他们不幸和痛苦。在这个意义上，技术负载价值不是指技术负载了设计者的一般意图和目的（这也是技术负载价值的最普遍看法，这种看法认为任何技术都是人设计的，而设计者总是有意图和目的的，所以技术总是负载价值的），因为一般的目的和意图，如设计菜刀时的目的和意图并不包含着针对某一特定群体的偏向性，所以不能将这样目的意图视为技术所负载的价值。

技术的价值负载也不是在抽象或总体意义上指技术具有“双重效应”，而是指这种双重效应中，是否存在着其“积极效应”为一部分人专有而“消极效应”则由另一部分人来忍受的“不公平分布”。就像机器这种技术一出现就具有“双重效用”且分布不公平，它在早期资本主义国家使用时，给资本家带来了更高的生产力、更多的财富，而给工人则带来了单调重复、“毫无内容”的劳动以及失业等等，使其陷入悲惨的境地；而“菜刀既可切菜也可杀人”的双重性中，并不存在其中一种功能只赋予一部分而另一种功能只赋予另一部分人的“偏向性”，所以在这一点上不能说菜刀负载着价值。

当然，对技术是否在这个意义上负载价值，也一直存在着争议，拿互联网来说，它“是一个工具呢？还是不只是一个工具？互联网是在改善教育环境呢？还

①马克斯·韦伯：《社会科学方法论》，李秋零、田薇译，中国人民大学出版社1999年版，第2页。

是在破坏教育？赛博空间是探索乌托邦梦想的地方呢？还是传统文化的葬身地？抑或是在价值问题上像螺丝刀一样中立的东西呢？这些问题是互联网文化哲学应该解决的一些问题”。[①] 而要更清晰地弄清楚这一问题，就需要从不同的维度加以细化分析。

第二节　分析技术负载价值的几个维度

确立或选取分析的视角或维度是应用哲学分析方法的一个重要方面，对于技术负载价值的情形，也需要从如下多种维度去进行具体的分析。

1. 需要从利益的偏向性方面来分析

如前所述，价值的本质是利益关系，哲学意义上的技术价值问题就是由技术所带来的利益不平衡问题。一种技术如果造成了利益上的不平衡，即只满足了一部分人的利益而排斥了另一部分人的利益，或“馈赏一些人的同时也惩罚了一些人”[②] 时，这种技术就是负载价值的。“技术所负载的价值依赖于利益相关者”[③] ——如果一种技术或技术人工物人人都可以享用，谁都可以从中获利，则不含利益偏向，即不存在价值负载。

但在进行这样的利益分析时也要看到，有的技术虽然只满足了特定人群的利益需要，但并不是有意排斥另外的人群，此时也不能认为该技术负载了价值。如对于在四季如春的地方生活的人来说，空调不算生活的必需品，看上去空调似乎不符合其利益的需求；但空调的设计和制造并非有意识地排斥不需要空调的人，即使空调所产生的温室气体的负效应也不是专门针对他们而起“利益损害”的作用，所以这样的“利益不平衡”也不能视为技术负载价值的情形。

进一步来看，量上或类型上的“利益不平衡”也不能成为技术负载价值的理由，因为任何技术都可能在量上带来利益不平衡，技术进步所带来的红利在任何时代都不能被绝对平均地分配。如手机技术，其设计商、制造商、使用者各自取得不同的利益，其中设计商获得金钱，使用者获得便捷的通信或者做生意的利益（如股民可用其炒股）。他们从手机这种技术中所获的收益是有差异的，即使在同一群体中也会存在获利的天壤之别（如有的人利用手机来行骗而有的人被骗），既不能据此去从“量的分析”上判断它给谁带来了更大的利益，也不能笼统而论它在价值上更偏向于谁，其利益多少的分配取决于很多技术以外的因素，更多的

---

①W. 库珀：《互联网文化》，载弗洛里迪：《计算与信息哲学导论》，刘钢等译，商务印书馆2010年版，第223页。

②L. 温纳：《人造物有政治吗？》，载吴国盛：《技术哲学经典读本》，上海交通大学出版社2008年版，第190页。

③P. Kroes and W. M. Meijers: *Toward an Axiological Turn in the Philosophy of Technology*. in M. Franssen: *Philosophy of Technology after the Empirical Turn*, Springer International Publishing Switzerland 2016: 16.

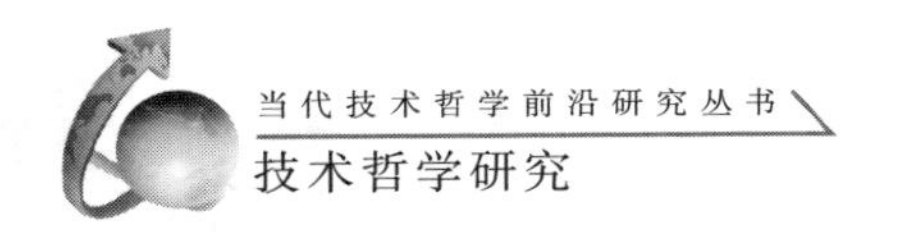

是经济学或数学上的利益比较或效益计算问题，而不是哲学上的利益倾向问题，后者必须要从质上去看它是否造成利益上具有排斥性的不平衡。

2. 要从意义的不同来分析

价值是一种意义关系，某一对象对我有意义，就有价值，无意义则无价值；意义上的不对称就造成了技术在价值上的偏向性。当然，某一技术在有意义的情况下，也可能对不同的人有不同的意义。如基因食物对孟山都公司的意义和对消费者的意义就不一样，前者主要是“赚钱”的意义，后者则是营养甚至治疗方面（如“黄金水稻”可治疗维生素 A 缺乏症）的意义，技术负载的价值偏向主要不是基于这种有差异性的意义比较，而是基于有意义与无意义甚至负面意义的比较，否则，对技术负载价值的含义也无从分析。

从意义上来说，有的人认为技术主要是为资本增值服务的，还有的人认为搞技术的总要用技术来为自己谋利益（利己），而这些都被视为技术负载价值的理由。确实，技术发展的动力就是为了劳动效率的提高、经济上的获利，但一般来说这都属于实现技术经济价值的范畴，是人从事技术活动的本能或“类属性”，而不是有针对性的哲学意义上的价值偏向。就如同人吃饭是为了生存，是本能的“利己”行为，不能因此说吃饭是负载价值偏向的。只有当吃饭行为中出现“多吃多占”的现象从而使得食物的分配出现不均时，我们才说其中负载了价值偏向。类似地，当技术开发中如果通过“损人利己”的方式来为自己获利，这样的技术行为才负载了价值偏向；否则，技术主体在使技术实现经济上的交换价值的过程中获得应得的一部分经济回报，就不能视为负载价值偏向的活动。

3. 要从满足需要的差异性上来分析

价值是客体满足主体的需要，是主体利用客体来为自己服务，满足的程度不同，或对有的人群满足对有的人群剥夺，则形成了价值偏向。当然，有的需要是被技术开发或刺激出来的，这时如果仍以满足需要的程度来度量技术的价值偏向，就会出现新的问题。如手机对“手机控”来说，互联网对网络成瘾者来说，都比一般的用户更能满足其需要，那么这能否说明这些技术在价值上更偏向于他们呢？其实换个角度，也可以说这种对技术的不恰当使用使得技术异化的现象产生，从而剥夺了人的其他需求，形成了负面的价值，在这个意义上仍然可以对其作价值负载的分析。另一方面，对于一个为了摆脱或避免技术异化而故意远离手机和网络的人，这些技术似乎没有满足他们的需要从而不偏向他们，或者也可以说这些技术在他们主观不需要时就不产生价值关系。

4. 要从好坏的不同评价上去分析

如前所述，价值是主体对客体的好坏评价，而技术的这种好坏评价常常因视角而异。一项技术对人可能并不是非好即坏，而是好坏兼有（如药物的治疗和副作用），甚至不好不坏，此时技术的价值问题就成为一个“多值”问题，需要依据语境和评价的向度来具体确定。如对于工业技术，当我们看到机器轰鸣时，一方面可以形成积极的价值评价，如开工、就业、经济繁荣、订单滚滚而来（反之则失业萧条）；另一方面也可以有负面的价值评价，如噪音、污染、沉重的劳动和劳累。这样，关于“工业技术”的价值评价问题，很大程度上是视角选择的问题，从什么视角是好的，从什么视角上是不好的，从什么视角上又是无所谓好坏的……由此可以看出确定评价的视角对技术的价值评价是必不可少的，否则，我们就无从下手。

5. 要从评价主体上分析

当价值属性区分为好与坏、善与恶、有用与无用、有利与无利、有益与有害之后，技术的价值属性的评价就取决于人，不同的人对同一技术做出不同的价值评价时，就意味着该技术在这些人群中产生了不同的价值效果，就是该技术具有价值偏向的标志。可以说，技术的价值偏向都是针对不同的人而产生的，不同的人有不同利益和立场，故对同一技术及其使用也有不同的评价，由此分析技术的价值负载就需要对技术施加效果的人群进行利益群体的划分，通常是从利益冲突和对立的群体的角度去进行划分，如好人与坏人、富人与穷人、统治阶级与被统治阶级；有时还要依不同的种族、民族、性别、年龄进行划分。当一项技术得到不同的评价时，就表明该技术具有了价值偏向性，就负载了哲学意义上的价值。而当一种技术取得众口一致的评价时，就意味着它不存在价值偏向，因而不负载价值。

第三节 技术负载价值的环节

对于负载了价值偏向的技术，还需要进一步分析是在技术的哪个环节上被负载上价值的，由此形成对技术负载价值的更具体的把握。

技术是一个过程，它包含设计、生产制造、分配和消费使用等环节，使得设计者、制造者、分配者和使用者都有可能对技术负载上自己的价值偏向，也表明不同的技术有可能是在不同的环节上被植入价值的。

有的技术在设计阶段就被植入或负载了价值偏向，使得该技术还在酝酿时就是为特定的利益群体而设计和服务的，这也通常被视为技术负载价值的主要根源，即设计者在进行技术设计时就已经“偏心眼”，最典型的就是温纳关于“摩西低桥”所提供的案例，当路桥设计师摩西将一条从纽约通往琼斯海滩的公路的过街天桥（在高度上）设计为公共汽车不能通过时，就阻止了那些买不起小汽车而只能坐公共汽车的人从那条路上去琼斯海滨公园度假的可能，从而使琼斯海滩

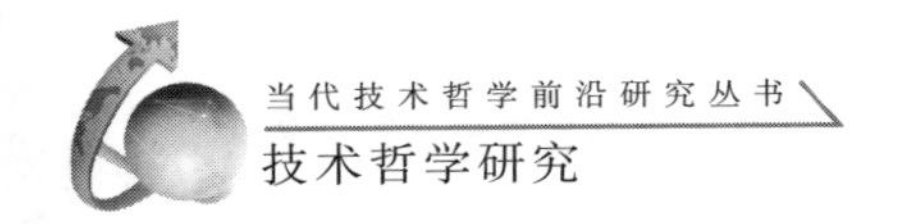

只能为富人们享用。[①] 这表明某些技术人工物在起点或设计的动机处就已负载价值（歧视一些人群而偏向另一些人群），即前置了设计者力图造福一些人而剥夺另一些人的价值偏向；由此一些技术的社会建构论者主张，特定的技术设施或系统的发明、设计和组织特性提供了一种在给定的政治体系里确立权力和权威的手段，如数控机床的发展就是有阶级性和政治意图的：使雇主减少对工人阶级的依赖。[②] 这也可以称之为“设计阴谋论”。当然，这样的技术从表现上来说过于明显的并不多见。例如，我们看到的绝大多数公路的过街天桥都被设计为正常的高度，属于不带偏向的设计，这样的技术人工物可以说在设计阶段并不负载价值。从另一方面来看，由于价值就是偏向，就是要形成有利于一些人而有害于另一些人的结果，所以在设计时技术被负载的（哲学）价值越多，就越不是被普遍称道的“好技术”。

有的技术则是在使用阶段被使用者或消费者负载上价值的，这就是我们常说的枪既可以用来杀坏人，也可以被坏人用来杀好人，亦即同样的技术或用来行善或用来作恶。不恰当地使用技术时也会负载价值，例如不安全地使用技术所造成的伤害就是如此。技术的价值偏向常常是在使用阶段被负载上去的，即怀有不同动机和价值偏向尤其是不同的政治立场的人使用技术时，所产生的效果可能是截然相反的。但技术的使用也可以进一步区分为个别使用和整体使用，“对于技术的个别使用可以是一种政治行为，而整体使用就不一定是一种政治行为，如青霉素既可以为自己和本阶级的成员个别地使用，也可以为‘敌对势力’的成员个别地使用，这两种个别使用都可以看作是一定意义上的政治行为，使得技术的产品具有了政治的内涵。但是从总体应用上它就不再表现为特别地偏向于为谁服务，而是为所有适应症者治疗了疾病，起到了一视同仁的效果”。[③]

在设计阶段负载价值，通常也称为技术的前置价值；而在使用阶段负载的价值，则被称为技术的后置价值。如果认为所有的价值都是后置的，而不存在前置的技术价值，这种观点在前置论者看来就是一种技术中性论者。基于这样的含义区分，常常把那些认为技术的价值是前置的并且所有的技术概莫例外都有前置价值的观点视为真正的或严格意义上的技术负载价值论者，我们在这里也可以称其观点为“狭义的技术价值负载论”；如果认为技术使用阶段的价值偏向问题也属于技术的价值负载，那么可称其为“广义的技术负载价值论”。这也意味着，在某种意义上技术价值负载论和技术中立论是没有区别的，只不过前者是前置性负

---

①L. 温纳：《人造物有政治吗?》，载吴国盛：《技术哲学经典读本》，上海交通大学出版社2008年版，第186－187页。

②R. Williams, S. Rusell: *Open the Black Box and Closing it Behind You: On Microsociology in the Social Analysis of Technology*, Edinburgh PICT Working Paper. 1988 (3).

③肖峰：《关于技术的政治性》，载《自然辩证法通讯》2004年第1期，第3－5页。

载，后者是后置性负载，其区别就在于价值负载的技术阶段不同。

这里存在的问题是，即使是狭义的技术价值负载论，能说明所有的技术都有前置价值吗？是否存在没有偏向性地设计技术的现象？在笔者看来，“从发明和设计层次上看，并不见得技术一开始就带有发明者和设计者的特殊阶级意图或利益集团偏好，即使有的发明和设计的动机带着偏向，但也有不偏不倚或无政治意向的。许多的发明是针对生产或生活中的具体问题进行的，其直接的动机是解决这些问题”①，这样的技术设计就意味着该技术不负载前置价值。还有，那些只针对特定人群的技术设计（如针对某种疾病的药物设计），也并不意味是一种前置价值的负载行为，因为这些技术虽然只服务于专门的人群，但并不给其他人群带来害处，从而也就不具有价值偏向性。

另一个问题是，如果说技术的价值有可能在不同的阶段被植入，是否也意味着在相应的阶段上有可能被克服？抑或，技术的价值可以在某个环节中负载，也可以卸载，从而克服技术的价值偏向性。当然，有的技术在有的阶段上所负载的价值是难以卸载的，如枪要么用于为善要么用于作恶，其卸载价值后的“中性”用法似乎就难以成立；即使将枪用于训练，训练者的动机也赋予了这是一种负载价值的技术行为。

技术的其他环节也有可能被负载价值。例如，技术的制造阶段或分配阶段，如果制造时不负责任、偷工减料，制造出劣质技术，影响了使用者的利益，也可视为一种损人（消费者）利己（生产者）的价值负载行为。在这里劣质产品对消费者就意味着恶，是制造商附加的，这里制造商与消费者是利益不同的群体。

当一项技术原则上能使所有人获益时，但仍有人会因为技术分配的不公而不能享用其好处，使得不同的人群在得到技术的好处上形成不平等或利益上的失衡，从而呈现出价值偏向性。如互联网原则上可以给每个人都带来好处，但每个人是否有机会、有能力、有经济和技术条件接近和使用互联网则是差异极大的，美国学者詹姆斯·凯茨在《互联网使用的社会影响》中列举了发达的西方国家这方面的大量数据，数据显示要使人人都能上网还存在很多物理障碍和社会经济障碍，包括无电脑或终端、没有兴趣、不知道如何使用、太贵、被新技术吓到、没有足够机会等，其中重要的原因就是基于经济分配而导致的无支付能力②，由此成为被互联网“排斥”的群体；这些群体反过来也更加恐惧和拒斥互联网，他们对这一信息技术的价值评价就完全不同于充分享受其好处的群体。这就是在分配环节上造成的价值偏向，一种以数字鸿沟的形式表现出来的利益失衡。而技术共享是克服这一类技术负载价值的出路。由于在技术资源短缺的情况下，不可能实现按需分配，都只能是“有偏向性”的从而是价值负载的分配，所以分配阶段可

①肖峰：《论技术的社会形成》，载《中国社会科学》2002 年第 6 期，第 68 – 77 页。
②詹姆斯·凯茨：《互联网使用的社会影响》，郝芳等译，商务印书馆 2007 年版，第 37 – 38 页。

以说是技术负载价值的主要阶段，而先前的重点是放在设计阶段，这显然是不足的。因此技术价值论需要关注技术分配中的价值负载问题，尤其是当技术资源有限时（如昂贵的医疗技术）如何进行分配，更体现出一个社会是否追求公平正义的价值观。

以上分析表明，技术被人负载价值可发生于技术活动的不同阶段，这意味着当我们说技术负载价值时，还要进一步追问和区分这种价值偏向的来源：有的来源于设计者和发明者；有的来源于制造者；有的来源于使用者；还有的价值偏向是在技术活动中全程植入的。这样，在进行技术负载价值的分析时，就需要明确其中的技术是指整体的技术还是局部的技术，是技术的全过程还是技术的某一阶段，从而区分出技术的整体价值偏向与技术的局部价值偏向，即技术价值的整体植入与局部植入。

可见，如果说技术所负载的是人的价值观，那么由于建构技术的人是多样的，使得即使是同一技术，在不同的参与者那里所负载的价值偏向往往是不同的。如，在美国人眼中，英国人拥有的原子弹和朝鲜人拥有的原子弹在价值偏向上是截然不同的。因此技术负载价值的问题，必须进行基于具体语境的分析。如果把设计阶段的价值植入视为是“技术的先在价值”，那么这里的分析也体现了本质论和语境论、基础主义与社会建构主义的整合：有的技术在设计时植入了价值，从而先在地具有了为谁服务的本质；有的技术则没有这样的先在本质，其价值倾向取决于使用的背景，不同的使用才后在地形成了当时的价值倾向。所以，当科学哲学家劳丹认为价值本来就内在于科学自身结构之中时，那么即使这种看法是可取的，也不能移植到对技术的看法上。

第四节　技术负载价值的复杂性

上述的分析已经表明了技术负载价值的复杂性，即并不是所有的技术或技术的所有环节都负载价值或都不负载价值，技术是否负载价值需要依语境而论。

有种看法认为，技术总是负载价值的，“强负载论”更是认为技术在设计阶段就负载了价值。但如果认为技术都在设计时负载了价值偏向，往往难以判断其负载的是什么价值偏向。例如编游戏软件的程序员，本是为了带给玩家快乐，但却导致了部分人网游成瘾，此时负载的是什么价值？是损害玩家的价值还是为玩家服务的价值？

另一种看法则从“目的性”来理解技术所负载的价值，认为无论技术的设计还是技术的应用或者说技术活动的全程都离不开目的性；况且技术的善恶价值也不可能只在技术应用时才存在，而在设计或其他阶段则不存在，因为技术和技术的使用是分不开的。这些理解中无疑存在着语义混乱和分析错误。例如，有目的的活动并不见得都是有价值偏向的活动，甚至有的有目的的活动正是要克服价值偏向的活动，尤其是探索自然、发现规律、创新手段的许多科学技术活动就是如此；而技术和技术的使用虽然不能分开，但也不能混为一谈，因为有的技术在未使用前确实处于价值偏向的“不确定状态”，是亦此亦彼的中性现象，只是在具体的使用中，才使其价值的不确定状态走向确定，才显现出明确的价值偏向。这也是语境论方法所揭示的道理，许多事物的性质（包括其价值属性）是依不同的语境而定的，离开语境的先在性质或固定性质是无法确定的。对于技术而言，一些技术在使用前就是一种还未进入语境的存在，其价值偏向的属性就是未定的从而也可以说是中性的。所以，那种以本质主义或基础主义来看待技术价值问题的技术哲学观，某种意义上就是脱离语境地认为一切技术都先在地固有地具备某种价值偏向，从而将技术本身视为具有价值偏向的实体，这也误解了哲学价值概念的含义。哲学的价值是从主客体关系中产生出来的，不是客体自身固有的，所以技术的价值偏向也不是技术所固有的，而是从人与技术的关系中产生出来的。同一种技术与不同的人相连接就产生不同的价值，所以同一技术在不同的人群之中其价值意味常常相左，甚至不能说技术人工物中凝结着某种“本体”性的价值偏向，因为如果不同主体发生关系，如设计或使用的关系，技术的价值偏向是无从说起的。总之，从“技术固有”的意义上，我们不能说技术负载价值，或者说技术负载价值并不是指技术本身从物理性质上固有的一种属性，所有的价值偏向都是人在后天植入技术的。法兰克福学派认为技术天生就是为统治阶级服务的，这种看法无非也是一种特定的价值评价，是在特定语境下对技术政治功能的一种解读；而在另外的语境下，我们也可以认为技术是一种革命的力量，是人类社会走向更高形态的第一推动力。

由此可见，技术负载价值的分析必须注重两个重要条件：一是技术的具体化。不是笼统的技术，而是具体的技术，包括技术的具体环节，如有的技术在设计上就具有弹性，产生什么样的价值后果要取决于使用者或用法；而“某些种类的技术并不允许这种可塑性，选择它们就是不可更改地选择了某种特定形式的政治生活”。[①] 二是人的具体化。不是笼统的人，而是技术所针对的具体人，即技术针对谁负载了价值，或谁的技术负载了价值，该技术是由谁负载上去了价值。如基因食物的价值偏向就很大程度上是消费者负载上去的，当他们用阴谋论来考察基因食物的研发时，就是将自己对转基因技术的“差评”负载其上。这也表明了技术价值偏向的语境依赖性和相对性。或者说，针对不同问题时，技术的价值偏向是不同的，因此技术是好是坏不是绝对的，也不是笼统的，要确定在什么维度上针对什么人而言。

---

①L. 温纳：《人造物有政治吗?》，载吴国盛：《技术哲学经典读本》，上海交通大学出版社 2008 年版，第 192 页。

这也表明，说技术负载价值，尤其是认为技术负载什么样的价值（即具有什么样的价值偏向性），并非是对技术特征的一种客观描述，而是对技术善恶的一种主观评价，与人的价值观和意识形态主张密切相关。例如，若没有阶级意识的人就不可能评价出技术天生是为统治阶级服务的价值倾向性，若无资本批判的视角就难以做出“一切技术都是为资本增值服务”[①] 的结论，从而视技术内在地在价值上偏向于掌握资本的群体。由于价值评价的主观性，评价主体在知识水平和技术细节理解上的局限性，也可能导致技术受到“误伤”。如转基因食品，尤其是那些经受了安全检查的转基因食品，本来是对公众有利的技术，反而被认为是有害的，从而形成了负面的价值评价。

技术负载价值的复杂性也表现在形成这种价值负载的根源是多样的。如有的是源自设计者的“阶级立场”（如摩西低桥），而有的则源自设计者的无意疏忽——有的建筑在设计时可能因疏忽而未设计无障碍通道，形成了事实上对残疾人不利的效果。但这样的“价值偏向”显然和“有意作恶”是不一样的，因此对于无意造成的技术价值问题与有意负载之间的关系是需要进行具体研究的，无意疏忽常常是因为一部分人的特殊需求还没有进入公共视野，进而成为一种自觉的意识，由此就不存在“有意的阴谋或恶意的企图”，而“一旦这个问题进入公众的注意力，公平观念就明显需要被修正。现在，所有类型的人造物都已经被重新设计和建造以照顾到这些少数群体”[②]。这些都表明因承袭传统而形成的疏忽和那种故意植入相关价值意图的有偏向的行为是不一样的。

在科学哲学中有一种争论，任何观察都必然渗透理论吗？中性观察是否可能？与此类似，技术哲学也存在这样的争论。技术虽然渗透意图，但这种意图在善恶上可否是中性的？如发明的动机可否是中性的，其“初心”是不包含价值倾向的？例如瓦特发明蒸汽机时，所怀的动机或意图是偏向于为工人减轻劳动还是为资本家获取更多剩余价值？进而，即使在技术设计上有基于意图的价值偏向，那么什么是设计上的好意图与坏意图？这也是值得探讨的问题，其中还会牵涉到元伦理关于“善”“恶”的语义界定问题，进而还会涉及如何区分技术的好坏，如何判断技术的善恶，以什么价值标准去确定哪些技术可做或不可做等复杂的问题。

此外，如果承认在技术分配的环节存在技术的价值负载，那么产生这种负载的原因则主要是社会制度，只要技术资源还不能按需分配或完全共享时，就必须有某种在人群之间配置技术资源的制度，而制度的设计就是充满价值偏向的过程，所形成的也是差异化的分配结果，以这一视角来分析法兰克福学派所说的技

---

①田松：《科学技术到底满足了谁的需求?》，载《博览群书》2008 年第 7 期，第 51－54 页。

②L. 温纳：《人造物有政治吗?》，载吴国盛：《技术哲学经典读本》，上海交通大学出版社 2008 年版，第 188 页。

术先天具有倾向于统治阶级的价值属性，其实就是源自于分配制度方面的原因，一种有利于统治阶级的制度使其掌握与控制着技术，用它来为自己服务。在这个意义上，技术哲学能够探索的，或许也应该包括如何寻求技术分配制度上的尽可能的公平合理，从而有利于缔结技术与人之间的和谐关系。

因视角转换而形成的价值效果不同，或进行的价值评价常常迥异。如前所述，价值是客体满足主体需要的一种关系，但技术用于满足人的不同的需要时所形成的价值效果常常是不同的。像机器这种技术，在马克思的眼中，是满足了资本家获取更多剩余价值的需要，对工人则是剥夺了劳动丰富性和自由性的需要，所以其价值偏向是明显的；但机器即使对于工人也有满足其减轻劳动的需要（比较肩挑背扛式的运输方式与驾驶车船的运输方式，就可看出机器减轻劳动的一面），也能缩短其成为熟练操作者方式的过程。对于这些不同的需要之间如何进行比较，从而如何认定技术的价值更偏向于谁，以及对于精神的需要与物质的需要之间如何比较、对于虚假的需要如何评价技术对其满足的情况……凡此种种，都是将技术负载价值的复杂性引向深入研究的问题。

以上的分析表明，在分析技术哲学看来，不能抽象地谈“技术负载价值”，而是要对其哲学含义进行深入具体的分析。如它涉及针对“技术”的分析，这里的技术指什么？是作为整体的技术，还是某一过程或阶段的技术？也涉及“负载”的语义问题，表明价值偏向对于技术来说是某种“外来”的东西，即人植入的东西，而不是技术自己固有的，由此谈论技术的价值负载时是离不开人的。当然，这一命题的核心问题还是“价值”的概念问题，即作为技术哲学主干命题的“技术负载价值”，所指称的不是经济学意义上的使用价值，而是哲学意义上的价值偏向；这种价值负载也不是在技术上所负载的人的能力或技术水平的差异，而是利益倾向、价值立场、政治态度等等。

在明确了上述的界定后，我们可以看到，技术是否负载价值，不能一概而论：有的技术负载价值，有的技术不负载价值；同一技术，则可能有的时候负载价值，有的时候不负载价值；即使负载价值的技术，也有的是整体性负载，有的则是阶段性或环节性负载……总之，只有当价值因素（这里指利益偏向性）参与了技术某一环节的建构时，才能说该技术（的某一环节或侧面）负载了价值。所以，并非所有技术都存在价值负载问题，即使有价值负载的技术，还需要进一步探讨该技术如何负载价值，基于何种原因负载了价值以及在什么阶段或环节上负载了价值，从而意识到这是一个需要具体分析的问题，需要依不同语境而定，需要根据不同的情况采取不同的方式去对待和处理。

探究技术的价值负载，是为了确立合理的技术价值观。

哲学意义上的技术负载价值，是技术负载了针对人群的偏向性，因此技术负载价值并不是技术的好现象，而是技术的不足。鉴此，我们的技术价值观就要立

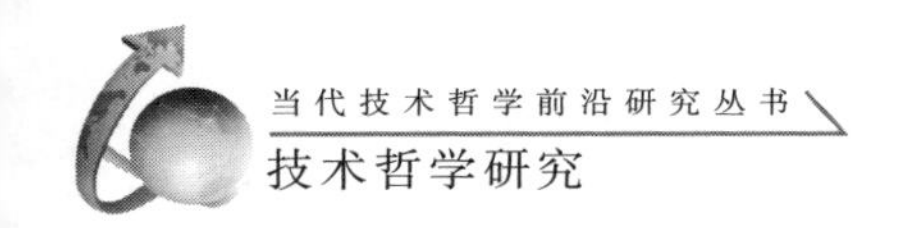

足于追求更好的技术，能为更多人造福的技术，这样的技术无疑要获得尽可能多的人的积极的价值评价，乃至获得一致称道的积极评价。当我们追求技术能为全人类造福时，当我们追求技术在功能上的完善、技术的红利能够为人人共享时，就是一种充满人文精神的技术价值观。这样，我们从技术的价值负载问题引出了技术价值观的问题，而这种价值观就是要力求克服技术具有利益偏向性的不足，就是要技术的价值负载或对技术的价值进行“卸载”，从而使更理想的技术能够被设计、制造和使用，使更理想的人与技术的关系能够得以建立。所以，技术哲学不仅要研究技术是如何负载价值的，而且要探讨如何为技术卸载价值偏向，如何使技术成为收到一致好评的技术。故技术的发明家、设计者、分配者、使用者都要审视自己是否给技术负载了价值偏向，尤其是负面的价值偏向，这也是一种负责任的技术价值观。

第十七章

中国古代技术思维

16 世纪以前，中国的技术成就领先于世界是一个被普遍认可的事实。但这一事实背后的因由并没有引起学界过多的关注，他们更多地关注 16 世纪以后中国的技术缘何日益落后于西方这一问题。本章基于马克思主义经典作家对人类史前社会技术特征的审视，考察中国技术文明的诞生和技术特征，阐明中国古代技术思维的缘起与发展，分析中国古代技术思维的特点，论证技术与理性的关系在中国古代有了萌芽和初始的发展。同时，探究 16 世纪以后中国为何没有对已有技术作出重大推进，技术思维范式也没有发生根本改变，为说明当代中国核心技术仍然受制于人的格局提供一个视角。

第一节　中国技术文明的诞生及其技术特征

根据马克思和恩格斯对摩尔根史前社会理论的引述，他们肯定了摩尔根关于人类史前社会的分期法，即以技术发明或发现为标志，也赞同摩尔根关于人类起于同源且因具有同一智力原理和类似的条件而创造出相同器具的观点。同时，基于对人类史前社会技术对象的考察，马克思和恩格斯具体规定了蒙昧时代、野蛮时代和文明时代的技术特征。中国技术文明是整个人类技术文明的一部分，而且是有影响力的人类文明的发祥地之一，既具有人类技术文明的一般技术特征，又具有自身的特殊性。

一、人类文明时代的技术特征

在《德意志意识形态》中，马克思和恩格斯把“有生命个人的存在”确立为全部人类历史的第一个前提，基于这样一种认识：即当有生命的个人以自身的肉体组织和各种自然条件为基础开始生产满足自己生存所需的生活资料时，人本身就开始把自己与动物区别开来了，也开始创造着人自身的历史了，他们把生产

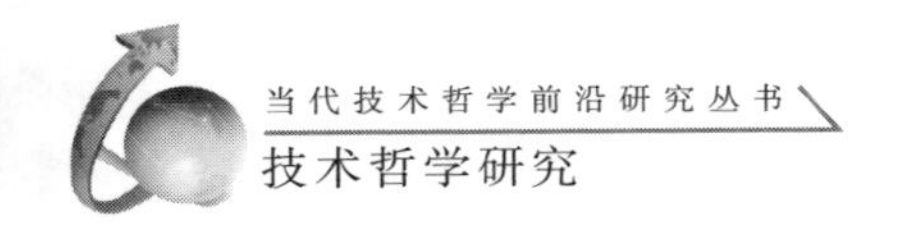

满足有生命个人这一生存需要的物质资料活动即“生产物质生活本身”确立为人类的第一个历史活动;[①]马克思和恩格斯高度肯定了摩尔根以生活资料生产的技术进步为依据，将人类的史前史划分为三个时代：蒙昧时代、野蛮时代和文明时代，又以不同的技术发明或发现为标志，把前两个时代中的每个时代划分为低、中、高三个不同等级的阶段，而不同文化阶段的技术发明或发现归根结底是有思维能力的人以能动的活动为中介使自然发生变更的结果，因而在一定程度上也能反映特定文化阶段所特有的技术思维方式。

1．蒙昧时代的技术特征

蒙昧时代的第一阶段，即低级阶段，人类处于最原始的状态，食物以天然的果实、坚果和植物的根为主，为了躲避猛兽，他们中的部分还过着树栖生活，这一时期最突出的成就就是产生了音节清晰的语言。《尸子》有载：“遂人之世，天下多水，故教民以渔”，当人类的食物发展到鱼类，开始使用火时，就进入了蒙昧时代的中级阶段，由于食物种类的增多和火的使用，人类在这一阶段开始摆脱气候和地域的限制，可以在大部分的地面生活；同时，这一阶段人类开始使用简单的棍棒和木质标枪以及粗制的、未加磨制的石器，这些一般被认为是旧石器时代的木质和石质工具，还有用来煨烤鱼类、植物根茎的地灶（地穴）。但这些简单工具的使用并不能充分地保证食物来源的稳定性，这一阶段还产生了人吃人的风气。

随着弓箭的发明和使用，打猎成为人类的常规活动，人类进入蒙昧时代的高级阶段。弓箭是由弓、弦、箭三个结构要素组成的复杂工具，它的成功发明表明这一阶段的人类不仅在操作技巧和制作工艺方面有了一定的经验积累，而且生理结构也得到了进一步的完善，已经具有某种程度的思维能力，人类利用和支配自然的程度乃至掌握生产生活资料的程度增强了，这一阶段还出现了用韧皮纤维做成的手工织物（没有织机）和磨制过的石器，即新石器时代的器具，人类还运用火和石斧制造独木舟，以方木和木板为材料建筑房屋，因而，也萌芽了定居而成村落[②]。

概而言之，蒙昧时代的人类以获取现成的自然物为主，人工制品的发明和制造也主要是为了获取自然物。

2．野蛮时代的技术特征

野蛮时代的第一阶段始于陶器的制造，第二阶段开始了动物的驯养和繁殖以及植物的种植，由于动物和植物的生长和发育受气候的影响，因而从这一阶段开始，处于不同自然条件下的居民各自循着自己独特的道路发展，按马克思的话

---

①《马克思恩格斯选集》（第 1 卷），人民出版社 1995 年版，第 67 页、79 页。

②《马克思恩格斯选集》（第 4 卷），人民出版社 1995 年版，第 20 页。

说，就是“天然条件的差异已经具有意义了”①。例如，根据摩尔根研究，这一阶段，生活在东半球的居民能种植大多数的谷物（农业），驯养和繁殖能提供乳和肉的家畜（畜牧业），因而有了第一次社会大分工，即游牧部落从其余的野蛮人群中分离出来；受气候影响，西半球的居民只能种植玉蜀黍，并以烧制过的土坯和石头为材料建筑房屋，但他们发明了青铜——铜、锡二者的合金，并用来制造器具，但还没能代替石器②。

到第三阶段，即高级阶段，有了冶炼铁矿石和金属加工的技术，人类获得了一种坚硬和锐利的材料，并逐渐代替石头，还发明了纺织机（家庭手工业）、铁斧、铁锹和带有铁铧的用牲畜拉的犁，有了这些技术前提，土地的大规模耕种，即田野农业成为可能。到这一阶段的全盛时期，生产日益多样化和生产技术日益改进成为趋势。例如，有了发达的铁制工具、风箱、手磨、金属加工、货车和战车、木船、城市、拼音文字……这些物品出现在文献记录、诗歌创作和神话中，概而言之，金属加工业、织布业、农业和手工业及其技术得到持续发展，于是有了第二次社会大分工，即手工业和农业的分离③，这些作为遗产成为人类进入文明时代的技术、艺术和社会基础。

概而言之，这一时期人类掌握了畜牧和农耕技术，发明和制造了种类繁多的器具并应用到增加自然物的生产上。

3. 文明时代的技术特征

当人类能够发明和使用文字——即使是将文字刻在石头上，掌握了对自然物进一步加工的技能、技巧和工艺；城市与农村相分离并由此产生了一个不再从事生产而只从事产品交换的群体——商人，人类社会也就进入了文明时代，即真正的工业和艺术的时期。

二、中国技术文明在先秦时期的诞生

在马克思和恩格斯看来，历史是世代交替的，新世代都以过去世代遗留下来的物质和精神产物为基础进一步延续，如此，新世代一方面在前人改造了的环境下继承和发展着物质和精神生产活动，另一方面又通过发展了的活动来改造所处的环境④。上述关于人类史前社会从蒙昧时代经由野蛮时代向文明时代的演进阐明了这一历史规律，中国技术发明的诞生也遵循这一规律，即从蒙昧时代的技术萌芽经由野蛮时代技术经验和知识的累积演化而来。

根据马克思和恩格斯对摩尔根研究成果的引述，他们对摩尔根以技术发明或

①马克思：《摩尔根〈古代社会〉一书摘录》，人民出版社1978年版，第2页。
②《马克思恩格斯选集》（第4卷），人民出版社1995年版，第21页。
③《马克思恩格斯选集》（第4卷），人民出版社1995年版，第23页、163页。
④《马克思恩格斯选集》（第1卷），人民出版社1995年版，第88页。

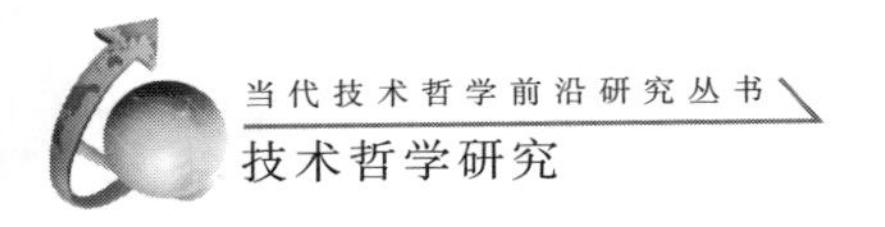

发现为标志对人类史前社会各个文化阶段的划分并没有异议，如此，沿着人类史前社会各个文化阶段的技术演进轨迹，可以弄清中国技术文明的诞生过程。

根据恩格斯关于人类祖先最初居住在热带或亚热带的森林中的判断，中国的南方地区可能曾经有类人猿居住，1989 年在湖北发现的“南方古猿”被国际学术界公认为人类的直接祖先。如果把类人猿获取天然果实时使用或操作未经加工的石器和棍棒时的技艺或技巧以及摩擦或钻木生火的技能看作是技术的萌芽，那么在蒙昧时代的中级阶段，或者说旧石器时代早期，居住在我国南方地区的类人猿就开始使用天然工具了，于是也就有了技术的萌芽。

表 17－1　中国先秦时期各年代及其技术标志①（公元纪年）

年史			体系 1（东汉班固）	体系 2（《竹书纪年》）	重要技术事件
三皇	伏羲＋女娲				狩猎和畜耕
	祝融				
	神农				农业和药草
五帝	黄帝		前 27 世纪		铸铜
	高辛				
	尧		前 2375—前 2256 年	前 2145—前 2043 年	
	舜		前 2256—前 2206 年	前 2042—前 1990 年	
三代	禹（始建夏）		前 2223—前 2206 年	—	治水/青铜时代
	夏（17 位王）		前 2205—前 1767 年	前 1989—前 1558 年	
	商（28 位王）		前 1766—前 1767 年	前 1557—前 1050 年	铜制器具/文字
	周	周始年	始于前 1122 年	始于前 1049 年	炼铁技术
		周武王	前 1122—前 1116 年	前 1049—前 1045 年	
		周成王	前 1044—前 1008 年	前 1115—前 1079 年	
		周厉王	前 878—前 842		
		共和期	前 841—前 828		
		周宣王	前 827—前 782		
		春秋	前 722—前 480		灌溉渠/堤坝/桥
		战国	前 480—前 221		铁制器具
秦			前 221—前 207		大型水利工程

①图表综合参考了以下文献资料绘制而成。葛兰言：《中国文明》，杨英译，中国人民大学出版社 2012 年版，第 55－56 页；查尔斯·辛格：《技术史》（第 2 卷），潜伟等译，上海科技教育出版社 2004 年版，第 549－552 页；李约瑟：《中国科学技术史》（第 1 卷），科学出版社 1975 年版，第 163－164 页。

到蒙昧时代的高级阶段，中国周口店的北京人开始利用燧石、木头和骨头等自然物制造工具，出现了弓箭。到野蛮时代的中级阶段，石器工具装上了手柄，发展为具有一定结构的复合工具，我国黄河流域的先民开始种植耐干旱的粟米，长江流域的先民开始种植水稻；开始有了制作耐火容器的制陶技术，纺纱、织造和结网等纺织技术；南方地区出现了天然洞穴或巢穴，黄土地带的人们建造了“半穴式”房屋等；先民还发明了独木舟、木排和竹排等交通运输工具。以上这些技术活动在传说或古籍中都有相关的记载，如《世本》曰：“昆吾作陶”“神农耕而作陶”；《太平御览》中的《治学篇》曰：“上古皆穴居，有圣人教之巢居，号大巢氏。今南方人巢居，北方人穴居，古之遗俗也”；《周易·系辞》称：“伏羲氏刳木为舟，剡木为楫。”此外，根据摩尔根的研究可以推断，这一阶段，中国大陆地区可能发明了冶铜术，出现了冶铜手工业，《世本》关于蚩尤“以金作兵”的传说以及甘肃齐家和山东胶县三里河龙山等文化遗址出土的铜器证实了这一点。同时，在中国古代的神话传说中，三皇中的神农尝百草，发明犁，给人们传授耕种的方法；黄帝还发明武器，铸造青铜器；五帝中的舜则会制陶，禹会治水。据此可以推测，黄帝统治时期的中国已经进入了青铜时代，这一时代一直持续到由大禹创建的夏朝末期。由于禹治水有方，中国先民从此能有序地栽培、耕种和收获，保证了肉食和谷物的供应。公元前 16 或 17 世纪中国已经发明了文字，河南出土的甲骨文上已经刻有商王的名字。

如表 17 - 1 所示，公元前 12 世纪，即周朝早期，中国的先民对陨铁和冶炼技术有了了解和运用；公元前 7 世纪，即周朝末年，我国先民已经掌握了系统的炼铁技术；公元前 4 世纪，即战国时期，中国先民已经开始利用铸铁来制造农具、工具型范和打仗用的兵器了①。随着炼铁技术的系统化以及铁制器具的成功制造，“木 - 铁 - 水”相对稳定的技术系统在中国随之形成，中国先民将这三种成分有机结合，制造出了相应材质的工具、机械装置（风箱、水车和水轮）、房子、船和桥等，开创了人类第一个技术谱系（如图 17 - 1），即芒福德所称的始生代技术体系。以此为标志，中国的技术文明诞生了，由此，中国也进入了恩格斯所说的“对天然物进一步加工”的真正的（手）工业时期。

①潘吉星主编：《李约瑟文集》（下），辽宁科学技术出版社 1986 年版，第 908 - 909 页。

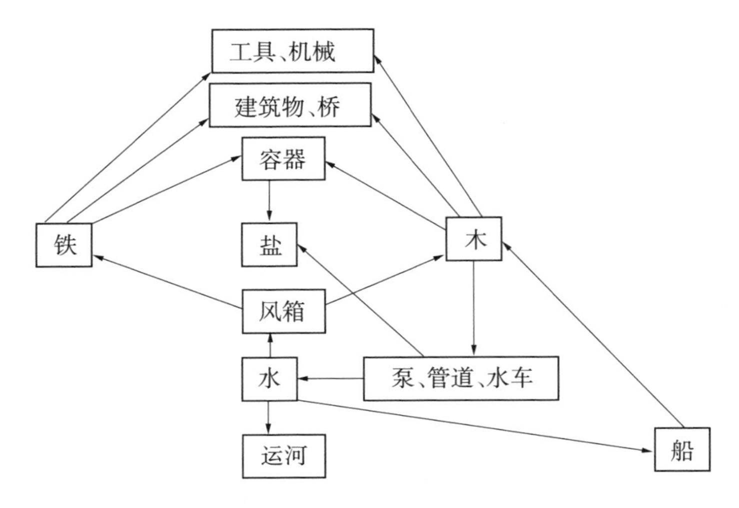

图 17－1　第一个技术谱系在中国的诞生①

第二节　中国古代技术思维的缘起与发展

考察人类史前社会各文化阶段有关生活资料生产的技术发明或发现后，摩尔根不仅提出了人类起于同源的主张，而且提出人类具有同一智力原理，因此而创造出了相同的器具（工具和武器）。马克思和恩格斯把思维理解为人脑的机能，它既是人类从事生产实践活动的劳动创造的产物，也是劳动的器官。技术思维作为解决技术问题的思维模式，它的产生和发展受诸多因素的影响。同时，马克思和恩格斯把技术理解为能思维的人的类本质力量及其对象化，基于前面所述的，技术与人类的起源及思维器官的进化是同一过程，因而，对中国技术思维缘起与开源的探讨可以结合人类与技术的起源来探讨。

一、中国古代技术思维的缘起

恩格斯在《自然辩证法》中引述达尔文的研究结果，即人类的祖先是成群地生活在树上的高级类人猿，生物学上称为“人科动物”，为什么人科动物要生活在树上，而不是陆地上呢？辛格猜测，可能是由于他们缺乏自我保护的能力，为了保证安全和食物的来源而选择在树上生活。基于此，是否也可以作出如下的推断，或许由于自身生存能力的缺失或不足，类人猿往往并不是莽撞地或盲目地采取行动，而是首先要考虑躲避风险和尽可能地减少自身的能量消耗，即如福尔迈所言，他们一开始并不是通过试错法来达到目的，而是要“节约能量和减少冒

①布鲁诺·雅科米：《技术史》，蔓莙译，北京大学出版社 2000 年版，第 92 页。

险”。于是在行动前，他们往往会事先“进行着从头至尾的运演”，于是就有了思维和有计划的工具制作的萌芽①，也是有意识、经过思虑的有目的技术行动的萌芽，技术思维也就缘起于其中。

但智力或思维能力以及技术思维如何进化？摩尔根、马克思和恩格斯都没具体阐述。这里，笔者将试图结合辛格的史前人类技能进化理论和皮亚杰的认知发展理论来探讨。

二、中国古代技术思维的发展

辛格在他的史前人类技能进化理论中把使用和制造工具的基础上把人类史前历史划分为六个文化阶段，并把这些阶段与人类的进化联系起来：①始石器生代的南方古猿和上新世人科动物偶尔会使用简易的器具；②最早期的猿人和人偶尔会制造工具，这一阶段被视为“旧石器时代早期的开端”；③随后，北京猿人和某些智人可以制造常规性工具，石器的形状已经较为固定了，并逐渐趋于标准化；④到旧石器中期，常规性工具制造有了初级的专业化；⑤旧石器晚期和中石器时代的智人能够制造组合式的专业化工具和武器制造；⑥新石器时代和金属时代的现代智人，大脑已经达到典型的人类水平，能够制造机械工具了，也即开始使用机械原理了。②

就①和②两个阶段而言，辛格认为，会使用工具并不只有灵长类动物，有计划地制造（工具）却需要另一个层次的心智活动，它需要有抽象化的概念思维能力、以充分利用以往经验记录为基础的先见能力和逻辑推理能力以及基于言语或等价符号使用的逻辑思维能力等等③。尽管人科动物可能在几百年里一直停留在偶尔使用工具的阶段，但根据皮亚杰的论断，即大脑皮层由于后天获得的认识累积的结果能够有效地生长④，因此，人科动物对这些工具的使用有助于其大脑皮层组织及其协调功能的进化，直到大脑皮层获得充分的组织复杂性，系统性武器和工具的制造也成了可能。基于此，可以推断，当人科动物进化到现代智人时，大脑皮层已经获得了充分的组织复杂性，具有了从事高层次心智活动——有计划地制造工具所需的思维能力。但思维此时对事物因果关系原理的运演情况如何，还需进一步分析。

“运演”在皮亚杰的认知发生理论中是指思维的活动过程，它是一种认识活动，这一活动既是感知的源泉，又是思维发展的基础，是思维主体和思维客体发生相互作用的中介，能协调各种活动成为一个整体的运演系统，又渗透在整个思

---

①福尔迈：《进化认识论》，舒远招译，武汉大学出版社1994年版，第115页。

②查尔斯·辛格：《技术史》（第1卷），王前译，上海科技教育出版社2004年版，第14页。

③查尔斯·辛格：《技术史》（第1卷），王前译，上海科技教育出版社2004年版，第9-11页。

④皮亚杰：《发生认识论原理》，王宪钿等译，商务印书馆1985年版，第66页。

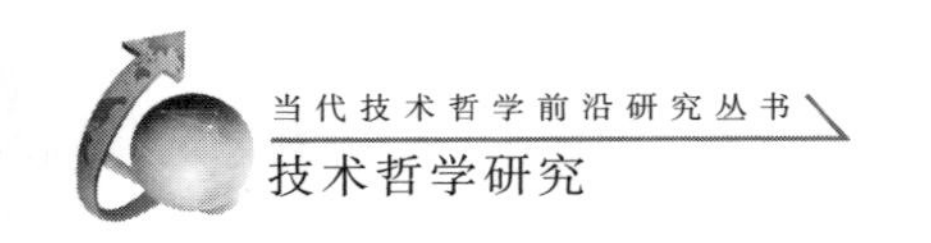

维活动中。皮亚杰首先将思维活动的发生过程划分为六个阶段：①由于主客体缺乏分化而无意识地产生自身中心化，各种活动尚未整个地彼此协调起来；②主体活动取得协调后、客体发生位移，主客体之间产生分化[①]；③运用符号或记号、以表象或思维的形式把活动同化，即概念化；④解除自身中心化，主客体获得在功能上的依存关系，这一功能“仍然是质的或顺序的划分”[②]，尚未作出有效的量的规定；⑤概念性工具、因果关系与逻辑数学或几何空间运演依次获得发展[③]；⑥能够通过假设来进行推理，即出现形式运演。进而皮亚杰指出，掌握事实的先决条件是要能运用同化客体的逻辑数学方法，在掌握了由形式思维所加工形成的运演方法之后，才可以“直接理解”物理经验材料。由于人类在史前还没能发现和建构逻辑－数学关系，更没有使之形式化并形成系统，因而对经验材料达到的“理解”程度相当有限。

同时，辛格也指出，即使工具制造已经在最初出现的人群中得到了普及，但即兴创造或偶然制作不仅在人类史前社会，而且在人类文化的各个时期都一直起着重要的作用[④]。也就是说，到野蛮时代末期和文明时代初期，人类累积了不少有关技术的实践经验和知识，但对于这些经验和知识背后的理论定理或原理却还一无所知，物理世界的因果关系对于原始思维来说完全是神秘的和直接的，在他们看来，任何事物的发生都是由神秘的和看不见的力量引起的。基于此，可以说，在史前社会，技术发明或发现都是环境的偶然产物，大脑在进化过程中获得的思维能力还作为潜在的力量存在着，并没有得到自觉地应用，即使有应用，也是无意识的简单的应用。因而，这一时期的技术思维是偶尔性的直觉思维，以至于现代技术哲学家和学者把这一时期称为“偶然技术”时期。

鉴于史前社会人类智力具有同一原理，因而中国祖先在首次发明和制造某项技术时同样不受一个先于应用的理论程式的引导，而是受直觉思维的支配，具有偶然性特点。换句话说，当我们去探求某件最早人工制品的发明和制造时，都会发现它的产生或者是出于发明者受到某一自然物的启发而产生的灵感，或者是出于失误却歪打正着的结果，或者是二者共同作用的结果。总之，偶然性的直觉在其中起着主导作用。

第三节　中国古代技术思维的特点

马克思和恩格斯把“有生命个人的存在”看成是全部人类历史的第一个前

①皮亚杰：《发生认识论原理》，王宪钿等译，商务印书馆1985年版，第23－24页。
②皮亚杰：《发生认识论原理》，王宪钿等译，商务印书馆1985年版，第35页。
③皮亚杰：《发生认识论原理》，王宪钿等译，商务印书馆1985年版，第38－50页。
④查尔斯·辛格：《技术史》（第1卷），王前译，上海科技教育出版社2004年版，第15－16页。

提，而有生命个人存在的前提则是吃、喝、穿、住、行等基本生活问题的解决，这些基本需要通过人脑思维被转化为要通过技术手段解决的具体现实问题。人们在寻求适宜技术手段解决具体现实问题的过程中不断地发现和发明新事物，如前所述，这些新事物的发现和发明通常是由于偶然的直觉或灵感的迸发，而且通常要经过很长一段时间的摸索和过去的经验积累，也正是在这些无数次的摸索中，人们累积了具有必然性的技术经验和知识。用恩格斯的话来说就是，“偶然性只是相互依存性的一极，它的另一极叫必然性”① ——在受偶然性支配的发现和发明中实现着新事物自身内在的必然性和规律性。

同时，根据恩格斯的观点，某一发现或发明的过程正如一种社会活动和一系列社会过程一样，“越是超出人们的自觉的控制，越是超出他们支配的范围，越是显得受纯粹的偶然性的摆布，它所固有的内在规律就越是以自然的必然性在这种偶然性中去实现自己”②。新事物的初次发现和发明的确如此，特别是处于形成中的蒙昧阶段时，人们毫无知识，毫无经验，没有火，没有语言，没有任何技术时更是如此，然而，进入文明时代后，尽管人们对自然和人工物理世界的因果关系原理依然所知甚少，甚至毫不知晓，但由于人们在实际操控物理世界方面累积了具体的经验法则，以这些经验法则为指导展开发现和发明活动，其自觉控制能力随之增强、支配的范围也随之扩大，也越不受纯粹偶然性的摆布。换句话说，尽管古人没有像近现代人那样运用伽利略开创的归纳－演绎的数学模式加实验验证的方法去探寻物理世界的因果关系原理并获得科学理论，古人对经验法则背后的理论定理一无所知，但他们只要掌握了具体的经验法则，具备了某一“专门知识”，即使没有抽象的科学理论知识，也能够成功地发现或发明新事物，日积月累，这种以实践中累积的技术经验和知识为基础来构思设计技术模型，保证技术行动的有效性，从而实现技术目标的思维模式就固化为了人们的实践思维方式。这一点在古代中国的发现和发明中表现得尤为突出。

例如，中国本土孕育的数学思想与实践一直以来都是代数学的，而不是欧式的演绎几何，但这既没有阻碍古代中国人标出和坚持使用那些完全符合现代天文学要求的、直径仍然被广泛使用的天文坐标，也没有阻碍古代中国人在水利、桥梁和建筑工程技术方面的巨大成就，甚至他们还发明了偏心轮、连杆和活塞杆，将旋转运动变换为直线运动，成功地制成了古老的机械钟并设计了擒纵装置。同样，尽管古代中国没有粒子理论，但也没有阻碍古代中国人把雪花确定为六角晶体。换句话说，尽管古代中国没有以数学加实验方法为基础建构的科学理论，但古代中国人并不因此而逊色，他们有自己独特的一套解决技术问题的思维方式——实践思维与初始理论思维相结合。也就是说，古代中国人的发现和发明活动

①②《马克思恩格斯选集》（第4卷），人民出版社1995年版，第175页。

并非仅仅依靠实践思维，是纯粹经验性的，而是有一定的理论依据，具有一定程度的理论思维。只是这一理论不是建构于伽利略开创的自然假说数学化和有意识的系统实验验证的科学方法之上，而是基于直观的观察记录、世代实践经验的口口相传和文字记载以及原始的理论假设和自发实验结果的归纳。较之于现代意义上的先进科学理论思维，古代中国人具备的是初始的理论思维。这里重点考察中国古代天文机械时钟装置的发明与演进以及火药的发明及其应用，作为佐证。

一、证据Ⅰ：中国古代天文机械时钟装置的发明与演进

培根和马克思都探讨过西方在 14 世纪初发明和制造的精密机械钟表。培根认为这其中包含了一两条有关自然的原理[①]；马克思认为，它是“由手工艺生产和标志资产阶级社会萌芽时期的学术知识所产生的”“提供了生产中采用的自动机和自动运动的原理”[②]，为资本主义大工业提供了科学和技术要素。由此，机械时钟的发明被认为是科学技术史上的转折点之一也就不足为奇了。但培根和马克思都不知道，早在 1088—1090 年间，中国北宋时期的苏颂就根据机械原理设计和建造了一座复杂的天文钟，比西方早了将近 3 个世纪。基于苏颂和他的助手韩公廉对天文钟基本原理的阐述，他们把机械时钟和机械化天文仪器的原理在同一机械上成功地实现了结合。李约瑟认为，这篇文献生动地描述了它的细节，还“涉及了中世纪所有文明中一项伟大的技术成就的构造”。也就是说，中国古代天文钟的构造与欧洲机械钟的构造极为相似，这一构造即为轴叶擒纵机制，是一种调整转动轴和针盘以确保准确计时的装置。而这一装置早在 723—725 年间就被唐朝高僧一行和梁令瓒发明出来了，这比欧洲第一架装有轴叶擒纵器的机械时钟早了 6 个世纪[③]。继续追溯，还可以回到公元 132 年前后张衡所制作的一些机械装置。据李约瑟团队的考察，事实上，自 2 世纪以来，中国每个世纪都建造一些大体准确的仪器，到公元 8 世纪初，由于僧一行团队的努力，最终获得了成功[④]。而中国古代天文机械装置的杰出成就又与中国古代独特的有机宇宙论、天文学体系、阴阳学说以及精湛的工匠技艺有不解之缘。

一方面，不同于追求抽象真理知识的古希腊天文学家——他们多是隐士和哲人，用高度的理论形式和几何形式来表现天文现象；为至尊的天子效力的中国古代天文学家是政府官员，依照礼仪被供养在宫廷之内，偏重天象记事，即把直观观测到的天文现象直接记录下来。因此，在相当早的年代，从周朝晚期至公元前 3 世纪，中国古代天文学家就给后世遗留下了丰富的天象记录，其中含有大量的

---

①培根：《新工具》，许宝骙译，商务印书馆 1984 年版，第 63 页。
②马克思：《机器，自然力和科学的应用》，人民出版社 1978 年版，第 68 页。
③约翰·霍布森：《西方文明的东方起源》，孙建党译，山东书报出版社 2009 年版，第 117 页。
④潘吉星主编：《李约瑟文集》（下），辽宁科学技术出版社 1986 年版，第 472 页。

天文学资料。随之，古代中国天文学家的意识中孕育着关于天球大圆和天体坐标的认知，在他们的脑海中逐渐出现了浑天宇宙系统的构想。另一方面，不同于古希腊和欧洲天文学使用黄道坐标，主要依靠观察黄道星座，中国古代天文学使用的是天极—赤道坐标，主要依靠观测拱极星，形成了与西方不同的一套天文学体系，中国比西方提前很多年就出现了天球模型的机械实物化[①]。到公元132年前后，张衡以青铜为材料、以漏壶的液态流动时计为技术基础设计和制作了第一座兼有演示与计算两种用途、利用水动力运转的机械观测浑仪，它被安装在一座大殿顶上的密室里，用漏壶中流动的水产生的动力使它转动。

根据7世纪房玄龄等人编写的《晋书》记载，张衡的这座浑仪“具内外规、南北极、黄赤道；列二十四气、二十八宿中外星官及日月五纬”[②]，就是说它包括“内圈和外圈、南北天极、黄道和赤道、二十四个节气、二十八宿内外，即北天和南天的许多恒星以及太阳、月亮和五大行星轨道”[③]。《晋书》还引用了葛洪的观点，在葛洪看来，尽管有很多人像张衡一样研究过天文理论，但张衡的出众之处在于他更加精通阴阳道理、精于数学运算，作为准备工作，张衡计算了七曜运行的轨道和度数、观测历法现象以及日出和日落的时刻，并把这些结果与四十八气相校正[④]，还要研究漏壶的分度和预测圭表上日影的长短，用物候学观察来验证这些变化，以至于崔子玉在给张衡写的墓志中称赞他：“数术穷天地，制作侔造化。高才伟艺，与神合契”[⑤]。

张衡在浑仪装置制作方面的成就代代相传，此后，几乎每个世纪的天文学家或技术人员都制作过类似的天文观测仪器；到723—725年间，高僧一行和梁令瓒等人在西安的太史院成功发明和制造擒纵器后，这一仪器发展为巨型的天文钟，借助环状链条和一些斜齿轮传递的动力，这一机械装置不仅可以自动地转动天文仪器，而且控制着载有报时报刻木人的多层轮盘，因而它既是天文观测器，又是机械时钟[⑥]；到1088—1090年间，苏颂和他的团队在开封成功发明和建造了水运仪象台，这是一座上下两层的建筑，下层安装了由水力机械链式擒纵器控制的动力装置，放置了浑象，附有可自动调整和运转的星辰模型，上层的露天平台放置了浑仪，再通过一根装置适当的传动轴将浑象和浑仪的中央支柱相连。苏颂等人将张衡创立的古代浑象机械化传统推广到上层的观测浑仪上，并在下层增设了报时的机械，使得时钟机械和观测浑仪在同一机械装置上实现了有机结合[⑦]；

---

①潘吉星：《李约瑟文集》（下），辽宁科学技术出版社1986年版，第475页。
②李约瑟：《中国科学技术史》（第3卷·天学、地学），科学出版社1978年版，第441页。
③李约瑟：《中国科学技术史》（第3卷·天学、地学），科学出版社1978年版，第441页。
④李约瑟：《中国科学技术史》（第3卷·天学、地学），科学出版社1978年版，第439页。
⑤李约瑟：《中国科学技术史》（第3卷·天学、地学），科学出版社1978年版，第440页。
⑥潘吉星：《李约瑟文集》（下），辽宁科学技术出版社1986年版，第469－471页。
⑦李约瑟：《中国科学技术史》（第3卷·天学、地学），科学出版社1978年版，第449－451页。

苏颂在1092年呈给皇帝的《新仪象法要》中详细地阐述了这一结合的基本机械原理。这一成果后来分为两个阶段传入欧洲，十字军东征期间传入欧洲的是机械时钟部分，14世纪初传入的是擒纵器部分。1276年，中国元朝时期的郭守敬将阿拉伯天文仪器——黄赤道转换仪中的黄道部件去掉，改用了适合中国天文学特点的赤道坐标系，制造了一台纯赤道式的仪器装置（如图17－2），被称为“简仪”，其结构比希腊和伊斯兰地区的仪器要简单，而且更为完善和有效。“简仪”的赤道装置也被广泛应用于现代望远镜中，以至于英国学者约翰逊在对比郭守敬的“简仪”后认为，这一仪器“表现的简单性，不是由于原始粗糙，而是由于他们已经达到了省事省力的熟练技巧，实际上，今天的赤道装置并没有本质上的改进”①。

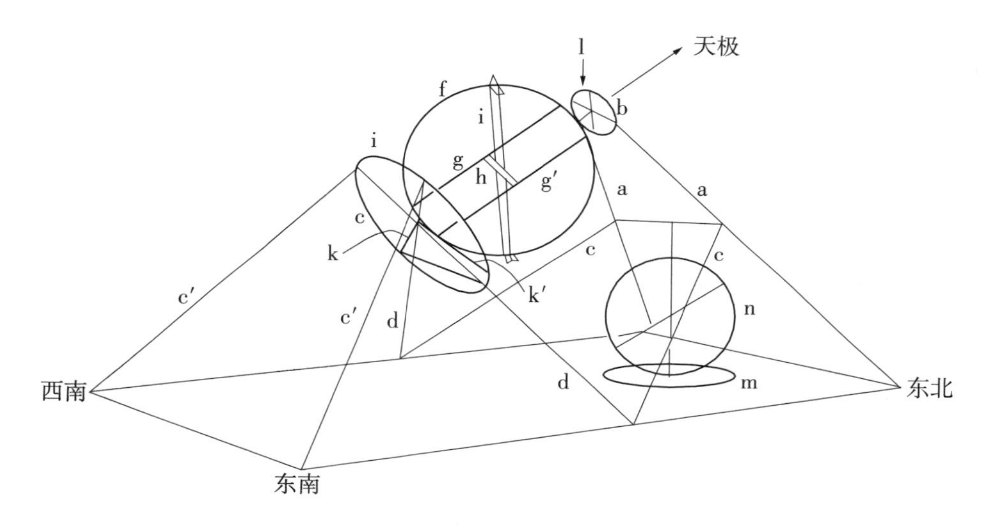

图17－2　郭守敬制造的赤道式仪器②

二、证据Ⅱ：火药的发明及其的应用

“火药”的英文为Gunpowder，意为“发火的药”。公元800—850年，中国唐朝时期的炼丹家最终在实验中获得了准确的火药配方，即将木炭、硝石（硝酸钾）和硫磺按一定比例混合，它兼有民用和军用两种用途。民用主要是用于制作烟花爆竹，军用则有一系列的武器制造。例如，公元919年，它被用来制作引燃剂；公元950年，它被用来制作发射药；公元969年，它被用来制作火箭；唐以后，火药本身已经成为一种军用武器；11世纪，半爆炸性火药已经被装入炸弹中，士兵借助抛石器将它投向空中；公元1231年被用来制造炸雷或火铳；14世

①李约瑟：《中国科学技术史》（第3卷·天学、地学），科学出版社1978年版，第487－488页。
②李约瑟：《中国科学技术史》（第3卷·天学、地学），科学出版社1978年版，第470页。

纪初被用来制造地雷和水雷。[1] 可以说，以火药的发明为基础，人们发明和制造出了一系列的火器。然而，火药在古代中国的发明和发展不是一个纯技术成就，它不是出于工匠、农民或泥水匠之手，而是起源于道家、炼丹家的系统研究。这里的“系统”一词是说，尽管中国古代还没有类似于现代意义上的科学思想和理论，也没有类似于伽利略所开创的自然假说数学化和系统实验验证的科学方法，但并不意味着古代中国人在发明和应用火药时没有思想和理论的指导以及有组织的实验研究。对其加以更为详尽的考察可以发现，火药的发明是中国道家、炼丹家的实践思维与初始理论思维不断结合的产物。

火药发明于道家、炼丹家的实验研究，与中国炼丹术传统有极深的渊源。炼丹术是长生术与炼金术在中国炼丹术士思想中的结合。炼金术在旧大陆各文化地区的早期文明中都曾存在。长生术则是中国古代文明所独有的一种信念，受中国道家关于躯体不朽和长生不老思想的影响，古代中国人相信借助动植物和矿物质中萃取的元素以及相关化学知识，有可能制造出有助于延年益寿、长生不老甚至升仙得道的丹药。公元前 133 年，李少君请求皇帝支持自己对丹药的研究；公元前 125 年，淮南王刘安主持编写了《淮南子》，炼金术与长生术的结合从思想层面转而进入到了现实层面，此后，葛洪对此加以系统化，陶弘景和孙思邈对其进行了不断的扩充。

公元 650 年，当大炼丹家兼医学家孙思邈在制造硝石时，歪打正着地制成了一种先是起火而后发生爆炸的混合物；大约公元 808 年，赵耐庵在研究伏火矾法的过程中发现，当硫、硝和作为碳的来源的干马兜铃混合时会起火，但不爆炸。[2] 在 9 世纪中叶成书的《真元妙道要略》中清晰地记录着，将硫与雄黄（亚硫化砷 AS_2S_3）与硝石和蜜混合加热时会起火[3]，这是在世界范围内的关于原始火药配方的最早文献，后来在 1044 年编写的《武经总要》记录了三种火药成分的配方。[4]

需要说明的是，虽然中国早已发明了火药，但并没有对火药发生爆炸的原理作进一步的理论和实验研究，而仅仅停留在阴阳五行等比类取象的初始理论层次，相关的科学理论和研究方法也没有取得重要突破，因而也没能进一步研制出烈性炸药。换句话说，古代中国的技术思维长期停留在初始理论思维与经验性实践思维相结合的阶段，没有孕育和兴起现代意义上的理论思维和实证思维，而西方从近代以来就有原子、分子学说，为研究烈性炸药的化学机理提供了理论和科学实践的重要思维工具。

---

①约翰·霍布森：《西方文明的东方起源》，孙建党译，山东书报出版社 2009 年版，第 54 页。
②潘吉星：《李约瑟文集》（下），辽宁科学技术出版社 1986 年版，第 569 页。
③潘吉星：《李约瑟文集》（下），辽宁科学技术出版社 1986 年版，第 569 页。
④潘吉星：《李约瑟文集》（下），辽宁科学技术出版社 1986 年版，第 569 页。

参考文献

[1] 马克思. 机器、自然力和科学的应用 [M]. 北京：人民出版社，1978.

[2] 马克思. 资本论：第 1 卷 [M]. 北京：人民出版社，2004.

[3] 马克思，恩格斯. 马克思恩格斯选集 [M]. 北京：人民出版社，1995.

[4] 拉普. 技术哲学导论 [M]. 刘武，等译. 沈阳：辽宁科学技术出版社，1986.

[5] 拉普. 技术哲学的思维结构 [M]. 刘武，等译. 长春：吉林人民出版社，1988.

[6] 福尔迈. 进化认识论 [M]. 舒远招，译. 武汉：武汉大学出版社，1994.

[7] 康德. 纯粹理性批判 [M]. 李秋玲，主编. 北京：中国人民大学出版社，2003.

[8] 韦伯. 社会科学方法论 [M]. 李秋零，田薇，译. 北京：中国人民大学出版社，1999.

[9] 雅科米. 技术史 [M]. 蔓君，译. 北京：北京大学出版社，2000.

[10] 戈菲. 技术哲学 [M]. 北京：商务印书馆，2000.

[11] 卡普兰. 人工智能时代 [M]. 杭州：浙江人民出版社，2016.

[12] 巴萨拉. 技术发展简史 [M]. 周光发，译. 上海：复旦大学出版社，2002.

[13] 罗兰. 为纯科学呼呼 [J]. 科学导报，2005 (9).

[14] 芒福德. 技术与文明 [M]. 陈允明，等译. 北京：中国建筑工业出版社，2009.

[15] 塞尔. 社会实在的建构 [M]. 李步楼，译. 上海人民出版社，2008.

[16] 哈瑞. 认知科学哲学导论 [M]. 魏屹东，译. 上海：上海科技教育出版社，2006.

[17] 阿瑟. 技术的本质 [M]. 杭州：浙江人民出版社，2014.

[18] 布杰德，等. 系统生物学哲学基础 [M]. 孙之荣，等译. 北京：科学出版社，2008.

[19] 陈昌曙，远德玉. 也谈技术哲学的研究纲领——兼与张华夏、张志林教授商谈 [J]. 自然辩证法研究. 2001 (7).

[20] 陈昌曙. 技术哲学引论 [M]. 北京：科学出版社，1999.

[21] 陈宗海，等. 量子控制导论 [M]. 合肥：中国科学技术大学出版社，2005.

[22] 程炼. 伦理学导论 [M]. 北京：北京大学出版社，2013.

[23] 戴葵，等. 量子信息技术引论 [M]. 长沙：国际科技大学出版社，2001.

[24] 杜威. 我们怎样思维 [M]. 北京：人民教育出版社，1991.

[25] 冯友兰. 三松堂全集（第二卷）[M]. 郑州：河南人民出版社，2001.

[26] 海德格尔. 在通向语言的途中 [M]. 北京：商务印书馆，1997.

[27] 赖蕴慧. 剑桥中国哲学导论 [M]. 北京：世界图书出版公司，2013.

[28] 李文潮，刘则渊. 德国技术哲学发展历史的中德对话 [J]. 哲学动态，2005 (6).

[29] 李文潮，刘则渊. 德国技术哲学研究 [M]. 沈阳：辽宁人民出版社，2005.

[30] 刘大椿. 关于技术哲学的两个传统 [J]. 教学与研究. 2007 (1).

[31] 博登. 人工智能哲学 [M]. 刘西瑞，等译. 上海：上海译文出版社，2001.

[32] 潘恩荣. 工程设计哲学 [M]. 北京：中国社会科学出版社，2011.

[33] 潘吉星. 李约瑟文集 [M]. 沈阳：辽宁科学技术出版社，1986.

[34] 彭承志，潘建伟. 量子科学实验卫星——“墨子号”[J]. 中国科学院院刊. 2016 (9).

[35] 钱学森. 工程控制论 [M]. 修订版. 北京：科学出版社，1983.

[36] 乔瑞金. 技术哲学教程 [M]. 北京：科学出版社，2006.

［37］森谷正规. 日本的技术——以最小的消耗取得最好的成就［M］. 徐鸣，等译. 上海：上海翻译出版公司，1985.
［38］司马贺. 人工科学［M］. 武夷山，译. 上海：上海科技教育出版社，2004.
［39］王中江. 严复与福泽谕吉——中日启蒙思想比较［M］. 郑州：河南大学出版社，1991.
［40］吴国林，孙显曜. 物理学哲学导论［M］. 北京：人民出版社，2007.
［41］吴国林. 产业哲学导论［M］. 北京：人民出版社，2014.
［42］吴国林. 量子技术的哲学意蕴［J］. 哲学动态，2013（8）.
［43］吴国林. 量子技术哲学［M］. 广州：华南理工大学出版社，2016.
［44］吴国林. 量子纠缠及其哲学意义［J］. 自然辩证法研究，2005（7）.
［45］吴国林. 量子信息的哲学追问［J］. 哲学研究，2014（8）.
［46］吴国林. 量子信息哲学［M］. 北京：中国社会科学出版社，2011.
［47］吴国林. 量子信息哲学正在兴起［J］. 哲学动态，2006（10）.
［48］吴国林. 论分析技术哲学的可能进路［J］. 中国社会科学，2016（10）.
［49］吴国林. 论技术的要素、本质与复杂性［J］. 河北师范大学学报（社会科学版）. 2005（4）：91－96.
［50］吴国林. 论技术人工物的结构描述与功能描述的推理关系［J］. 哲学研究，2016（1）.
［51］吴国盛. 技术哲学经典读本［M］. 上海：上海交通大学出版社，2008.
［52］西蒙. 人工科学：复杂性面面观［M］. 武夷山，译. 上海：上海科技教育出版社，2004.
［53］肖峰. 哲学视域中的技术［M］. 北京：人民出版社，2007.
［54］辛格. 技术史：第3卷［M］. 高亮华，戴吾三，译. 上海：上海科技教育出版社，2004.
［55］辛格，等. 技术史：第1卷［M］. 上海：上海科技教育出版社，2004.
［56］许良. 技术哲学［M］. 上海：复旦大学出版社，2004.
［57］齐曼. 技术创新进化论［M］. 孙喜杰，等译. 上海：上海科技教育出版社，2002.
［58］张华夏，张志林. 从科学与技术的划界来看技术哲学的研究纲领［J］. 自然辩证法研究，2001（2）.
［59］张华夏，张志林. 技术解释研究［M］. 北京：科学出版社，2005.
［60］朱葆伟. 技术的哲学追问［M］. 北京：中国社会科学出版社，2012.
［61］邹珊刚. 技术与技术哲学［M］. 北京：知识出版社，1987.
［62］BAKER L. R. The ontology of artifacts［J］. Philosophical Explorations，2004，7（2）.
［63］BARBARISI A. The philosophy of biotechnology［J］//BARBARISI. Biotechnology in surgery，Springer Milan，2011.
［64］BECK H. Philosophie der technik-perspektiven zu technik-menschheit-cukunft［M］. Trier 1969.
［65］BELL J. S. Speakable and unspeakable in quantum mechanics［M］. Cambridge：Cambridge University Press. 1988.
［66］BEYNON C. L. NEHANIV，K. DAUTENHAHN. Cognitive technology：instrument of mind［M］. Berlin：Spinger-Verlag，2001.
［67］BIJKER，WIEBE，HUGHES et al. The social construction of technological systems：new directions in the sociology and history of technology［M］. Cambridge MA/London：MIT Press，

1987.

[68] BLACKBURN S. Spreading the word: groundings in the philosophy of language [M]. Oxford: Clarendon Press, 1984.

[69] BREY P. Theories of technology as extension of the human body [J]. Research in Philosophy and Technology 19. New York: JAI Press, 2000.

[70] BUNGE M. Philosophy of science and technology [M]. Dordrecht-Boston: Reidel. 1985. Part Ⅱ.

[71] CAMBELL D. T. Evolutionary epistemology [J] //SCHILPP. The philosophy of karl popper, the library of living philosophers. Illinois: la salle illinois. 1974.

[72] CHOMSKY, Reflections on language [M]. New York: Pantheon, 1975.

[73] DASCAL M. AND DROR E. The impact of cognitive technologies towards a pragmatic approach [J]. Pragmatics & Cognition 2005, 13 (3).

[74] DESSAUER F. Streit um die technik [M]. Verlag Josef Knecht Frankfurt, 1956.

[75] EINSTEIN A. B. PODOLSKY, N. ROSEN. Can quantum-mechanical description of physical reality be considered complete? [J] Phys. Rev. 1935, 47: 777 - 780.

[76] ELLIS B. The philosophy of nature a guide to the new essentialism [M]. Acumen Publishing Limited, 2002.

[77] ELLUL J. The technological societ [M] New York: 1964, p. 183.

[78] FERRÉ, Philosophy of technology [M]. Athens and London: The university of Georgia Press, 1995.

[79] FRANSEEN M. Design, use, and the physical and international aspects of technical artifacts [J]. in Vermaas, P. E. et al. Philosophy and Design. Springer, 2008.

[80] FRANSEEN M, KROES P, REYDON T. A. C, et al. Artefact kinds: ontology and human-made world [M]. Springer International Publishing Switzerland, 2014.

[81] GABBAY D. THAGARD P, WOODS J, et al, Handbook of the philosophy of science [M]. Amsterdam: Elsevier, 2009.

[82] GIBSON J. J. The ecological approach to visual perception [M]. Boston: Houghton-Mifflin, 1979.

[83] HACKING I. Putnam's theory of natural kinds and their names is not the same as kripke's [J]. Principia, 2007, 11 (1): 11 - 12.

[84] HEIDEGGER M. Question concerning technology and other essays [M]. New York: Harper & Row, 1977.

[85] HEIDEGGER, The question concerning technology [M]. New York: Harper And Row, 1977.

[86] HOUKES W. Knowledge of artefact functions [J]. Studies in History & Philosophy of Science Part A. 2006, (1): 107 - 108.

[87] HOUKES W, MEIJERS A. The Ontology of Artefacts: the Hard Problem [J]. Studies In History Philosophy of Science. 2006, 37 (1).

[88] JOHNSON D. G. Computer systems: moral entities but not moral agents [M]. Ethics and In-

formation Technology. 2006.

[89] KAPP. Grundlinien einer philosophie der Technik: zur entstehungsgeschichte der Cultur aus neuen Gesichtspunkten [M]. Westermann: Braunschweig. 1877. Reprint. Düsseldorf: Stern Verlag. 1978.

[90] KROES P. , Meijers. The dual nature of technical artifacts-presentation of a new research programme [J]. Techné, 2002, Winter, 6 (2): 4 -8.

[91] KROES P. , Meijers A. The Empirical turn in the philosophy of Technology [M]. Amsterdam: JPI Press, Elservier Science Ltd. 2000.

[92] KROES P. Engineering and the dual nature of technical artifacts [J]. Cambridge Journal of Economics, 2010, 34.

[93] KROES P. Technological explanations: the relation between structure and function of technological objects [J]. Society for Philosophy and Technology, 1998, 3 (3).

[94] LAPORTE J. Natural kinds and conceptual change [M]. New York: Cambridge University Press, 2004.

[95] MEIJERS A. Philosophy of technology and engineering sciences [M]. Volume 9, Eindhoven, The Netherlands, 2009.

[96] MILLER G. A. The cognitive revolution: a historical perspective Trends [J]. Cognitive Sciences, 2003, (7): 141 -144.

[97] MITCHAM C. Thinking through technology [M]. Chicago: The university of Chicago Press, 1994.

[98] PUTNAM H. Reason, truth and history [M]. Cambridge: Cambridge University Press, 1981.

[99] QUINE W. V. Ontological relativity and other essays [M]. Columbia University Press New York, 1969.

[100] RAPP F. Analytische technikphilosophie [M]. Freiburg: Alber. 1978.

[101] RAPP F. Contributions to a philosophy of technology [M]. Dordrecht and Boston: Reidel. 1974.

[102] RAPP F. Die dynamik der modernen welt: eine einführung in die technikphilosophie [M]. Hamburg. 1994.

[103] RAPP F. Fortschritt: entwicklung und sinngehalt einer philosophischen idee [M]. Darmstadt. 1992.

[104] RAPP F. Philosophy of technology after twenty years, a German perspective [J]. Techné, Society for Philosophy & Technology, Vol. 1, No. 1 -2, Fall 1995.

[105] RAPP F. Technik als mythos [J]. In H. Poser, ed. , Philosophie und Mythos. Berlin. 1979.

[106] SEARLE J. R. Intentionality: an essay in the philosophy of mind [M]. Cambridge University Press. 1983.

[107] SEARLE J. R. The construction of social reality [M]. London: Penguin Books. 1995.

[108] SIMON H. A. Science of design: the creation of the artificial [M]. Cambridge: MIT Press, 3rd, 1996.

[109] SIMON, H. A. Models of discovery and other topics in the methods of science [M]. Reidel, Dordrecht, 1977.

[110] STERN R. Transcendental arguments: problems and prospects [M]. New York: Oxford University Press, 1999.

[111] TIEMPO A. Social philosophy: foundations of values education [M]. Manila: REX Book Store, Inc. 2005.

[112] TRIPATHI A K. Hermeneutics of technological culture [J]. Ai & Society. 2017, (2).

[113] VACCARI A. Artifact dualism, materiality, and the hard problem of ontology [J]. Philosophy & Technology. 2013, 26: 7-29.

[114] VERBEEK P. P. Ambient intelligence and persuasive technology: the blurring boundaries between human and technology [J]. Nanoethics. 2009, (3).

[115] VINCETI W. What engineers know and how they know it: analytical studies from aeronautical history [M]. Baltimore: Johns Hopkins University Press, 1990.

[116] WHEELER M. Reconstructing the cognitive world [M]. Cambridge: MIT Press, 2005.

[117] WIGGINS D. Sameness and substance renewed [M]. Cambridge: Cambridge University Press (Virtual Publishing), 2003.